SELBST-STÄNDIG MACHEN

Der perfekte Start

Der praxisnahe Leitfaden für die Selbstständigkeit:
Set-up, Steuern, Buchhaltung, Versicherungen,
Gewerbe anmelden u. v. m.
inkl. Checklisten, Musterrechnung, Beispielen

MELCHIOR NEUMANN

Bibliografische Information der Deutschen Nationalbibliothek.

Die Deutsche Nationalbibliothek verzeichnet diese Publikation in der Deutschen Nationalbibliografie; detaillierte bibliografische Daten sind im Internet über http://dnb.dnb.de abrufbar.

Für Fragen und Anregungen:
info@eulogiaverlag.de

ISBN print: 978-3-96967-370-6
ISBN eBook: 978-3-96967-371-3

Zweite, aktualisierte Auflage 2024

Eulogia Verlags GmbH
Gerhofstraße 1–3
20354 Hamburg

Lektorat: Sandra Pichler
Satz und Layout: Tomasz Dębowski
Bildnachweis Cover: Diki Prayogo – shutterstock.com
bearbeitet von Aleksandar Petrović

SELBST-STÄNDIG MACHEN

Der perfekte Start

Der praxisnahe Leitfaden für die Selbstständigkeit:
Set-up, Steuern, Buchhaltung, Versicherungen,
Gewerbe anmelden u. v. m.
inkl. Checklisten, Musterrechnung, Beispielen

EULOGIA
VERLAG

Inhaltsverzeichnis

Vorwort von Catharina Bruns

Wenn man den Entschluss fasst, sich selbstständig zu machen, tut man das in der Regel nicht, weil man seinen Traum von mehr Bürokratie verfolgen möchte.

Man freut sich vielleicht auf die selbstbestimmte Arbeit und darauf, Geld damit zu verdienen. Aber wahrscheinlich weniger auf die Momente, die man damit verbringt, Rechnungen zu schreiben. Sicher hatte man auch so etwas wie „Einkommensteuervorauszahlungen" nicht ganz oben auf der Bucketlist. Man hätte auch weiterhin ohne das Wissen glücklich sein können, dass es eine AfA-Tabelle gibt, die regelt, über wie viele Jahre man seinen neuen Bürostuhl abschreiben sollte.

Und ganz ehrlich, wer liebt es schon, ständig Belege zu sammeln, zu scannen, zu buchen und aufzubewahren?

Wenn man sich selbstständig macht, sind einem ganz andere Dinge wichtig – und das ist auch gut so. Unternehmertum lebt vom Machen. Aber zur selbstständigen Wahrheit gehört auch: Es gibt ein paar Pflichten. Es kann schon mal vorkommen, dass einen das Gefühl der Überforderung beschleicht. Tausend Regelungen und Vorschriften, über die man sich als Angestellte keine Gedanken machen muss. Aber eben auch Tausend Möglichkeiten mehr, seinen Erfolg in die eigenen Hände zu nehmen.

Als ich mich vor vielen Jahren selbstständig gemacht habe, wollte ich genau das: selbst verantwortlich sein. Ich wollte Arbeit, die für mich nicht nur ein „Job" ist. Frei sein, unabhängig und etwas Eigenes aufbauen. Mit vollem Elan raus in die Welt.

Der erste Dämpfer kam, noch bevor ich überhaupt einen Cent verdient hatte. Post vom Amt. IHK, Krankenversicherung, Berufsgenossenschaft. Und ELSTER? Nicht der Vogel? Nie gehört! Ich werde nie vergessen, wie ich einmal bei der Behörde mit irgendeiner unschuldigen Anfängerfrage angerufen habe, und mir die nette Dame am anderen Ende entgegnete: „Ja, Frau Bruns, hm, hm, wissen Sie: ‚Unwissenheit schützt vor Strafe nicht.'"

Aber es war die beste Entscheidung meines Lebens. Zur Selbstständigkeit gehört, sich nicht entmutigen zu lassen und sich um Dinge selbst zu kümmern. Das heißt nicht, dass man alles alleine wissen muss. Hätte ich Melchior damals schon gekannt, ich hätte ihn um Rat gefragt. Umso besser, dass er sein Fachwissen und Tipps rund ums Gründen nun in diesem Ratgeber für alle teilt.

Denn richtig ist auch: Wenn man sich frühzeitig mit den wichtigsten Anforderungen und dem richtigen Set-up auseinandersetzt, verliert die Gründungsbürokratie ihren Schrecken.

Der unternehmerische Traum ist die Kür, aber hier geht es um den Pflichtteil. Melchior gibt hier auf über 200 Seiten Antworten zu allen Dingen, die zu Beginn der Gründung und in den ersten Jahren der Selbstständigkeit wichtig sind.

Von ersten Schritten zur richtigen Gründung über Sozialversicherungen bis hin zu kluger Buchhaltung und Steuerrealitäten wird dir dieser Ratgeber den selbstständigen Alltag leichter machen.

Es ist an alles gedacht. Bleibt mir, dir zu zwei Dingen zu gratulieren:

Erstens zu der Entscheidung für die Selbstständigkeit! Ab jetzt gibt es nur eine Sicherheit: Nämlich, dass es eine herausfordernde, spannende, witzige, lohnende und wahnsinnig chancenreiche Reise inklusive persönlichem Wachstum sein wird.

Und zweitens dazu, dass du dich direkt auf Zack bringst, um in Zukunft gut aufgestellt zu sein. Zum Beispiel, was deine soziale Absicherung angeht. Oder wie du deine Finanzbuchhaltung clever erledigst. Es ist gut, sich mit Steuern auszukennen. Und wenn man den Dreh erst mal heraushat und die richtigen Tools benutzt, macht es richtig Spaß, sich um seine Finanzen zu kümmern. Schließlich geht es um dein Geld und dein Unternehmen! „Keine Buchung ohne Beleg" und keine erfolgreiche Selbstständigkeit ohne kluge Buchhaltung.

Jeder, der sich für den unternehmerischen Weg entscheidet, beweist den Mut, sich mit seiner Idee rauszutrauen, der Gesellschaft etwas von sich selbst anzubieten und sein Glück auch mal jenseits des angestellten Mainstreams zu suchen.

Sich selbstständig zu machen ist ein Aufbruch. Möge dieses Buch beim Durchziehen hilfreich sein.

Cathi Bruns
Berlin, im Januar 2024

Einleitung

Liebe Leserin, lieber Leser,

mein Name ist Melchior Neumann und ich möchte dich auf eine Reise durch die Welt der Steuern mitnehmen. Diese Reise ist nicht nur eine Aneinanderreihung von Fakten und Richtlinien, sondern auch eine persönliche Geschichte, die zeigt, wie wichtig es ist, sich mit dem Thema Steuern auseinanderzusetzen – besonders, wenn man selbstständig ist.

Meine eigene Geschichte als Selbstständiger begann vor etwa 15 Jahren, als ich noch sehr jung und – wie ich zugeben muss – ziemlich naiv war. Ich hatte gerade die Schule abgeschlossen und war fasziniert von Büchern über Unternehmertum und Geld. Inspiriert von Autoren wie Napoleon Hill, Bodo Schäfer und Robert Kiyosaki, entschied ich mich, Unternehmer zu werden, ohne wirklich zu verstehen, was das konkret bedeutet.

Mein erstes Unternehmen war die Vermietung einer Ferienwohnung. Ich hatte ein einfaches Geschäftsmodell: Eine Wohnung günstig mieten und dann für kurze Aufenthalte teurer weitervermieten, lange bevor es Plattformen wie Airbnb gab. Die Rechnung schien aufzugehen, und ich sah mich als erfolgreichen Jungunternehmer.

Doch es gab ein großes Problem: Ich hatte absolut keine Ahnung von Steuern und den damit verbundenen Pflichten. Ich hatte mein Gewerbe nicht angemeldet, keine Buchhaltung gemacht, keine Umsatzsteuer abgeführt und mich um keine der sonstigen notwendigen bürokratischen Hürden gekümmert. In meiner jugendlichen Leichtsinnigkeit dachte ich, dass es nur darauf ankommt, weniger Geld auszugeben, als man verdient. Diese Annahme führte dazu, dass ich unbewusst Steuern hinterzog.

Das böse Erwachen kam. Kurioserweise aber nicht durch das Finanzamt, sondern durch die GEZ. Sie hätten in meiner Werbung und auf meiner Webseite nicht registrierte Geräte gefunden. Der Anruf von der GEZ war für mich ein Weckruf. Ein Weckruf, endlich einmal aus meiner Traumwelt aufzuwachen.

Selbstständigkeit und Unternehmertum hat auch mit unglaublich viel Bürokratie zu tun und wenn man die Augen vor Steuern, Gewerbeanmeldung, GEZ, Krankenversicherung etc. verschließt, ist der Traum vom eigenen Unternehmen schnell vorbei.

Für mich war das der Beginn einer spannenden Entwicklung. Ich begann, mich intensiv mit den Themen Bürokratie, Steuern und Selbstständigkeit auseinanderzusetzen. Zu meiner Überraschung fand ich diese Themen nicht nur notwendig, sondern auch faszinierend. Ich stellte fest, dass es viel mehr zu lernen gab, als ich mir je vorgestellt hatte.

Wenn Selbstständigkeit ein Spiel ist, dann sind die Steuergesetze die Spielregeln. Es ist zwar nicht sexy, wenn man vor dem Spiel die Spielregeln lliest, aber es verschafft einem einen riesigen Vorteil.

Diese Erkenntnis führte mich schließlich zu meiner heutigen Karriere in der Steuerberatung. Ich absolvierte eine Ausbildung zum Steuerfachangestellten und studierte Wirtschaftswissenschaften mit Schwerpunkt Steuerrecht, bevor ich selbst eine Kanzlei, mit aktuell etwa 100 Mitarbeitern, gründete.

In diesem Buch möchte ich mein Wissen und meine Erfahrungen mit dir teilen. Ich werde dir nicht nur die grundlegenden Steuerbasics erklären, sondern auch praktische Tipps geben, wie du deine Steuerangelegenheiten effizient und korrekt handhaben kannst. Mein Ziel ist es, das Thema Steuern verständlich und zugänglich zu machen, damit du die Fehler, die ich gemacht habe, vermeiden kannst. In deinen Händen liegt das gesamte Wissen, das ich mir rückblickend selbst vor meiner ersten Gründung gewünscht hätte.

Ich wünsche dir von Herzen, dass du mit deiner Selbstständigkeit nicht so scheiterst wie ich mit meiner ersten Gründung!

Doch bevor wir loslegen, gibt es noch ein paar organisatorische Punkte.

Wie du dieses Buch lesen solltest: Natürlich kann und will ich dir nicht vorschreiben, wie du dieses Buch zu lesen hast. Aber es ist so aufgebaut, dass du nicht zwingend von vorne nach hinten lesen musst. Du kannst auch einzelne Kapitel herausgreifen, hin und her springen und einfach ein wenig blättern. Mir ist bewusst, dass man als Gründer Spannenderes zu tun hat, als ein Steuerbuch zu lesen. Deswegen habe ich es so praktisch wie möglich aufgebaut.

Downloads: Zu diesem Buch gehören umfangreiche Downloads, die du dir kostenlos herunterladen kannst. Auf dich warten über 50 Vorlagen, Checklisten und Berechnungstools. An einigen Stellen im Buch verweise ich auf diese Downloads, aber nicht an jeder Stelle. Das Buch soll schließlich auch für sich stehen können. Aber das wahre Potential entfaltet es erst, wenn du dir die Arbeitshilfen herunterlädst:

www.steuerfit.tv/download

Updates: Das deutsche Steuerrecht ändert sich laufend. Dieses Buch wurde im Februar 2024 zuerst veröffentlicht und im April 2024 haben wir bereits die zweite, aktualisierte Auflage veröffentlicht, die durch das Wachstumschancengesetz notwendig geworden war. Als Selbstständiger ist es wichtig, auf dem Laufenden zu bleiben. Du findest im Downloadordner ein Dokument, in dem ich Ergänzungen und Aktualisierungen zu diesem Buch veröffentliche. Es lohnt sich aber auch, meinen YouTube-Kanal zu abonnieren. Auf dem Kanal „STEUERFIT für Selbstständige" wirst du über alle relevanten Gesetzesänderungen informiert.

Kurs zum Buch: Ich gebe regelmäßig Gründerseminare, die online stattfinden. Diese Seminare finden in einer kleinen, exklusiven Gruppe statt und gehen 12 Wochen lang. Du lernst alles, was du als Gründer brauchst, kannst mir alle deine Fragen stellen und dich mit anderen Gründern vernetzen.

Alle Informationen und Buchungsmöglichkeiten findest du hier:

www.steuerfit.tv/workshop

Als Käufer dieses Buches sparst du mit dem Code „StartBuch" 10 % bei der Buchung.

Ansprache: Ich habe in diesem Buch die männliche Form gewählt. Der ausschließliche Grund ist die Leserlichkeit. Es versteht sich von selbst, dass ich alle Menschen anspreche, die sich selbstständig machen. Die eigenen Träume zu verwirklichen und sein Leben in die eigene Hand zu nehmen, hat nichts mit dem Geschlecht zu tun.

Ich wünsche dir viel Erfolg auf deinem Weg!

Melchior Neumann

Stimmen aus der Community

„Du hast mir nicht nur super viel für meine eigenen Beratungen als angestellter Gründungsberater im öffentlichen Dienst gebracht, sondern bringst mir auch für die eigene Selbstständigkeit super viel! Du betreibst den einzigen YouTube-Kanal, den ich meinen Teams in der Beratung regelmäßig empfehle, und für unsere eigene Gründung hast du auch den steuerlichen Grundstein gelegt. :-)"

– TringleOaC

„Ohne Witz, Bruder, du bist der Beste und deine Art, wie du erklärst, ist immer mega verständlich und enthusiastisch, so als würdest du über was richtig Tolles und Spannendes reden, aber dann sind es nur Steuern, weshalb die Steuern bei mir jetzt was richtig Tolles und Spannendes geworden sind. Danke. Wenn ich dich mal in B. sehe, geb' ich dir ein Bier aus! Grüße"

– Moritz L.

„Ich habe mich dieses Jahr selbstständig gemacht und du hast mir die Angst genommen, dass ich dieses lästige und trockene Thema Steuern einfach nicht hinbekomme. Warum wird so was nicht bereits in der Schule unterrichtet? Leute werden auf die Art null auf das echte Leben vorbereitet."

– tareksalha

„Ich bin schon seit 2015 nebenberuflich selbstständig. Hätte ich damals so aufschlussreiche und informative Informationen gehabt, hätte ich einiges anders gemacht. Vieles habe ich erst durch dich im Nachhinein richtig verstanden. Und auch für eine weitere anstehende Selbstständigkeit fühle ich mich nun top vorbereitet. Danke für deine besondere Art und Weise, das Thema Steuern so verständlich und mit Freude zu vermitteln!"

– niennafiore

„Andere suchten Netflix, ich gerade deine Videos. Ich kann nicht in Worte fassen, wie hilfreich sie sind. Ich danke dir von Herzen für all dein Wissen, das du uns hier einfach so zur Verfügung stellst. Das ist ein wahres Geschenk."

– Nina

„Das Finanzamt sollte dir Geld dafür bezahlen. Danke"

– And_Ray

„Ich kann gar nicht nicht in Worte fassen, wie du mir geholfen hast. Ohne dich und deine Videos wäre ich mit Sicherheit immer noch nicht selbstständig (wenn auch nur nebenberuflich) und hätte immer noch Angst vor den Steuern etc."

– Thomas

„As someone who moved to Berlin just over 3 years ago to live with my wife and children I faced the difficult situation of setting myself up as a self employed software developer in a foreign country and foreign language. Thanks to your videos I have been able to understand and submit my income tax and umsatzsteuer returns correctly and without any need to involve an accountant or tax advisor. There have been countless occasions where I have picked up tips from your videos which have saved me money and since your videos are informative and entertaining I find myself watching videos even on topics which I may not necessarily need to inform myself about."

– OMGCem

„Absoluter Grimmepreis-Anwärter, danke, lieber Melchior."

– jamyjamy

„Melchiors Videos über Steuern sind überragend! Er erklärt in seinen Videos jede noch so komplizierte Thematik auf eine sehr einfache und verständliche Art. Jede fachfremde Person in Sachen ‚Steuern' wird hier fündig. Mir persönlich haben Melchiors Videos sehr dabei geholfen mich im Dschungel der ‚Steuerwelt' zurechtzufinden."

– Charaf O.

„Ich hatte immer riesigen Respekt vor Seitdem ich dich entdeckt habe, macht einfach vieles Sinn und der undurchsichtige große Wald wird mit jedem Video, welches du veröffentlichst, zu einem sonnigen, sauberen, überschaubaren Feld. MEGA! Bin gerade btw in Gründung und verstehe einiges zwar immer noch nicht ganz, bin aber zuversichtlich, dass sich dieses Problem mit deiner Hilfe lösen wird."

– Anonym

Einführung zum Thema Steuern

Willkommen im ersten Kapitel dieses Buches, in dem ich euch mit den wichtigsten Infos rund um Steuern für Selbstständige versorge. Du stehst vielleicht am Anfang deiner Selbstständigkeit oder bist bereits mittendrin im geschäftigen Treiben deines Unternehmertums. Eines ist sicher: Steuern sind ein unvermeidlicher Teil deines beruflichen Alltags.

In diesem Kapitel widmen wir uns den grundlegenden Steuerarten, die für dich als Selbstständiger in Deutschland relevant sind: Einkommensteuer, Gewerbesteuer und Umsatzsteuer. Diese Steuern bilden das Fundament und sind entscheidend für das Verständnis deiner steuerlichen Verpflichtungen.

Steuern mögen auf den ersten Blick wie ein undurchdringlicher Dschungel aus komplexen Regelungen und unzähligen Paragrafen erscheinen. Doch keine Sorge, ich führe dich Schritt für Schritt durch diesen Dschungel. Wir werden gemeinsam lernen, wie diese Steuern funktionieren, warum sie wichtig sind und wie du sie in deinem Geschäftsalltag effektiv handhaben kannst.

Die Einkommensteuer, die Gewerbesteuer und die Umsatzsteuer haben jeweils ihre eigenen Besonderheiten und Anforderungen. Es ist wichtig, dass du ein grundlegendes Verständnis für jede dieser Steuerarten entwickelst, um deine steuerlichen Pflichten korrekt zu erfüllen und mögliche Fallstricke zu vermeiden.

In den folgenden Abschnitten werden wir uns jede dieser Steuerarten genauer ansehen. Wir werden ihre Grundlagen erörtern, ihre Berechnung verstehen und praktische Tipps geben, wie du sie in deiner Selbstständigkeit am besten managen kannst. Ziel ist es, dir das nötige Rüstzeug an die Hand zu geben, damit du dich sicher im Steuerdschungel bewegen kannst.

Also, lass uns ohne weitere Umschweife in die Welt der Steuern für Selbstständige eintauchen!

www.steuerfit.tv/steuern

Einkommensteuer

www.steuerfit.tv/einkommensteuer

Die Einkommensteuer ist eine direkte Steuer auf das Einkommen natürlicher Personen. Sie umfasst verschiedene Einkommensarten, darunter Einkünfte aus Gewerbebetrieb, selbstständiger Arbeit, Vermietung und Verpachtung, Kapitalvermögen und weitere. Jede Einkommensart wird unterschiedlich behandelt und hat ihre eigenen steuerlichen Regelungen.

Einkünfte aus Land- und Forstwirtschaft:
Dies betrifft Personen, die in der Landwirtschaft, Forstwirtschaft oder im Gartenbau tätig sind. Hierunter fallen Einnahmen aus dem Verkauf von Erzeugnissen, die auf dem eigenen Hof produziert wurden.

Einkünfte aus Gewerbebetrieb:
Dies bezieht sich auf Einnahmen aus einer selbstständigen nachhaltigen Betätigung, die mit der Absicht, Gewinn zu erzielen, unternommen wird und sich als Beteiligung am allgemeinen wirtschaftlichen Verkehr darstellt. Dazu gehören auch Einkünfte aus Handel, Handwerk oder Industrie.

Einkünfte aus selbstständiger Arbeit:
Hierunter fallen Einnahmen aus freiberuflicher Tätigkeit wie beispielsweise von Ärzten, Anwälten, Steuerberatern, Künstlern oder Schriftstellern.

Einkünfte aus nichtselbstständiger Arbeit:

Das sind Einkünfte aus einem Arbeitsverhältnis; dazu gehören Gehälter, Löhne, Gratifikationen, Tantiemen und andere Bezüge und Vorteile für eine Beschäftigung im öffentlichen oder privaten Dienst.

Einkünfte aus Kapitalvermögen:

Dazu zählen Einkünfte aus Zinsen, Dividenden und anderen Kapitalerträgen.

Einkünfte aus Vermietung und Verpachtung:

Einkünfte aus der Überlassung von Grundstücken, Gebäuden oder Räumen sind in dieser Kategorie erfasst. Hierunter fallen Mieteinnahmen und Einnahmen aus der Verpachtung von Grundbesitz.

Einkünfte aus sonstigen Leistungen:

Hierunter fallen Einkünfte aus wiederkehrenden Bezügen und Leistungen, die nicht unter eine der anderen Einkommensarten fallen. Ein Beispiel hierfür könnte eine regelmäßige Einkunft aus einer privaten Rentenversicherung sein.

Zur Berechnung des zu versteuernden Einkommens werden deine gesamten Einkünfte summiert und um die Betriebsausgaben sowie weitere abzugsfähige Ausgaben reduziert. Die Differenz ist dein zu versteuerndes Einkommen, welches der Einkommensteuer unterliegt.

Berechnung der Einkommensteuer

Berechnung der Einkommensteuer in Deutschland
(Vereinfachte Darstellung)

Einnahmen (Gewerbetreibende, Selbstständige)

− Betriebsausgaben

Gewinn/Einkünfte

\+

Einnahmen (Bruttoarbeitsentgelt Arbeitnehmer)

− Werbungskosten

Einkünfte

Summe der Einkünfte

− Altersentlastungsbetrag
Abzug für Land- und Forstwirtschaft

Gesamtbetrag der Einkünfte

− Sonderausgaben, Vorsorgeaufwendungen,
außergewöhnliche Belastungen, sonstige Beträge

Einkommen

− Kinderfreibeträge
(wenn günstiger als Kindergeld)

Zu versteuerndes Einkommen

Tarifliche Einkommensteuer

− Steuerermäßigungen

Festzusetzende Einkommensteuer

Steuerliche Absetzbarkeit von Betriebsausgaben

Betriebsausgaben sind die Kosten, die durch dein Unternehmen entstehen. Diese Ausgaben mindern deinen Gewinn und damit auch deine Steuerlast. Typische Betriebsausgaben sind Softwarelizenzen, dein Laptop, Mieten für Geschäftsräume, Werbekosten, Löhne und Gehälter, Büromaterial und vieles mehr.

Ein Beispiel: Wenn du im Jahr 50.000 € Umsatz machst und Betriebsausgaben in Höhe von 10.000 € hast, wird die Einkommensteuer nur auf die Differenz von 40.000 € berechnet. Der Umsatz ist für die Berechnung der Einkommensteuer also absolut irrelevant. Jeder Euro, den du in Form von Betriebsausgaben in dein Unternehmen reinvestierst, verringert deine Steuerlast.

Die korrekte Ermittlung und Dokumentation der Betriebsausgaben sind essenziell. Du solltest eine lückenlose Buchhaltung führen und alle Belege und Rechnungen aufbewahren. Digitale Tools können dabei helfen, den Überblick zu behalten und die Buchhaltung effizient zu gestalten. Mehr dazu im Laufe dieses Buches.

Sonderausgaben und außergewöhnliche Belastungen

Neben den Betriebsausgaben gibt es auch private Ausgaben, die du von der Steuer absetzen kannst. Am wichtigsten sind die sogenannten Sonderausgaben und außergewöhnliche Belastungen.

Sonderausgaben sind persönliche Ausgaben, die nicht direkt mit deiner Selbstständigkeit zu tun haben, wie zum Beispiel Beiträge zu privaten Versicherungen (Krankenversicherung, Pflegeversicherung, private Haftpflichtversicherung usw.) oder Spenden an gemeinnützige Organisationen.

Außergewöhnliche Belastungen sind unvermeidbare Ausgaben, die dir privat entstanden sind, wie Krankheits- oder Pflegekosten. Diese Ausgaben werden in der Berechnung der Einkommensteuer vom Gesamtbetrag der Einkünfte abgezogen und mindern so dein zu versteuerndes Einkommen.

Steuertarif

Nachdem du deine Einkommensquellen zusammengerechnet hast und alle absetzbaren Kosten davon abgezogen hast, wendest du den Steuertarif an. Also den Prozentsatz, den du an Steuern zahlen musst. Das klingt eigentlich einfach, oder? Ist es aber leider nicht, weil der deutsche Steuertarif progressiv gestaltet ist. Das heißt, mit steigendem Einkommen erhöht sich der Steuersatz.

Grenz- und durchschnittlicher Steuersatz auf der Grundlage der eingegebenen Daten (alleinstehend):

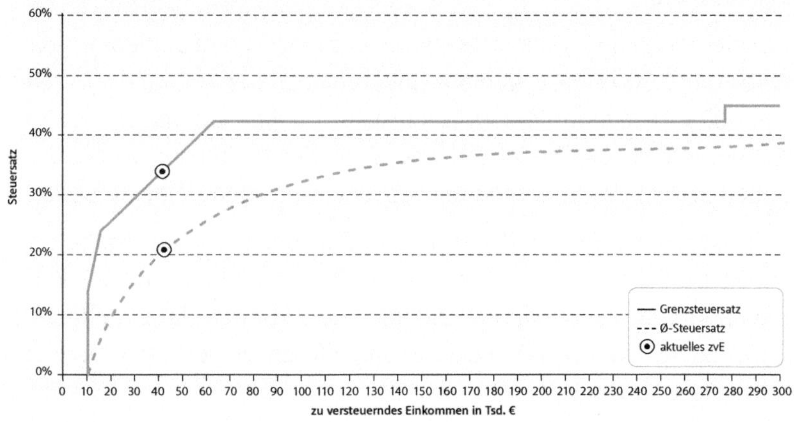

www.steuerfit.tv/bmf-steuerrechner

Um wirklich zu verstehen, wie viel Einkommensteuer du zahlen musst, musst du zwei unterschiedliche Steuersätze verstehen.

Grenzsteuersatz

Stell dir vor, du verdienst einen zusätzlichen Euro – der Grenzsteuersatz ist der Prozentsatz dieses Euros, den du an Steuern zahlen musst. Der Steuertarif beginnt bei 0 % für ein zu versteuerndes Einkommen bis 11.604 € (Stand 2024) und steigt dann stufenweise an.

Angenommen, du verdienst 40.000 € im Jahr. Der Grenzsteuersatz auf diesen Betrag beträgt 32,3 %. Wenn du jetzt noch 1 € zusätzlich verdienst, zahlst du auf diesen Euro 32,3 % Steuern, also 32 ct. Dein Grenzsteuersatz steigt kontinuierlich an, bis er 42 % beträgt. Dieser Steuersatz wird bei einem Einkommen von 66.761 € erreicht. Danach bleibt der Steuersatz bei 42 %. Erst bei einem Einkommen von 277.826 € macht der Grenzsteuersatz einen Sprung auf 45 %, den höchsten Steuersatz, den wir in Deutschland haben.

Für Selbstständige ist es wichtig zu wissen, dass dir der Grenzsteuersatz zeigt, wie sich zusätzliche Einnahmen auf deine Steuerlast auswirken. Dieses Wissen hilft dir, bessere Entscheidungen über Investitionen und Ausgaben zu treffen.

Durchschnittssteuersatz

Im Gegensatz zum Grenzsteuersatz, der sich auf zusätzliches Einkommen bezieht, gibt der Durchschnittssteuersatz an, welcher Anteil deines Gesamteinkommens als Steuern gezahlt wird.

So funktioniert es: Angenommen, du hast in einem Jahr 50.000 € verdient. Nach Abzug von Freibeträgen und anderen steuerlichen Abzügen ergibt sich dein zu versteuerndes Einkommen von 40.000 €. Die gesamte Steuerlast für dieses Einkommen beträgt 7.828 €. Um den Durchschnittssteuersatz zu berechnen, teilst du die Steuerlast durch dein Gesamteinkommen. Also: 7.828 € geteilt durch 40.000 € ergibt einen Durchschnittssteuersatz von 19,57 %.

Bei einem Einkommen von 40.000 € ist der Grenzsteuersatz also 32,3 % und der Durchschnittssteuersatz 18,74 % (Stand: 2024).

Der Durchschnittssteuersatz gibt dir einen Überblick darüber, wie viel Prozent deines Gesamteinkommens du tatsächlich an Steuern zahlst. Dieser Satz ist besonders nützlich, um die Gesamtbelastung durch Steuern einzuschätzen und um verschiedene Einkommensjahre miteinander zu vergleichen. Er liefert dir eine gute Grundlage für langfristige Finanzplanungen und Entscheidungen in deinem Geschäftsbetrieb.

Zusätzliche Steuern: Solidaritätszuschlag und Kirchensteuer

Zusätzlich zur Einkommensteuer können der Solidaritätszuschlag und die Kirchensteuer anfallen. Der Solidaritätszuschlag beträgt 5,5 % der Einkommensteuer und die Kirchensteuer variiert je nach Bundesland zwischen 8 % und 9 % der Einkommensteuer.

Die Berechnung und Abführung dieser Steuern erfolgen zusammen mit der Einkommensteuer, sie stehen also auch immer im Einkommensteuerbescheid.

Vorauszahlungen und Einkommensteuererklärung

Die Einkommensteuer wird jährlich berechnet, jedoch musst du schon im Laufe des Jahres Vorauszahlungen leisten. Diese Vorauszahlungen werden auf Grundlage deiner voraussichtlichen Einkünfte geschätzt und sollen eine zu hohe Nachzahlung bei dem Steuerbescheid vermeiden.

Die Einkommensteuererklärung ist also eine jährliche Abrechnung, in der deine tatsächlichen Einkünfte und Ausgaben gegenüber dem Finanzamt nachgewiesen werden. In der Einkommensteuererklärung werden die bereits geleisteten Vorauszahlungen auf die festgesetzte Einkommensteuer angerechnet. Überzahlst du, erhältst du eine Erstattung. War deine Vorauszahlung zu niedrig, erfolgt eine Nachzahlung.

Die Einkommensteuervorauszahlungen werden vierteljährlich fällig, mit festgelegten Terminen am 10. März, 10. Juni, 10. September und 10. Dezember. Diese Termine solltest du dir unbedingt in den Kalender schreiben, da das Finanzamt in der Regel keine Erinnerungen verschickt, sondern erwartet, dass du das Geld unaufgefordert überweist.

Die erste Festsetzung dieser Vorauszahlungen erfolgt, nachdem du deine Selbstständigkeit beim Finanzamt angemeldet hast. Dabei berechnet das Finanzamt, basierend auf deinen Angaben in der Anmeldung (Fragebogen zur steuerlichen Erfassung), die voraussichtliche Steuerlast. Es ist wichtig zu verstehen, dass diese Vorauszahlungen regelmäßig angepasst werden, wenn sich dein Einkommen ändert. Diese Anpassung wird meistens mit dem Steuerbescheid durchgeführt. In deinem Einkommensteuerbescheid steht also nicht nur, wie hoch deine Erstattung oder Nachzahlung ist, sondern auch, wie viel du in den nächsten Quartalen vorauszahlen musst.

Die Berechnung der Vorauszahlungen basiert auf deinem zu versteuernden Einkommen. Das Finanzamt zieht dabei den individuellen Einkommensteuertarif (Durchschnittssteuersatz) heran und berücksichtigt Abzüge wie Sonderausgaben und außergewöhnliche Belastungen. Nachdem die gesamte Einkommensteuerschuld für das Jahr errechnet wurde, wird diese durch vier geteilt, um die Höhe jeder einzelnen Vorauszahlung zu bestimmen.

WICHTIGER HINWEIS:

Du kannst jederzeit eine Anpassung der Vorauszahlungen beantragen. Wenn du deutlich mehr oder weniger verdienst als in den letzten Jahren, solltest du deine Vorauszahlungen anpassen lassen. Dafür gibt es kein Formular und ein einfacher Brief oder eine E-Mail an das Finanzamt reicht aus.

Liebhaberei

www.steuerfit.tv/einkommensteuer

Liebhaberei bezeichnet eine Tätigkeit, bei der das Finanzamt die Gewinnerzielungsabsicht anzweifelt. Es geht also um Selbstständigkeiten, bei denen das Finanzamt nicht mehr glaubt, dass du diese mit der Absicht betreibst, Gewinn zu erzielen. Dies führt dazu, dass du Betriebsausgaben nicht mehr geltend machen darfst und Verluste steuerlich nicht mehr verrechenbar sind. Liebhaberei kann in allen Bereichen der Selbstständigkeit auftreten, egal, ob du Freiberufler, Gewerbetreibender oder in anderen Bereichen wie Vermietung und Verpachtung tätig bist.

Besonders häufig tritt Liebhaberei in Bereichen auf, in denen persönliche Interessen und berufliche Tätigkeiten verschwimmen. Beispiele hierfür sind Coaches, Ernährungsberater oder Yoga-Lehrer, die aus persönlichem Interesse eine Ausbildung beginnen und später versuchen, damit Geld zu verdienen. Auch im DIY-Bereich, wie Malen, Handarbeiten oder beim Verkauf auf Plattformen wie Etsy, kann Liebhaberei vermutet werden, besonders wenn die Einnahmen regelmäßig unter den Ausgaben liegen.

Wenn dir das Finanzamt Liebhaberei unterstellt, meist nach einigen Jahren mit durchgehenden Verlusten, ist es wichtig, deine Gewinnerzielungsabsicht glaubhaft zu machen. Ein Schlüsselbegriff hierbei ist die Gesamtüberschussprognose. Dabei stellst du alle geplanten Einnahmen deiner Selbstständigkeit den Ausgaben gegenüber, um zu zeigen, dass anfängliche Verluste Investitionen darstellen, die später zu Gewinnen führen sollen.

Strategien zur Vermeidung von Liebhaberei

- **Preisanpassungen und Kundensegmente erweitern:** Durch höhere Preise oder neue Kundensegmente kannst du deine Einnahmen steigern.
- **Kostenreduktion:** Eine weitere Möglichkeit ist die Senkung deiner Betriebskosten, um dein Geschäftsmodell profitabel zu machen.
- **Anpassung an Marktveränderungen:** Manchmal sind externe Faktoren wie Marktwandel oder Gesetzesänderungen für Verluste verantwortlich. Zeige dem Finanzamt, dass du auf solche Veränderungen reagierst.
- **Erstellung eines Businessplans:** Ein professioneller Businessplan, der deine Geschäftsidee, Marktanalyse und Rentabilitätsplanung umfasst, kann dem Finanzamt deine Ernsthaftigkeit und Professionalität unterstreichen.

WICHTIG ZU WISSEN:

Das Finanzamt interessiert sich primär für deine Gewinnerzielungsabsicht, nicht unbedingt für tatsächlich erzielte Gewinne. Wenn du deine Selbstständigkeit professionell angehst und die Absicht zur Gewinnerzielung klar ist, kannst du Kosten und Verluste steuerlich geltend machen.

Die Feststellung der Liebhaberei durch das Finanzamt kann nicht nur zukünftige steuerliche Absetzbarkeiten verhindern, sondern auch rückwirkend wirken. Dies kann zu hohen Steuernachzahlungen führen, da bereits geltend gemachte Verluste rückgängig gemacht werden.

Gewerbesteuer

www.steuerfit.tv/gewerbesteuer

Die Gewerbesteuer ist neben der Einkommensteuer die zweite wichtige Steuerart, mit der sich Selbstständige in Deutschland beschäftigen müssen. Oder genauer gesagt: Gewerbetreibende, denn die Gewerbesteuer muss nur von Gewerbetreibenden gezahlt werden. Das grundlegende

Verständnis beginnt also mit der Unterscheidung zwischen Freiberuflern und Gewerbetreibenden. Freiberufler wie Ärzte, Anwälte oder Künstler sind von der Gewerbesteuer befreit. Gewerbetreibende hingegen, die eine gewerbliche Tätigkeit ausüben, sind zur Abgabe einer Gewerbesteuererklärung verpflichtet. Mehr zu der Unterscheidung findest du im Kapitel „Unterschied Freiberufler und Gewerbe" ab Seite 128.

Vorauszahlungen und Gewerbesteuererklärung

Das Zusammenspiel aus Vorauszahlungen, Steuererklärung und Steuerbescheid funktioniert genauso wie bei der Einkommensteuer auch. Mit dem einzigen Unterschied, dass andere Termine für die Vorauszahlungen gelten: 15. Februar, 15. Mai, 15. August und 15. November.

Berechnung der Gewerbesteuer

Die Gewerbesteuer ist eine kommunale Steuer, die an die Gemeinde entrichtet wird, in der das Unternehmen seinen Sitz hat. Der Hebesatz, der für die Berechnung der Gewerbesteuer entscheidend ist, wird von jeder Gemeinde individuell festgelegt und kann daher regional stark variieren. Die Gewerbesteuer wird auf der Grundlage des Gewinns des Selbstständigen berechnet. Nach Abzug eines Freibetrags von 24.500 € für Einzelunternehmen und Personengesellschaften wird der verbleibende Gewerbeertrag mit dem Gewerbesteuermessbetrag (3,5 %) multipliziert. Dieser Messbetrag wird dann mit dem Hebesatz der Gemeinde multipliziert, um die zu zahlende Gewerbesteuer zu berechnen.

Beispiel

Gewinn:	50.000 €
Freibetrag:	-24.500 €
zu versteuern:	25.500 €
	x 3,5 %
Messbetrag:	892,50 €
Hebesatz:	x 410 %
Gewerbesteuer:	3.659,25 €

Beispiel: Angenommen, ein Selbstständiger erzielt einen Gewinn von 50.000 €. Nach Abzug des Freibetrags verbleiben 25.500 €. Multipliziert mit 3,5 % ergibt sich ein Gewerbesteuermessbetrag von 892,50 €. Bei einem Hebesatz von 410 % in Berlin würde die Gewerbesteuer 3.659,25 € betragen.

Anrechnung auf die Einkommensteuer

www.steuerfit.tv/anrechnung-est

Gewerbetreibende zahlen neben der Umsatz- und Einkommensteuer auch Gewerbesteuer. Freiberufler nicht. Klingt erst mal unfair, oder? Aber lass uns das genauer anschauen.

Durch §35 EStG können Gewerbetreibende die Gewerbesteuer auf ihre Einkommensteuer anrechnen – bis zum Vierfachen des Gewerbesteuermessbetrags. Das bedeutet, dass die tatsächliche Steuerbelastung oft geringer ist, als es zunächst scheint.

	Freiberuf		Gewerbe (Berlin)			Gewerbe (München)			Gewerbe (Leverkusen)		
Gewinn	Steuern	Prozent	Steuern	Prozent	Mehrbelastung	Steuern		Mehrbelastung	Steuern		Mehrbelastung
0 €	0 €	0,00%	0 €	0,00%	0 €	0 €	0,00%	0 €	0 €	0,00%	0 €
10.000 €	0 €	0,00%	0 €	0,00%	0 €	0 €	0,00%	0 €	0 €	0,00%	0 €
20.000 €	1.956 €	9,78%	1.956 €	9,78%	0 €	1.956 €	9,78%	0 €	1.956 €	9,78%	0 €
30.000 €	4.700 €	15,67%	4.719 €	15,73%	19 €	4.873 €	16,24%	173 €	4.700 €	15,67%	0 €
40.000 €	7.828 €	19,57%	7.882 €	19,71%	54 €	8.316 €	20,79%	488 €	7.828 €	19,57%	0 €
50.000 €	11.343 €	22,69%	11.432 €	22,86%	89 €	12.146 €	24,29%	803 €	11.343 €	22,69%	0 €
60.000 €	15.242 €	25,40%	15.366 €	25,61%	124 €	16.360 €	27,27%	1.118 €	15.242 €	25,40%	0 €
70.000 €	19.427 €	27,75%	19.586 €	27,98%	159 €	20.860 €	29,80%	1.433 €	19.427 €	27,75%	0 €
80.000 €	23.627 €	29,53%	23.821 €	29,78%	194 €	25.375 €	31,72%	1.748 €	23.627 €	29,53%	0 €
90.000 €	27.827 €	30,92%	28.056 €	31,17%	229 €	29.890 €	33,21%	2.063 €	27.827 €	30,92%	0 €
100.000 €	32.027 €	32,03%	32.291 €	32,29%	264 €	34.405 €	34,41%	2.378 €	32.027 €	32,03%	0 €
110.000 €	36.227 €	32,93%	36.526 €	33,21%	299 €	38.920 €	35,38%	2.693 €	36.227 €	32,93%	0 €
120.000 €	40.427 €	33,69%	40.761 €	33,97%	334 €	43.435 €	36,20%	3.008 €	40.427 €	33,69%	0 €
130.000 €	44.627 €	34,33%	44.996 €	34,61%	369 €	47.950 €	36,88%	3.323 €	44.627 €	34,33%	0 €
140.000 €	48.827 €	34,88%	49.231 €	35,17%	404 €	52.465 €	37,48%	3.638 €	48.827 €	34,88%	0 €
150.000 €	53.027 €	35,35%	53.466 €	35,64%	439 €	56.980 €	37,99%	3.953 €	53.027 €	35,35%	0 €

www.steuerfit.tv/download

Beispiel: Nehmen wir an, du hast ein Gewerbe in Berlin. Bei einem Gewinn von 100.000 € zahlst du als Freiberufler 32.027 € Steuern und als Gewerbetreibender in Berlin 32.291 € – also nur 264 € mehr. Der Grund? Der Gewerbesteuerhebesatz in Berlin liegt bei 410 %, und 400 % können auf die Einkommensteuer angerechnet werden.

Unterschiede je nach Gemeinde

In München, mit einem Hebesatz von 490 %, ist die Mehrbelastung für Gewerbetreibende höher (2.378 € bei 100.000 € Gewinn). In Leverkusen hingegen, mit einem Hebesatz von nur 250 %, zahlen Gewerbetreibende keine zusätzlichen Steuern im Vergleich zu Freiberuflern.

In 89 % der Gemeinden in Deutschland zahlen Gewerbetreibende keine höheren Steuern als Freiberufler, trotz der zusätzlichen Gewerbesteuer (Stand: 2023). Die tatsächliche Mehrbelastung ist oft gering und hängt stark vom Hebesatz der jeweiligen Gemeinde ab. Allerdings bringt die Gewerbesteuer zusätzlichen bürokratischen Aufwand mit sich, was für viele Gewerbetreibende eine größere Belastung darstellt als die Steuer selbst.

Umsatzsteuer

www.steuerfit.tv/umsatzsteuer

Die Umsatzsteuer, oft auch als Mehrwertsteuer bezeichnet, ist die dritte Steuerart, die du als Selbstständiger kennen solltest.

In Deutschland gibt es zwei Hauptumsatzsteuersätze: den Standardsteuersatz von 19 % und den ermäßigten Steuersatz von 7 %. Der Standardsteuersatz wird auf die meisten Dienstleistungen und Produkte angewendet, es sei denn, es liegt eine Ausnahme vor. Der ermäßigte Steuersatz gilt für bestimmte Waren und Dienstleistungen, die der Gesetzgeber fördern möchte, wie zum Beispiel Lebensmittel, Bücher und kulturelle Angebote. Neben diesen beiden Sätzen gibt es auch umsatzsteuerfreie Leistungen. Dazu zählen bestimmte medizinische Dienstleistungen, Mietzahlungen für Wohnraum und Versicherungsvermittlungen.

Rund um die verschiedenen Umsatzsteuersätze gibt es ein riesiges Chaos und es ist oft nicht nachzuvollziehen, warum etwas mit 19 % oder mit 7 % versteuert werden muss. Am besten versuchst du gar nicht, in dem System Logik zu entdecken. Die gibt es oft nämlich gar nicht.

Häufige Verwirrung: Brutto- und Nettopreise

Ein zentraler Aspekt der Umsatzsteuer ist das Verständnis des Unterschieds zwischen Brutto- und Nettopreisen. Der Nettopreis ist der Preis einer Ware oder Dienstleistung ohne Umsatzsteuer, während der Bruttopreis die Umsatzsteuer einschließt. Wenn du beispielsweise eine Dienstleistung für 1.000 € anbietest, beträgt der Bruttopreis mit 19 % Umsatzsteuer 1.190 €. Diese 190 € Umsatzsteuer werden an das Finanzamt abgeführt, während der Nettopreis von 1.000 € dein Einkommen darstellt.

Vorsteuerabzug – Ein wichtiger Vorteil für Unternehmen

Aber du musst nicht nur Umsatzsteuer zahlen. Du hast als Selbstständiger das Recht, die Umsatzsteuer, die du für Geschäftsausgaben bezahlt hast, von deiner eigenen Umsatzsteuerschuld abzuziehen. Die Umsatzsteuer, die du abziehen darfst, wird Vorsteuer genannt. Dieses Recht führt dazu, dass du nur die Differenz zwischen der Umsatzsteuer, die du deinen Kunden berechnest, und der Umsatzsteuer, die du für deine Ausgaben bezahlt hast, an das Finanzamt abführst.

Beispiel

	Einnahmen + Umsatzsteuer
Beratungsleistung:	1.000 € + 190 €
	Ausgaben + Umsatzsteuer
neues Smartphone:	547,17 € + 101,83 €
neuer Bürostuhl:	168,61 € + 31,38 €
Gesamt:	715,78 € + 132,76€ → *Vorsteuer*

190 € *erhaltene Umsatzsteuer* - **132,76 €** *gezahlte Umsatzsteuer*

57,24 €
Umsatzsteuerzahllast

Umsatzsteuer-Voranmeldungen

www.steuerfit.tv/ust-va

Die Steuervorauszahlungen bei der Umsatzsteuer sind vollkommen anders geregelt als bei der Einkommensteuer und der Gewerbesteuer. Bei diesen Steuerarten schätzt das Finanzamt deine wahrscheinliche Steuerhöhe und du musst viermal pro Jahr eine Vorauszahlung leisten.

Bei der Umsatzsteuer wird nicht geschätzt, stattdessen muss der Betrag genau berechnet werden. Und da das Finanzamt keinerlei Informationen darüber hat, wie deine aktuelle finanzielle Situation aussieht, musst du diese Berechnung vornehmen und sie regelmäßig an das Finanzamt übermitteln. Diese Berechnung wird Umsatzsteuer-Voranmeldung genannt. Die Umsatzsteuer-Voranmeldung ist also der Prozess, bei dem du die gesammelte

Umsatzsteuer deiner Rechnungen ermittelst und die Vorsteuer, die du an deine Lieferanten gezahlt hast, abziehst. Die Differenz ist der Betrag, den du an das Finanzamt abführen musst (Umsatzsteuer-Zahllast).

Beispiel: Stell dir vor, du hast in einem Monat 10.000 € (exkl. USt.) umgesetzt und dabei 1.900 € Umsatzsteuer eingenommen. Gleichzeitig hast du für 5.000 € eingekauft und dabei 950 € Vorsteuer gezahlt. Deine Umsatzsteuer-Zahlung an das Finanzamt wäre dann 950 € (1.900 € – 950 €).

vereinnahmte Umsatzsteuer *(Gesamt)*
– Vorsteuer *(Gesamt)*

Umsatzsteuerzahlung
→ *an das Finanzamt*

Ganz häufig entsteht in diesem Zusammenhang die Frage, was denn passiert, wenn man mal mehr Vorsteuer als Umsatzsteuer hat. Überweist das Finanzamt dir dann Geld für die Steuer? Die Antwort ist so einfach wie erfreulich: Ja, genau so läuft das. Umsatzsteuer-Erstattungen sind bei einigen Geschäftsmodellen sogar sehr häufig.

vereinnahmte Umsatzsteuer *(Gesamt)*
– Vorsteuer *(Gesamt)*

Umsatzsteuererstattung
→ *vom Finanzamt*

Häufigkeit der Voranmeldungen

Die Frequenz, mit der du deine Umsatzsteuer-Voranmeldungen einreichen musst, wird durch die Höhe der im vorangegangenen Jahr abgeführten Umsatzsteuer bestimmt. Falls deine Umsatzsteuer im Vorjahr weniger als 2.000 € betrug, ist es ausreichend, lediglich eine jährliche Umsatzsteuererklärung abzugeben. Liegt der Betrag jedoch zwischen 2.000 € und 7.500 €, bist du verpflichtet, deine Umsatzsteuer-Voranmeldungen vierteljährlich durchzuführen. Übersteigt deine Umsatzsteuer die Grenze von 7.500 €, so ist es erforderlich, die Voranmeldungen monatlich einzureichen.

Einreichung und Fristen

Januar	Februar	März
10.01. monatliche Voranmeldung + quartalsweise Voranmeldung	10.02. monatliche Voranmeldung	10.03. monatliche Voranmeldung
April	**Mai**	**Juni**
10.04. monatliche Voranmeldung + quartalsweise Voranmeldung	10.05. monatliche Voranmeldung	10.06. monatliche Voranmeldung
Juli	**August**	**September**
10.07. monatliche Voranmeldung + quartalsweise Voranmeldung	10.08. monatliche Voranmeldung	10.09. monatliche Voranmeldung
Oktober	**November**	**Dezember**
10.10. monatliche Voranmeldung + quartalsweise Voranmeldung	10.11. monatliche Voranmeldung	10.12. monatliche Voranmeldung

Du kannst deine Umsatzsteuer-Voranmeldung über deine Buchhaltungssoftware einreichen oder ELSTER online verwenden. Das ist die Online-Plattform der Finanzverwaltung für Steuererklärungen. Dort findest du ein entsprechendes Formular. Die Frist für die Einreichung ist jeweils 10 Tage nach Ende des Voranmeldungszeitraums. Für Januar wäre das beispielsweise der 10. Februar, für das 1. Quartal der 10. April.

Wenn du mehr Zeit benötigst, kannst du eine Dauerfristverlängerung beantragen, die dir zusätzlich einen Monat Zeit gibt. Den Antrag kannst du ebenfalls über das ELSTER-Portal abgeben. Für die Inanspruchnahme dieser Dauerfristverlängerung musst du dann noch eine sogenannte Sondervorauszahlung leisten. Diese beträgt ein Elftel der Summe deiner Umsatzsteuervorauszahlungen des Vorjahres. Diese Zahlung wird dann mit der letzten Vorauszahlung des Jahres verrechnet.

Zahlung der Umsatzsteuer

Wichtig ist, dass die Umsatzsteuer-Zahlung innerhalb der 10-Tage-Frist auf dem Konto des Finanzamts eingehen muss. Eine kleine Gnadenfrist gibt es: Bis zum 13. des Monats werden keine Verspätungszuschläge erhoben. Du erhältst bei der Umsatzsteuer-Voranmeldung also keinen Steuerbescheid oder eine andere Information vom Finanzamt. Du musst deine Steuerschuld berechnen und gleichzeitig den selbst berechneten Betrag überweisen.

Um Verspätungen zu vermeiden, empfehle ich dir, dem Finanzamt ein Lastschriftmandat zu erteilen. So wird die Umsatzsteuer automatisch abgebucht und du vermeidest Versäumniszuschläge.

Umsatzsteuererklärung

Auch für die Umsatzsteuer musst du einmal pro Jahr eine Steuererklärung abgeben. Mit Sicherheit fragst du dich jetzt: Warum eigentlich? Anders als bei der Einkommensteuer und der Gewerbesteuer hast du bei der Umsatzsteuer schon alles genau berechnet. Was soll in der Jahreserklärung denn anderes rauskommen als in den 12 Monatsmeldungen oder den 4 Quartalsmeldungen?

Ein schlauer Gedankengang und du hast natürlich recht: Wenn unterjährig alles richtig gemacht wurde und sich keine Änderungen ergeben haben, ist die Umsatzsteuererklärung eine reine Formalie, aus der sich keine Steuerzahlungen ergeben.

Aber sie ermöglicht es dir, gegebenenfalls Korrekturen vorzunehmen. Es kann durchaus vorkommen, dass du in den Voranmeldungen etwas übersehen oder falsch angegeben hast – die Umsatzsteuererklärung ist deine Chance, das zu korrigieren.

Kleinunternehmerregelung

www.steuerfit.tv/kleinunternehmen

Die Kleinunternehmerregelung, die in § 19 des Umsatzsteuergesetzes (UStG) festgelegt ist, stellt eine steuerliche Erleichterung dar, die speziell für kleinere Unternehmen und Selbstständige entwickelt wurde. Sie ermöglicht es, unter bestimmten Bedingungen von der Umsatzsteuer befreit zu werden. Diese Regelung wurde eingeführt, um den Verwaltungsaufwand für kleine Unternehmen zu reduzieren und ihre Wettbewerbsfähigkeit zu stärken.

Hast du die Kleinunternehmerregelung gewählt?

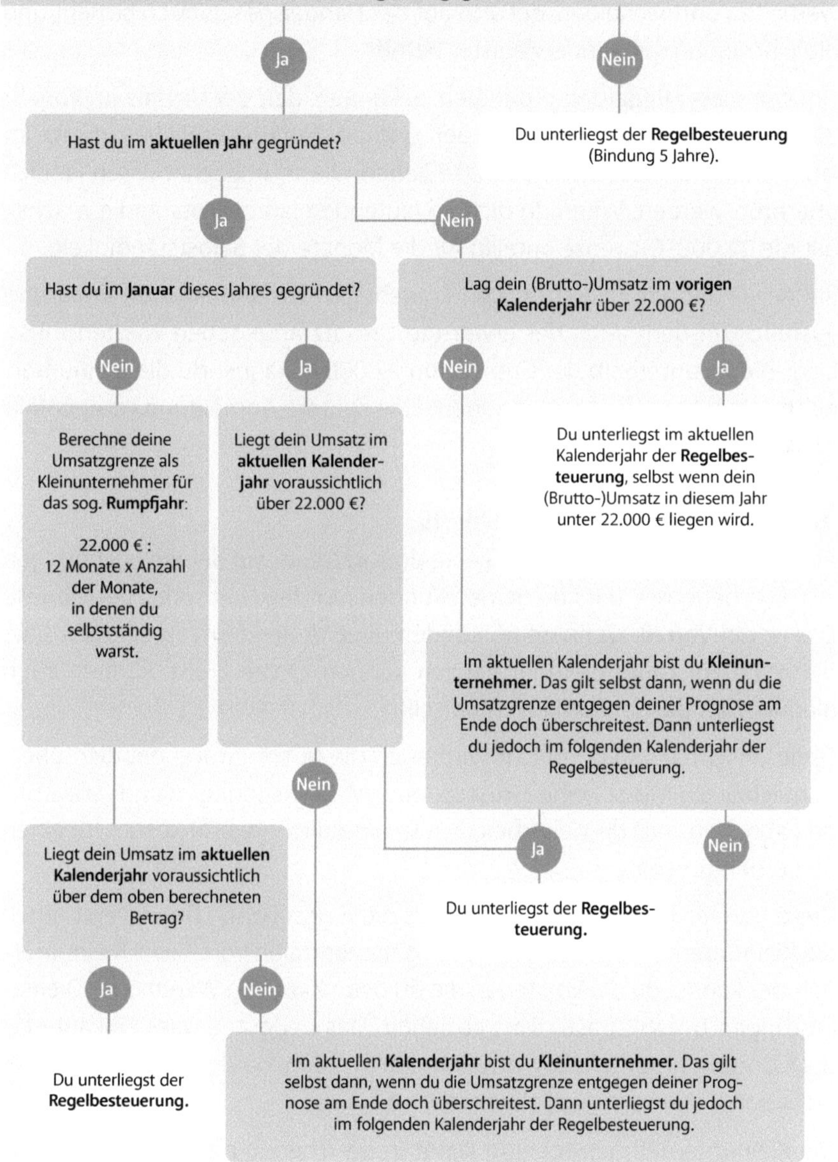

Es ist wichtig, die Kleinunternehmerregelung von dem Begriff „Kleingewerbe" zu unterscheiden, der sich auf das Handelsgesetzbuch bezieht und die Eintragung ins Handelsregister betrifft.

Um von dieser Regelung profitieren zu können, darf der Umsatz im Vorjahr 22.000 € nicht überschritten haben und der voraussichtliche Umsatz im laufenden Jahr muss unter 50.000 € liegen. Diese Grenzen müssen jährlich überprüft werden. Wenn du dich im laufenden Jahr selbstständig machst, gilt die 22.000-€-Grenze anteilig für die Monate der Selbstständigkeit.

Bei der Gründung musst du den Fragebogen zur steuerlichen Erfassung ausfüllen, in dem auch der erwartete Umsatz angegeben werden muss. Liegt dieser unterhalb der Grenze von 22.000 €, kannst du die Kleinunternehmerregelung direkt beantragen. Eine spätere Anmeldung ist ebenfalls möglich.

Auswirkungen auf die Buchhaltung

Als Kleinunternehmer weist du keine Umsatzsteuer auf deinen Rechnungen aus. Das bedeutet, dass du deinen Kunden nur den Nettopreis berechnest. Das ist ein Vorteil, wenn deine Kunden überwiegend Privatpersonen sind, die keine Vorsteuer geltend machen können. Deine Preise können dann niedriger als die der Konkurrenten sein.

Ohne die Umsatzsteuerpflicht wird auch die Buchführung deutlich übersichtlicher. Du musst keine Umsatzsteuer-Voranmeldungen und -erklärungen abgeben, was dir viel Arbeit, Zeit und möglicherweise Kosten für einen Steuerberater spart.

Diese Vorteile bekommst du allerdings nicht geschenkt. Du verlierst durch die Kleinunternehmerregelung einen ganz zentralen Vorteil: Als Kleinunternehmer kannst du die Vorsteuer, die du beim Kauf von Waren oder Dienstleistungen bezahlt hast, nicht abziehen. Das bedeutet, dass Einkäufe für dein Unternehmen effektiv etwas teurer werden, da du die Umsatzsteuer nicht vom Finanzamt zurückbekommen kannst.

Die Kleinunternehmerregelung klingt in der Theorie nach einer spannenden Vereinfachung. Allerdings stößt man im Alltag schnell an ihre Grenzen. Immer wenn deine Kunden Unternehmen sind, bringt dir die Kleinunternehmerregelung keinen finanziellen Vorteil mehr, da deine Kunden die ihnen in Rechnung gestellte Umsatzsteuer in ihrer eigenen Umsatzsteuer-Voranmeldung verrechnen können.

Wenn du dich nur an Endkunden richtest, könnte die Regelung sinnvoll sein. Hier solltest du aber deine langfristige Strategie im Blick behalten. 22.000 € Umsatz ist nicht sonderlich viel und eine hauptberufliche Selbstständigkeit lässt sich damit nicht aufbauen. Wenn du heute schon weißt, dass du nach einem oder zwei Jahren über den Umsatzgrenzen liegen wirst, würde ich schon ab Tag 1 die Umsatzsteuerpflicht wählen, um den Vorsteuerabzug zu erhalten.

Wann lohnt sich die Kleinunternehmerregelung?

Für nebenberufliche B2C-Geschäfte kann die Regelung attraktiv sein, da man ohne Umsatzsteuer günstigere Preise anbieten oder höhere Margen erzielen kann. Bei B2B-Geschäften ist sie meist weniger sinnvoll, da Geschäftskunden die Umsatzsteuer als Vorsteuer abziehen können.

Überschreiten der Umsatzgrenzen

Ganz wichtig für Kleinunternehmer ist die Überwachung des Jahresumsatzes. Überschreitet der Umsatz in einem Jahr die Grenze von 22.000 €, so endet die Berechtigung zur Kleinunternehmerregelung, und ab dem 1. Januar des folgenden Jahres tritt die Regelbesteuerung in Kraft. Dies bedeutet, dass du Umsatzsteuer auf deinen Rechnungen ausweisen und an das Finanzamt abführen musst. Zudem sind ab Januar bzw. dem 1. Quartal regelmäßige Umsatzsteuer-Voranmeldungen erforderlich.

Besonders aufmerksam sollte man in diesem Zusammenhang bei jahresübergreifenden Rechnungen sein. Für Leistungen, die im alten Jahr erbracht, aber erst im neuen Jahr abgerechnet werden, gilt die Steuerregelung des Jahres der Leistungserbringung.

Die Verantwortung für die korrekte Anwendung der Steuerregelungen liegt bei dir. Dies umfasst insbesondere die Pflicht, den Übergang zur Regelbesteuerung selbst zu erkennen und dem Finanzamt mitzuteilen. Das Finanzamt informiert nicht proaktiv über den Wechsel, daher ist eine genaue Überwachung der eigenen Umsätze essenziell. Es kann richtig teuer werden, wenn dir erst nach 6 – 12 Monaten auffällt, dass du schon seit dem 1. Januar steuerpflichtig gewesen bist. Dann musst du alle Rechnungen des Jahres korrigieren und die Umsatzsteuer rückwirkend berechnen.

Mythen über die Kleinunternehmerregelung

www.steuerfit.tv/ku-fehler

Rund um die Kleinunternehmerregelung gibt es unglaublich viele Mythen, die sich schon seit Jahren hartnäckig halten. Deswegen möchte ich an dieser Stelle einmal mit ein paar Irrtümern aufräumen:

Fakt 1: Wahlmöglichkeit der Kleinunternehmerregelung

Die Kleinunternehmerregelung ist keine Pflicht. Viele Neugründer glauben, dass sie automatisch Kleinunternehmer sind, wenn sie geringe Umsätze erzielen. Das ist jedoch ein Irrtum. Du hast die Wahl, von Anfang an auf die Kleinunternehmerregelung zu verzichten und dich für die reguläre Umsatzsteuer zu entscheiden. Dies kann unabhängig von deinem Umsatz oder Gewinn sinnvoll sein, insbesondere wenn du Vorsteuerabzüge geltend machen möchtest.

Fakt 2: Kleinunternehmerregelung – Nicht immer die beste Wahl

Die Kleinunternehmerregelung ist nicht in jedem Fall vorteilhaft. Als Kleinunternehmer musst du keine Umsatzsteuer auf deinen Rechnungen ausweisen und darfst somit auch keine Vorsteuer abziehen. Dies kann nachteilig sein, wenn du hohe Anfangsinvestitionen tätigst oder viele Eingangsrechnungen mit ausgewiesener Umsatzsteuer hast. Es ist wichtig, genau zu kalkulieren, ob die Kleinunternehmerregelung in deinem Fall finanziell sinnvoll ist.

Fakt 3: Umsatzgrenzen und ihre Auswirkungen

Du musst deine Rechnungsstellung nicht mitten im Jahr ändern, wenn du die Umsatzgrenze von 50.000 € überschreitest. Die Kleinunternehmerregelung basiert auf zwei Umsatzgrenzen: 22.000 € im Vorjahr und voraussichtlich weniger als 50.000 € im laufenden Jahr. Entscheidend ist deine Umsatzerwartung zu Beginn des Jahres. Wenn du zu Jahresbeginn mit einem Umsatz von unter 50.000 € rechnest, bleibst du das ganze Jahr über Kleinunternehmer, unabhängig von deinem tatsächlichen Umsatz.

Fakt 4: Unterjähriger Wechsel

Generell gibt es keinen unterjährigen Wechsel von der Kleinunternehmerregelung zur Regelbesteuerung. Niemals. Auch nicht andersrum von der Regelbesteuerung zur Kleinunternehmerregelung. Einen Wechsel kann es nur zum 1. Januar eines Jahres geben.

Fakt 5: Reverse-Charge-Verfahren

Das Reverse-Charge-Verfahren betrifft auch Kleinunternehmer. Wenn du Dienstleistungen aus anderen EU-Ländern beziehst, musst du in Deutschland Umsatzsteuer dafür zahlen. Dies gilt auch für Kleinunternehmer, die keine Vorsteuer abziehen können. Ein Beispiel hierfür ist die Schaltung von Werbung auf Plattformen wie Instagram, dessen Anbieter (also Meta) im EU-Ausland sitzt.

Einführung zum Thema Buchhaltung

www.steuerfit.tv/intro-buchhaltung

Als Selbstständiger kommst du nicht umhin, dich mit Buchhaltung auseinanderzusetzen. Das ist sicherlich keine überraschende Neuigkeit für dich. Doch wenn du dich intensiver damit beschäftigst, wirst du schnell feststellen, dass viele Aspekte alles andere als klar sind. Aus diesem Grund widmen wir uns in diesem Kapitel den grundlegenden Aspekten der Buchhaltung für Selbstständige.

Warum Buchhaltung wichtig ist

Die erste Frage, die sich stellt, ist: Warum müssen wir überhaupt Buchhaltung machen? Abgesehen davon, dass das Finanzamt regelmäßig eine Steuererklärung von uns verlangt, gibt es noch weitere Gründe. Als Selbstständige haben wir keine Gehaltsabrechnungen wie Angestellte. Das bedeutet, dass wir keine klassischen Einkommensnachweise vorlegen können, wenn wir beispielsweise Wohnungen mieten oder Kredite beantragen. Anstatt Gehaltsabrechnungen einzureichen, müssen wir eine betriebswirtschaftliche Auswertung (BWA) vorlegen, die meist für die letzten drei oder zwölf Monate gilt. Die BWA ist das Ergebnis unserer Buchhaltung und dient als Einkommensnachweis für verschiedene Zwecke wie Banken, Vermieter und sogar die Berechnung von Elterngeld.

Wenn du eine andere Rechtsform als ein Einzelunternehmen hast, gibt es noch weitere interessierte Parteien. Bei einer GmbH beispielsweise musst du deine Jahresabschlüsse, also das Ergebnis deiner Buchhaltung, veröffentlichen. Potenzielle Geldgeber, sei es eine Bank oder ein Investor, möchten ebenfalls Einblick in deine Buchhaltung bekommen, um die finanzielle Lage deines Unternehmens zu beurteilen.

Bei Einzelunternehmen stehen in der Regel der Einkommensnachweis und die Grundlage für die Steuerberechnung im Vordergrund. Das Einkommen muss dokumentiert werden und steuerliche Aspekte müssen berücksichtigt werden, um die rechtliche Pflicht zu erfüllen. Neben der BWA gibt es auch noch die Einnahmenüberschussrechnung und die Gewinn- und Verlustrechnung als Ergebnisse der Buchhaltung. Diese beiden Rechnungen werden unterschiedlich berechnet.

Einfache oder doppelte Buchhaltung?

www.steuerfit.tv/einfach-doppelt

Das bringt uns zu einem Punkt, der oft für Verwirrung sorgt: Wie erstelle ich eigentlich diese Ergebnisse? Also, wie funktioniert eigentlich die Buchhaltung? In Deutschland gibt es im Wesentlichen zwei Möglichkeiten.

Die erste ist die einfache Buchhaltung, auch bekannt als Einnahmen-Überschuss-Rechnung. Diese Art der Buchhaltung ist für Freiberufler geeignet.

Die zweite Möglichkeit ist die doppelte Buchhaltung. Wenn du mit dem Finanzamt kommunizierst, wirst du häufig den Begriff Betriebsvermögensvergleich in den Schreiben finden. Dies ist ein Synonym für die doppelte Buchhaltung oder Bilanzierung.

Lass uns genau betrachten, was diese Optionen bedeuten, welche Unterschiede es gibt und welche für dich günstiger sein könnte.

Einnahmenüberschussrechnung

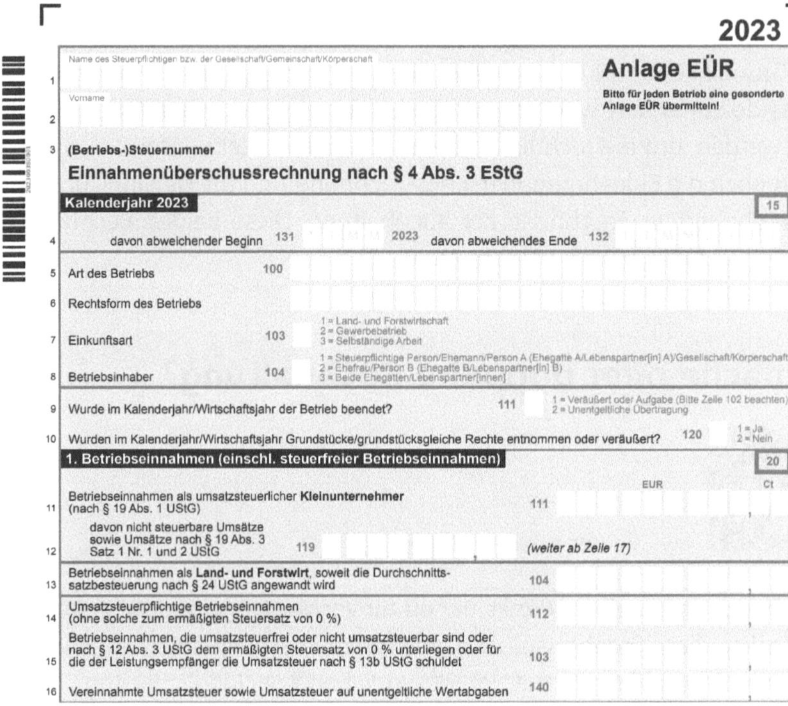

2023

Name des Steuerpflichtigen bzw. der Gesellschaft/Gemeinschaft/Körperschaft

Anlage EÜR

Bitte für jeden Betrieb eine gesonderte Anlage EÜR übermitteln!

1

Vorname

2

3 **(Betriebs-)Steuernummer**

Einnahmenüberschussrechnung nach § 4 Abs. 3 EStG

Kalenderjahr 2023 15

4 davon abweichender Beginn 131 T T M M 2023 davon abweichendes Ende 132

5 Art des Betriebs 100

6 Rechtsform des Betriebs

7 Einkunftsart 103 — 1 = Land- und Forstwirtschaft, 2 = Gewerbebetrieb, 3 = Selbständige Arbeit

8 Betriebsinhaber 104 — 1 = Steuerpflichtige Person/Ehemann/Person A (Ehegatte A/Lebenspartner[in] A)/Gesellschaft/Körperschaft, 2 = Ehefrau/Person B (Ehegatte B/Lebenspartner[in] B), 3 = Beide Ehegatten/Lebenspartner[innen]

9 Wurde im Kalenderjahr/Wirtschaftsjahr der Betrieb beendet? 111 — 1 = Veräußert oder Aufgabe (Bitte Zeile 102 beachten), 2 = Unentgeltliche Übertragung

10 Wurden im Kalenderjahr/Wirtschaftsjahr Grundstücke/grundstücksgleiche Rechte entnommen oder veräußert? 120 — 1 = Ja, 2 = Nein

1. Betriebseinnahmen (einschl. steuerfreier Betriebseinnahmen) 20

Zeile		Kz	EUR Ct
11	Betriebseinnahmen als umsatzsteuerlicher **Kleinunternehmer** (nach § 19 Abs. 1 UStG)	111	
12	davon nicht steuerbare Umsätze sowie Umsätze nach § 19 Abs. 3 Satz 1 Nr. 1 und 2 UStG	119	*(weiter ab Zeile 17)*
13	Betriebseinnahmen als **Land- und Forstwirt**, soweit die Durchschnittssatzbesteuerung nach § 24 UStG angewandt wird	104	
14	Umsatzsteuerpflichtige Betriebseinnahmen (ohne solche zum ermäßigten Steuersatz von 0 %)	112	
15	Betriebseinnahmen, die umsatzsteuerfrei oder nicht umsatzsteuerbar sind oder nach § 12 Abs. 3 UStG dem ermäßigten Steuersatz von 0 % unterliegen oder für die der Leistungsempfänger die Umsatzsteuer nach § 13b UStG schuldet	103	
16	Vereinnahmte Umsatzsteuer sowie Umsatzsteuer auf unentgeltliche Wertabgaben	140	

Die einfachste Methode zur Gewinnermittlung ist die Einnahmenüberschussrechnung. Hierbei werden zunächst alle Einnahmen und Ausgaben eines Jahres zusammengefasst. Der Überschuss der Einnahmen über die Ausgaben ergibt den Gewinn oder Verlust. Diese Berechnung ist relativ simpel, basierend auf einer einfachen Plus-Minus-Rechnung.

Wichtig ist hierbei das Zufluss-Abfluss-Prinzip, das besagt, dass eine Einnahme oder Ausgabe erst relevant ist, wenn sie tatsächlich auf dem Konto verbucht wird. Eine Rechnung muss erst versteuert werden, wenn sie bezahlt und das Geld auf dem Konto eingegangen ist. Gleichzeitig können Kosten erst dann abgesetzt werden, wenn sie tatsächlich beglichen wurden.

Häufig gibt es viel Irritation bei privaten Transaktionen. Privateinlagen und Privatentnahmen sind dabei für die Gewinnermittlung irrelevant. Transaktionen zwischen dem Geschäfts- und Privatkonto haben keine Auswirkungen auf die Steuer. Bei der Einnahmenüberschussrechnung werden ausschließlich die geschäftlichen Transaktionen betrachtet, um den Gewinn oder Verlust zu ermitteln.

Diese Methode der Gewinnermittlung ist also relativ unkompliziert und ermöglicht es dir sehr einfach, einen Überblick über deine geschäftlichen Finanzen zu behalten. Du solltest diese Methode immer wählen, wenn du die Möglichkeit hast.

Ein zusätzlicher Vorteil ist das Format: Die Einnahmenüberschussrechnung entspricht exakt der Anlage EÜR. Wenn du also die Buchhaltung eines Jahres abgeschlossen hast, hast zu zeitgleich den Teil der Einkommensteuer erledigt, den du als Selbstständiger abgeben musst.

Bilanzierung

Die Bilanzierung und die Gewinn- und Verlustrechnung ist im Vergleich deutlich aufwendiger. Es geht nicht bloß um einfache Plus- und Minusbeträge auf dem Bankkonto oder das Zufluss-Abfluss-Prinzip.

Beispiel

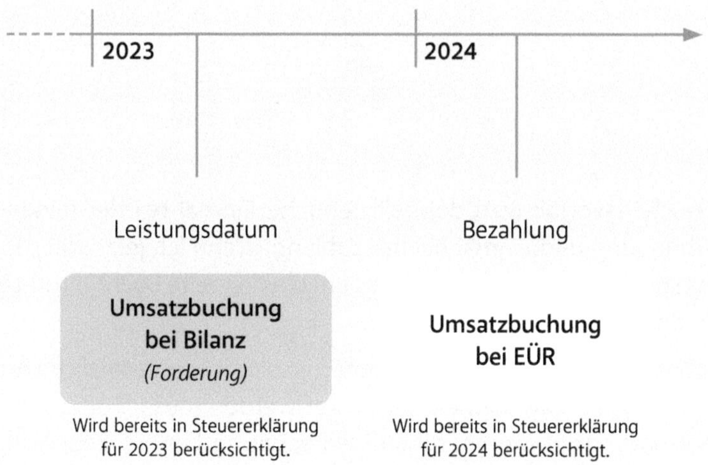

Hier kommen Forderungen und Verbindlichkeiten ins Spiel. Stell dir vor, ich sende dir eine Rechnung über 1.000 €. Zuerst erbringe ich eine Leistung, dann stelle ich dir die Rechnung aus. Mit dieser Rechnung habe ich eine Forderung dir gegenüber. Hoffentlich begleichst du die Rechnung zu einem bestimmten Zeitpunkt, womit die Forderung ausgeglichen wird. Das ist es, was bei der Bilanzierung erfasst wird – die Forderungen und Verbindlichkeiten.

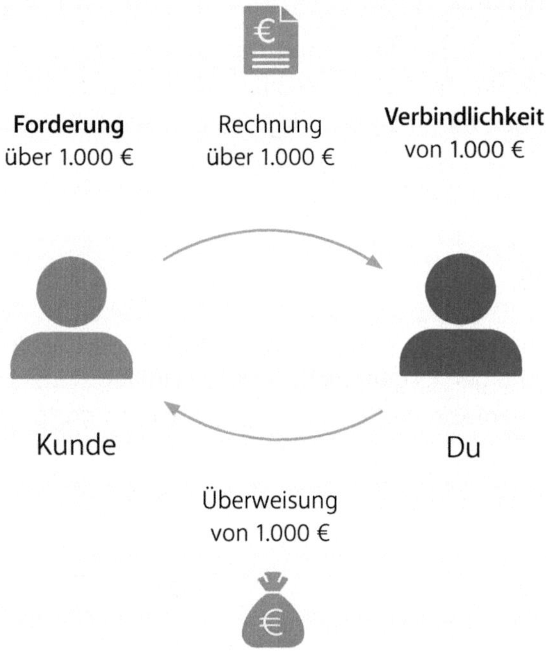

Jeder Geschäftsvorfall wird doppelt gebucht. Einmal bei der reinen Leistungserbringung und einmal bei der Zahlung. Wenn ich jetzt von „doppelt buchen" spreche, liegt es nahe, dass es um die doppelte Buchführung geht – also um die Bilanzierung.

Der Nachteil bei der Bilanzierung ist zunächst einmal der zusätzliche Arbeitsaufwand, da jeder Fall doppelt bearbeitet werden muss. Außerdem kann diese Methode dazu führen, dass eine Rechnung bereits steuerlich relevant ist, obwohl du das Geld noch nicht erhalten hast. Auch die Arbeit, die nur einmal im Jahr durchgeführt wird, ist bei der Bilanzierung und der Gewinn- und Verlustrechnung deutlich aufwendiger. Die Einnahmenüberschussrechnung führt lediglich zur Anlage EÜR, die ein Teil deiner Einkommensteuererklärung ist. Das ist relativ einfach. Bei der Bilanzierung musst du jährlich eine Inventur durchführen und ein Inventar erstellen, um die Vermögenswerte und Verbindlichkeiten deines Unternehmens zu erfassen.

Aber die Bilanzierung hat natürlich nicht nur Nachteile: Du hast deutlich mehr Gestaltungsmöglichkeiten und kannst zum Beispiel Rückstellungen bilden, um Steuern zu sparen. Das ist bei der Einnahmenüberschussrechnung nicht möglich. Außerdem wird eine Bilanz von möglichen Investoren oder Banken eher geschätzt, da es das gängige Format ist, das sie kennen. Sie können deinen Jahresabschluss als Bilanz viel besser analysieren als eine Einnahmenüberschussrechnung. Wenn du also viel mit Geldgebern zu tun hast, solltest du darüber nachdenken, ob es die zusätzliche Arbeit wert ist. Grundsätzlich empfehle ich dir als Bilanzierer jedoch dringend, mit einem Profi, also einem Steuerberater, zusammenzuarbeiten.

Wann musst du was machen?

Vielleicht denkst du jetzt vielleicht: „Ja perfekt! Ich habe zwei Möglichkeiten, um meinen Gewinn zu ermitteln. Eine ist schnell und einfach, die andere etwas aufwendiger, aber professioneller. Dann kann ich es mir aussuchen." Leider ist das nicht immer möglich, da es gesetzliche Vorschriften gibt, die bestimmen, wann du eine Bilanz erstellen musst. Wenn du bilanzieren musst, hast du keine Wahl – du musst eine Bilanz erstellen. Wenn es jedoch keine gesetzliche Pflicht gibt und du eine Einnahmenüberschussrechnung machen darfst, kannst du dich freiwillig für die aufwendigere Version entscheiden und trotzdem eine Bilanz erstellen.

Bei GmbHs oder UGs, also bei Kapitalgesellschaften, ist das ganz einfach, denn sie müssen immer eine Bilanz erstellen, unabhängig vom Umsatz oder Gewinn.

Bei Einzelunternehmen wird es etwas komplizierter:

Freiberufler müssen nie eine Bilanz erstellen und können immer eine Einnahmenüberschussrechnung erstellen, unabhängig vom Gewinn oder Umsatz.

Wer ist buchführungspflichtig?

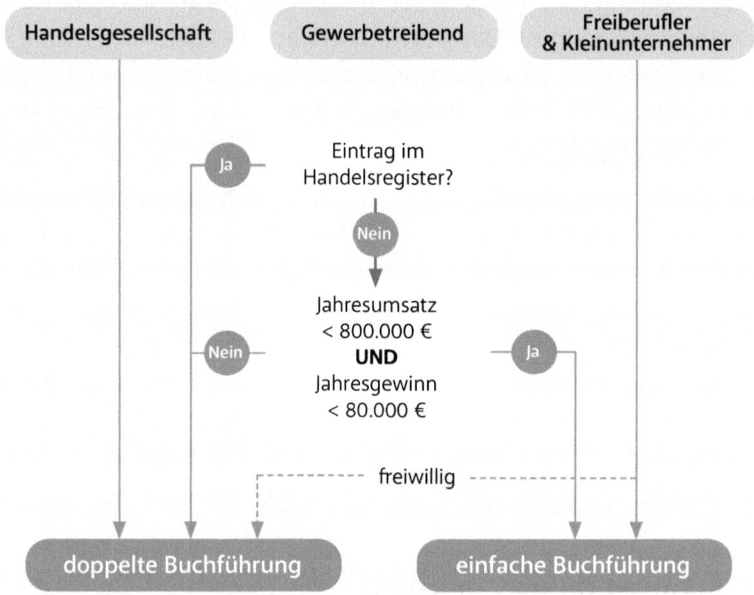

Gewerbetreibende haben es ein wenig schwerer, da sie nur bis zu bestimmten Umsatz- oder Gewinngrenzen eine Einnahmenüberschussrechnung machen können. Wenn sie diese Grenzen überschreiten, müssen sie eine Bilanz erstellen. Die Grenzen liegen bei 80.000 € Gewinn pro Jahr und 800.000 € Umsatz im Jahr. Es reicht aus, wenn eine dieser Grenzen überschritten wird.

Das gilt jedoch erst, wenn dies zwei Jahre hintereinander passiert. Das bedeutet, erst wenn du im zwei Jahr hintereinander zum Beispiel 100.000 € Gewinn als Gewerbetreibender machst, wirst du bilanzierungspflichtig und musst eine Bilanz erstellen.

In der Praxis brauchst du die Grenzen aber gar nicht so sehr zu beachten. Du wirst vom Finanzamt informiert, dass du ab einem bestimmten Jahr bilanzieren musst. Es ist jedoch vorteilhaft, wenn du bereits im Voraus Bescheid weißt und dich darauf vorbereiten kannst.

GoBD

www.steuerfit.tv/gobd

Die Grundsätze zur ordnungsmäßigen Führung und Aufbewahrung von Büchern, Aufzeichnungen und Unterlagen in elektronischer Form sowie zum Datenzugriff, besser bekannt unter der Abkürzung GoBD, sind in Deutschland eine wichtige Richtlinie für alle Unternehmen, einschließlich Freiberufler und Selbstständige wie dich.

Stell dir die GoBD als eine Art Wegweiser vor, der dir zeigt, wie du deine geschäftlichen Aufzeichnungen und Buchhaltung führen sollst, damit sie steuerlich anerkannt werden. Die GoBD legen fest, was das Finanzamt von deiner Buchführung erwartet, vor allem in Bezug auf die Nachvollziehbarkeit und Nachprüfbarkeit deiner Geschäftsvorfälle. Doch was besagen diese Grundsätze eigentlich und wofür sind sie da?

Unsere Geschäftsabläufe, einschließlich der Buchhaltung und der damit verbundenen Systeme, werden zunehmend digital. Das ist sicherlich keine Neuigkeit für dich. Jedoch legt das Finanzamt spezifische Anforderungen an deine Software-Systeme und den Umgang damit fest. Wenn das Finanzamt feststellt, dass deine Buchhaltung nicht den GoBD entspricht, kann es Zweifel an der Richtigkeit deiner Aufzeichnungen haben. In solchen Fällen besteht das Risiko, dass das Finanzamt deine Buchhaltung ablehnt und deinen Zahlen nicht mehr vertraut. Wenn das passiert, werden deine Umsätze und Gewinne geschätzt. Und wenn das Finanzamt deinen Gewinn schätzt, dann ist das Ergebnis in den meisten Fällen ein deutlich höherer Gewinn. Das führt dann automatisch zu einer höheren Steuerbelastung.

Viele Selbstständige nehmen fälschlicherweise an, dass sich ihr Steuerberater um die GoBD kümmert oder dass ihr Buchhaltungsprogramm alle Anforderungen erfüllt. Leider lautet die ernüchternde Antwort: Nein. Weder der Steuerberater noch das Buchhaltungsprogramm können sämtliche Aspekte der GoBD abdecken. Selbst deine sogenannten Vorsysteme müssen GoBD-konform sein. In diesem zugegebenermaßen recht trockenem

Kapitel möchte ich dir fünf wichtige Punkte näherbringen, die du als Selbstständiger unbedingt über die GoBD wissen solltest.

Vor- und Nebensysteme beachten

Ein wichtiger Fakt, den du über die GoBD kennen solltest, ist, dass auch Neben- und Vorsysteme den GoBD unterliegen. Daher reicht es nicht aus, einfach dem Steuerberater zu vertrauen oder blind auf das Buchhaltungssystem zu setzen. Aber was sind eigentlich Vor- und Nebensysteme?

Das sind alle Systeme, inklusive Softwarelösungen, Tools und Ähnliches, die dir dabei helfen, dein Tagesgeschäft zu managen. Konkret sprechen wir hier von der Auftragsverwaltung, der Anlagenbuchhaltung, der Lohnbuchhaltung, dem Rechnungsprogramm, dem Kostenrechnungssystem und dem Zahlungsverkehrssystem, das beispielsweise Überweisungen abwickelt. Dazu gehören auch das Zeiterfassungssystem, das Dokumentenmanagement-System, das Archiv, elektronische Fahrtenbücher, Rechnungseingangsbücher und natürlich auch dein E-Mail-Postfach. Auch die Schnittstellen zwischen all diesen Systemen unterliegen den GoBD. Alle diese Systeme, Tools und Apps erfordern deine eigene Aufmerksamkeit, da ein Steuerberater möglicherweise keinen Zugriff darauf hat. Daher musst du dich selbst um die GoBD in diesem Bereich kümmern.

Revisionssicherheit in der Buchhaltung

Der zweite Punkt, den du beachten solltest, ist, dass dein Hauptbuchhaltungsprogramm, deine Nebensysteme und deine Vorsysteme revisionssicher sein müssen. Aber was bedeutet jetzt schon wieder „revisionssicher"?

Die Dokumente, die du in einem System erstellst, wie zum Beispiel ein Angebot, dürfen später nicht mehr verändert werden. Genauer gesagt, müssen diese Veränderungen nachvollziehbar sein. Das bedeutet, du darfst keine Dokumente einfach überschreiben können, wie es in Excel und Word möglich ist. Ich weiß, dass dies technisch möglich ist, aber es sollte nicht so sein. Du musst jede Version von den Dokumenten separat abspeichern, am besten in einem Dokumenten-Management-System (DMS). Es ist also äußerst wichtig, dass deine Software eine Änderungshistorie aufzeichnet oder zumindest jede Version eines Angebots in deinem DMS abspeichert.

Auswahl von Software-Lösungen

Kommen wir nun zum dritten Punkt: Wenn du dich für eine Software, eine App oder eine Cloud-Lösung entscheidest, achte unbedingt darauf, dass sie revisionssicher ist und den deutschen GoBD entspricht. Leider ist das häufig nicht der Fall, wenn du Software-Lösungen aus den USA oder anderen Ländern verwendest. Die deutschen GoBD spielen international nicht die größte Rolle. Viele Software-Systeme sind aber tatsächlich GoBD-konform und verfügen über ein entsprechendes Zertifikat, wenn man bei der Auswahl einmal bewusst darauf achtet.

Ein Beispiel dafür ist lexoffice (einen Discount-Code findest du weiter hinten im Buch), welches ein solches Zertifikat besitzt. Dieses Zertifikat bestätigt, dass die Software GoBD-konform ist. Bei der Auswahl einer Software-Lösung solltest du also unbedingt auf solche Zertifikate achten, auch wenn das nicht bedeutet, dass Software-Lösungen ohne ein solches Zertifikat zwangsläufig gegen die GoBD verstoßen. Es ist jedoch ein Kriterium, das dir zumindest etwas Sicherheit geben kann.

Von Papier zu digital: So bewahrst du die Originaldokumente richtig auf

In den meisten Unternehmen und Selbstständigkeiten gibt es immer noch eine Mischung aus digitalen und Papierbelegen. Es ist wichtig, das Originaldokument aufzubewahren.

Wenn du beispielsweise eine Rechnung per Post erhältst, ist das physische Papierdokument das Original. Wenn du eine Excel-Tabelle für Verpflegungsmehraufwand oder Reisekosten verwendest, ist diese Excel-Tabelle das Originaldokument. Gleiches gilt für eine PDF-Rechnung im Anhang einer E-Mail. Du musst sie nicht ausdrucken, sondern die PDF-Datei ist das Originaldokument.

Es ist entscheidend, immer das Originaldokument aufzubewahren und nicht einfach alles auszudrucken oder wahllos zu scannen. Du kannst physische Dokumente digitalisieren und anschließend digital weiterverarbeiten. Für diesen Prozess benötigst du jedoch eine Verfahrensdokumentation, die beschreibt, wie du das Scannen als Ersatzverfahren anwendest. Ich empfehle grundsätzlich, die Buchhaltung ausschließlich digital durchzuführen. Das bedeutet, dass du eine Verfahrensdokumentation für alle physischen

Dokumente benötigst. Dadurch kannst du physische Belege mit digitalen Belegen ersetzen und ausschließlich mit digitalen Belegen in deinem System arbeiten. Es ist wichtig, dass du nicht zwischen physischer und digitaler Arbeit hin und her wechselst, da dies die Nachvollziehbarkeit von Änderungen erschwert.

Zeitnahe Aufzeichnung und Dokumentation

Ein weiterer wichtiger Aspekt ist die zeitnahe Aufzeichnung und Dokumentation deiner Unterlagen. Unbare Geschäftsvorfälle, also digitale Transaktionen, sollten innerhalb von zehn Tagen erfasst werden. Kreditorische Vorgänge müssen innerhalb von acht Tagen aufgezeichnet werden. Alle Bargeschäfte, also Bargeldtransaktionen, sollten täglich erfasst werden.

Es ist wichtig zu beachten, dass es keine Vereinfachungsregelung für Soloselbstständige gibt, die beispielsweise nur vierteljährlich ihre Umsatzsteuer-Voranmeldung einreichen müssen, oder für diejenigen, die ausschließlich steuerfreie Umsätze haben. Daher ist dieses Thema auch für dich von großer Bedeutung. Obwohl du deine Buchhaltung möglicherweise nur einmal pro Quartal für die Umsatzsteuer machen musst, solltest du sie regelmäßig gemäß den GoBD-Richtlinien führen.

Ich empfehle dir grundsätzlich, eine Buchhaltungsroutine aufzubauen, in der du regelmäßig wöchentliche Aufgaben erledigst. Im Kapitel „Routinen" (ab Seite 187) erfährst du, wie eine solche Routine aussehen könnte.

Aufbewahrungsfristen

www.steuerfit.tv/aufbewahrung

Ein weiterer zentraler Punkt der GoBD sind die Aufbewahrungsfristen. Da dieses Thema aber eine so große Bedeutung hat, widme ich ihm ein eigenes Kapitel. Du weißt sicherlich schon, dass du deine Buchhaltungsunterlagen aufbewahren musst. Aber weißt du auch genau, welche Dokumente du wie lange aufbewahren musst?

Es herrscht oft Unklarheit darüber, welche Unterlagen genau aufbewahrt werden müssen und wie lange. Im Wesentlichen gibt es zwei wichtige Fristen, die du kennen solltest. Die erste beträgt sechs Jahre und die zweite zehn Jahre.

10 Jahre

Lass uns mit der Aufbewahrungsfrist von 10 Jahren starten. Du solltest deine wichtigsten Steuerunterlagen tatsächlich immer für 10 Jahre aufbewahren. Das beinhaltet deine eigenen Rechnungen, die Rechnungen, die du bekommst, sowie deine Kontoauszüge, Steuererklärungen, Umsatzsteuer-Voranmeldungen, Inventarlisten, Einnahmenüberschussrechungen, Bilanzen und Gewinn- und Verlustrechnungen. Kurz gesagt, du musst deine wichtigsten Steuerunterlagen 10 Jahre lang aufbewahren und sicherstellen, dass sie in dieser Zeit einsehbar und abrufbar sind.

6 Jahre

Was viele jedoch nicht wissen, ist, dass du noch weitere Dokumente aufbewahren musst. Zum Beispiel gibt es eine Aufbewahrungsfrist von sechs Jahren für zusätzliche Geschäftskorrespondenz, einschließlich E-Mails, Briefe, Angebote, Mahnungen, Verträge und mehr. Diese Informationen sind entscheidend, um ein besseres Verständnis deiner steuerlichen Situation zu erlangen, und sollten daher aufbewahrt werden.

Warum das Ganze?

Warum solltest du das überhaupt tun? Was passiert, wenn du einfach jedes Jahr deine Buchhaltungsunterlagen wegwirfst?

In diesem Fall hat das Finanzamt bei einer Betriebsprüfung die Möglichkeit, die Besteuerungsgrundlage zu schätzen. Das bedeutet, dass sie einfach deine Umsätze und Gewinne schätzen, wenn du beispielsweise keine Unterlagen von vor acht Jahren vorweisen kannst. Und wenn das Finanzamt das tut, ist das in der Regel zu deinem Nachteil. Du wirst also ordentlich Steuern nachzahlen müssen. Im schlimmsten Fall kann dir sogar Absicht unterstellt werden und in solchen Fällen kann es durchaus sein, dass man von Steuerhinterziehung spricht. Und Steuerhinterziehung endet im schlimmsten Fall im Gefängnis.

Achtung! 10 Jahre sind nicht 10 Jahre!

An dieser Stelle möchte ich einen äußerst wichtigen Hinweis geben, da ich häufig einen Fehler im Zusammenhang mit der Aufbewahrungsfrist sehe – sowohl bei Selbstständigen als auch bei Steuerberatern. Die entscheidende Frage ist: Wann beginnt die Frist von 10 bzw. 6 Jahren tatsächlich? Laut Gesetz beginnt die Frist erst am Ende des Jahres, in dem das betreffende Dokument erstellt wurde.

Nehmen wir zum Beispiel an, du reichst deine Steuererklärung für das Jahr 2022 im Februar 2024 ein – so etwas kann vorkommen. Wenn du einen Steuerberater hast, bewegst du dich sogar noch innerhalb der gesetzlichen Frist. Das bedeutet jedoch, dass das Dokument „Steuererklärung 2022" erst im Februar 2024 erstellt wurde. Daher beginnt die 10-jährige Aufbewahrungsfrist erst am Ende des Jahres 2024. Die 10 Jahre beginnen also erst am 01.01.2025 und enden Ende Dezember 2034. Das heißt, die Aufbewahrungsfrist für die Steuererklärung 2022 in diesem Beispiel endet erst am 31. Dezember 2034.

Intuitiv würde man nicht denken, dass man die Steuererklärung 2022 bis zum 01.01.2035 aufbewahren sollte – das wären mehr als 12 Jahre. Tatsächlich musst du jedoch genau überlegen, welche Dokumente wann erstellt wurden und ob sie möglicherweise noch relevant sind.

Betriebseinnahmen

Was sind Betriebseinnahmen?

Was sind eigentlich Betriebseinnahmen? Das mag zunächst wie eine einfache und dumme Frage erscheinen, doch bei genauerer Betrachtung wird deutlich, dass es gar nicht so einfach ist, zu bestimmen, was als Betriebseinnahme gilt und ab wann.

Es gibt einen rechtlichen Unterschied zwischen Einnahmen und Einkommen: Einnahmen sind der Umsatz, während Einkommen der Gewinn ist. Übrigens heißt es deswegen auch Einkommensteuer, da wir Steuern auf den Gewinn zahlen, nicht auf den Umsatz.

Wenn ich von Betriebseinnahmen spreche, beziehe ich mich auf den Umsatz, nicht darauf, was am Ende der Berechnung übrig geblieben ist.

Ich möchte mich im Folgenden auf die Einnahmenüberschussrechnung konzentrieren, da das die häufigste Gewinnermittlungsmethode von Selbstständigen ist.

	1. Betriebseinnahmen (einschl. steuerfreier Betriebseinnahmen)		20	
			EUR	Ct
11	Betriebseinnahmen als umsatzsteuerlicher **Kleinunternehmer** (nach § 19 Abs. 1 UStG)	111		
12	davon nicht steuerbare Umsätze sowie Umsätze nach § 19 Abs. 3 Satz 1 Nr. 1 und 2 UStG — 119	(weiter ab Zeile 17)		
13	Betriebseinnahmen als **Land- und Forstwirt**, soweit die Durchschnittssatzbesteuerung nach § 24 UStG angewandt wird	104		
14	Umsatzsteuerpflichtige Betriebseinnahmen (ohne solche zum ermäßigten Steuersatz von 0 %)	112		
15	Betriebseinnahmen, die umsatzsteuerfrei oder nicht umsatzsteuerbar sind oder nach § 12 Abs. 3 UStG dem ermäßigten Steuersatz von 0 % unterliegen oder für die der Leistungsempfänger die Umsatzsteuer nach § 13b UStG schuldet	103		
16	Vereinnahmte Umsatzsteuer sowie Umsatzsteuer auf unentgeltliche Wertabgaben	140		
17	Vom Finanzamt erstattete und ggf. verrechnete Umsatzsteuer (Die Regelung zum 10-Tageszeitraum - § 11 Abs. 1 Satz 2 EStG - ist zu beachten.)	141		
18	Veräußerung oder Entnahme von Anlagevermögen	102		
19	Private Kfz-Nutzung	106		
20	Sonstige Sach-, Nutzungs- und Leistungsentnahmen	108		
21	Auflösung von Rücklagen und Ausgleichsposten (Übertrag aus Zeile 105)			
22	**Summe Betriebseinnahmen** (Übertrag in Zeile 73)	159 =		

Gemäß dem Zufluss-Abfluss-Prinzip liegt also eine Einnahme vor, wenn das Geld auf dem Konto eingegangen ist. Ich weiß, dass es da draußen viele übereifrige Business Coaches gibt, die behaupten, dass sie monatlich 100.000 € verdienen. Aber oft bedeutet das nicht, dass sie wirklich 100.000 € auf ihrem Konto haben. Es bedeutet meistens nur, dass ein potenzieller Kunde telefonisch oder vertraglich erklärt hat, dass er beabsichtigt, Dienstleistungen in diesem Wert zu erhalten. Dann werden all diese abgeschlossenen Verträge zusammengerechnet und es hört sich beeindruckend an. Aber hier ist der Haken: Wenn ein Kunde bei dir unterschrieben hat oder etwas gebucht hat, ist das noch kein Umsatz. Es ist auch noch kein Umsatz, wenn du die Rechnung verschickst. Für dich zählt es erst als Betriebseinnahme, wenn das Geld tatsächlich auf deinem Konto angekommen ist.

Die erste Gruppe der Betriebseinnahmen besteht aus den Zahlungen, die deine Kunden nach Erhalt einer Rechnung überweisen. Diese Art von Einnahmen ist allgemein bekannt und kann unterschiedlichen Kategorien zugeordnet werden: entweder mit 0 % Umsatzsteuer, 7 % Umsatzsteuer oder 19% Umsatzsteuer. In der Einnahmenüberschussrechnung und der Anlage EÜR werden diese Betriebseinnahmen separat ausgewiesen. Dabei umfassen sie nicht nur die regulär umsatzsteuerpflichtigen Einnahmen, sondern auch umsatzsteuerfreie Einnahmen. Beachte bitte, dass auch Einnahmen aus dem Ausland, zum Beispiel wenn du als Dienstleister einen Kunden in Frankreich oder Dänemark hast, als Betriebseinnahmen gelten. Auch wenn sie nach dem Umsatzsteuergesetz nicht in Deutschland umsatzsteuerbar sind. Für solche Fälle greift das sogenannte Reverse-Charge-Verfahren.

Die nächste Gruppe der Betriebseinnahmen ist nicht mehr ganz so intuitiv. Es handelt sich um die vereinnahmte Umsatzsteuer. Wir haben gerade die Betriebseinnahmen besprochen, die natürlich die Nettobeträge sind. Auf deiner Rechnung berechnest du jedoch in der Regel auch Umsatzsteuer und nimmst sie von deinen Kunden ein. Nach der Umsatzsteuerkalkulation und dem Umsatzsteuerrecht ist dies jedoch ein durchlaufender Posten für dich, da du diese Umsatzsteuer an das Finanzamt weiterleitest. Das machst du entweder im Rahmen der Umsatzsteuer-Voranmeldung oder der Umsatzsteuererklärung. Solange du das Geld aber auf dem Bankkonto hast, ist es vorerst eine Betriebseinnahme gemäß dem Zufluss-Abfluss-Prinzip. Es könnte also für einen kurzen Zeitraum sein, dass du auf die vereinnahmte Umsatzsteuer tatsächlich Einkommensteuer zahlst. Langfristig zahlst du jedoch keine Einkommensteuer auf die Umsatzsteuer, da die Umsatzsteuer schließlich ans Finanzamt abgeführt wird.

Bei der dritten Gruppe der Betriebseinnahmen wird es interessant, denn vielen Selbstständigen ist gar nicht bewusst, dass Leistungsentnahmen auch eine Art Umsatz sind.

Ein ganz einfaches Beispiel: Wenn man als Selbstständiger einen Laptop für seine Selbstständigkeit kauft, bucht man die Anschaffungskosten als Betriebsausgabe. Doch wenn man ihn nicht mehr für seine Arbeit benötigt, ihn aber privat weiter benutzen möchte, muss man den Laptop offiziell dem Betriebsvermögen entnehmen. Der Entnahmewert entspricht den Wiederbeschaffungskosten, also dem Betrag, den man für den Laptop zahlen müsste, wenn man ihn jetzt kaufen würde. Man schaut zum Beispiel auf Kleinanzeigen oder eBay, um den Wert des Laptops in einem ähnlichen Zustand zu ermitteln. Angenommen, der Laptop wäre in diesem Zustand 300 € wert. Das bedeutet, man entnimmt 300 € aus dem Unternehmen.

Diese 300 € muss man als Betriebseinnahme buchen und sogar Umsatzsteuer darauf zahlen.

Als Selbstständiger hat man gewissermaßen zwei verschiedene „Persönlichkeiten“: die geschäftliche und die private; und man muss Einkommensteuer, Gewerbesteuer und Umsatzsteuer zahlen, wenn man etwas von der geschäftlichen Persönlichkeit auf die private Persönlichkeit überträgt.

Das Gleiche gilt nicht nur für Sachentnahmen sondern auch für Leistungsentnahmen, beispielsweise die private Nutzung von Unternehmensinventar. Dafür muss man den privaten Nutzungsanteil ermitteln und den Wert der privaten Nutzung berechnen. Das häufigste Beispiel ist die private Nutzung eines Firmenwagens.

Bei einem Firmenwagen ermittelt man den privaten Nutzungsanteil (bzw. den Wert der privaten Nutzung) mit der 1-%-Methode oder dem Fahrtenbuch. Dieser Wert wird als Betriebseinnahme gebucht, was dazu führt, dass man darauf Umsatzsteuer zahlen muss und dass die Einnahmen sowie der Gewinn steigen.

Und diese drei Gruppen – die steuerpflichtigen Betriebseinnahmen, die vereinnahmte Umsatzsteuer und das gesamte Geschäft mit dir selbst, wie die Entnahme von Gegenständen oder die Entnahme von Leistungen – bilden zusammen deine Betriebseinnahmen. Von diesen ziehst du dann alle Kosten ab, um den Gewinn zu ermitteln.

Rechnungen schreiben

www.steuerfit.tv/rechnung

Rechnungen sind die Dokumente, die unsere Wirtschaft zusammenhalten. Sie sind so etwas wie die Blutbahnen, die ermöglichen, dass das Blut (Geld) fließt. Rechnungen sind also auch für deine Selbstständigkeit von zentraler Bedeutung. Und es gibt einige Regeln, die du beachten solltest.

Du fragst dich vielleicht, warum du überhaupt eine Rechnung gemäß gesetzlichen Vorgaben erstellen solltest. Der Grund liegt auf der Hand: Dein

Kunde wird dich in der Regel erst dann bezahlen, wenn er eine korrekte Rechnung vorliegen hat. Und auch du solltest deine Lieferanten und Dienstleister erst bezahlen, wenn sie dir eine korrekte Rechnung geschickt haben.

Es ist vor allem für den Kunden wichtig, eine rechtskonforme Rechnung zu erhalten, damit er den ausgewiesenen Umsatzsteuerbetrag als Vorsteuer in seiner Umsatzsteuer-Voranmeldung geltend machen kann. Das ist mit einer nicht korrekten Rechnung nicht möglich. Als Kunde hast du grundsätzlich immer das Recht, eine Korrektur einer falschen Rechnung anzufordern. Du darfst jedoch nicht eigenmächtig die Rechnung, die du erhalten hast, korrigieren, um sie dann in deiner Umsatzsteuer-Voranmeldung anzugeben.

Es gibt zwar rechtliche Anforderungen und Vorschriften, was auf einer Rechnung stehen sollte, jedoch gibt es keine Vorschrift, mit welchem Tool oder mit welcher Software du eine Rechnung schreiben musst. Theoretisch wäre es also in Ordnung, wenn du einfach ein Blatt Papier nimmst und mit einem Stift alle erforderlichen Angaben darauf schreibst. Das wäre eine korrekte Rechnung. Im Alltag kann ich dir das jedoch nicht empfehlen.

Pflichtangaben auf einer Rechnung

Nummer	Angabe	Erklärung
1	Rechnungsersteller	Firmenname und Adresse des leistenden Unternehmens
2	Rechnungsempfänger	Firmenname und Adresse des Rechnungsempfängers
3	Steuernummer / USt-ID-Nummer	Eine der beiden Nummern ist Pflicht
4	Rechnungsdatum	Wann wurde die Rechnung erstellt?
5	Rechnungsnummer	Du solltest deine Rechnungen fortlaufend nummerieren
6	Leistungsdatum	Zeitpunkt der Lieferung oder den Zeitraum der Dienstleistung
7	Rechnungspositionen	Beschreibung der Ware bzw. Beschreibung der Dienstleistung

8	Rechnungsbetrag netto	Der Preis deiner Dienstleistung oder Ware
9	Umsatzsteuersatz	Der Umsatzsteuersatz oder Erklärung, warum keine Umsatzsteuer ausgewiesen wird
10	Umsatzsteuerbetrag	Betrag der Umsatzsteuer
11	Bruttobetrag / Zahlbetrag	Netto-Rechnungsbetrag + Umsatzsteuerbetrag

Sinnvolle Angaben, die gesetzlich nicht vorgeschrieben sind:

- Zahlungsfrist
- Die Bankverbindung
- Angabe der Geschäftsführer bzw. Inhaber des Unternehmens
- Handelsregister-Eintrag (falls vorhanden)
- Telefonnummer und E-Mail-Adresse für Rückfragen
- Web-Adresse

HINWEIS FÜR KLEINUNTERNEHMER:

Wenn du dich für die Kleinunternehmerregelung entscheidest, fällt keine Umsatzsteuer an und auf deinen Rechnungen darf keine Umsatzsteuer ausgewiesen werden. Stattdessen wird die Rechnung lediglich mit dem Nettobetrag erstellt. Es ist jedoch wichtig, einen Hinweis auf die Kleinunternehmerregelung auf den Rechnungen anzugeben. Du kannst zum Beispiel folgende Formulierung verwenden: „Gemäß § 19 UStG wird keine Umsatzsteuer erhoben." Alle anderen Pflichtangaben, die in der obenstehenden Tabelle erläutert wurden, gelten weiterhin.

Kleinbetragsrechnung

www.steuerfit.tv/kleinbetragsrechnung

In diesem Zusammenhang wirst du mit Sicherheit früher oder später auf ein Problem stoßen. Es ist nämlich sehr verbreitet, dass vermeintlich seriöse Unternehmen, die eigentlich wissen sollten, wie es richtig geht, keine ordentlichen Rechnungen ausstellen. Das betrifft beispielsweise Kassenbons, Bewirtungsbelege in Restaurants, Taxiquittungen, Tickets von der Deutschen Bahn und so weiter.

Es gibt zahlreiche Rechnungen, die nicht alle erforderlichen Angaben enthalten. Dies ist auf zwei Vereinfachungsregelungen zur Rechnungserstellung zurückzuführen. Es stellt sich daher die berechtigte Frage, wie mit Kassenbons, Quittungsblöcken, Taxirechnungen, Bewirtungsbelegen, Bahntickets und ähnlichen Dokumenten umgegangen wird.

Gemäß § 14 Umsatzsteuergesetz gelten diese nicht als ordnungsgemäße Rechnungen. Bedeutet das automatisch, dass man keine Vorsteuer aus Kassenbons geltend machen kann? Nein, natürlich nicht.

Es gibt eine Ausnahmeregelung für Rechnungen mit einem Rechnungsbetrag von unter 250 € brutto sowie für Fahrkarten. Das bedeutet, dass nicht alle Angaben auf diesen Rechnungen erforderlich sind. Zum Beispiel müssen der Name und die Adresse des Rechnungsempfängers nicht auf einem Ticket der Deutschen Bahn erscheinen. Auch auf Kassenbons bis zu 250 € sind Name und Adresse nicht erforderlich.

Welche Angaben müssen denn nun auf Kleinbetragsrechnungen stehen?

Zunächst einmal ist es wichtig, dass das leistende Unternehmen mit Adresse angegeben wird. Der Leistungsempfänger hingegen muss nicht explizit genannt werden. Das Rechnungsdatum sollte ebenfalls vermerkt sein. Zudem ist es erforderlich, den Rechnungsgegenstand anzugeben, also die Art und Menge der verkauften Waren oder erbrachten Dienstleistungen, über die abgerechnet wird. Abschließend sollte der Preis genannt werden. Es genügt, wenn der Preis inklusive Umsatzsteuer ausgewiesen ist, beispielsweise 200 €. Es ist jedoch ratsam, auch anzugeben, wie viel Umsatzsteuer in diesem Betrag enthalten ist, wie zum Beispiel „inklusive 19 % Umsatzsteuer". Sollte keine Umsatzsteuer enthalten sein, muss eine entsprechende Erläuterung angegeben werden, zum Beispiel mit Bezug auf die Kleinunternehmerregelung. Dies sind grundsätzlich alle erforderlichen Angaben für Rechnungen bis zu einem Betrag von 250 €.

Das bedeutet, dass Kassenbons für die Geltendmachung der Umsatzsteuer verwendet werden können, selbst wenn sie keine Steuernummer enthalten oder wenn das Leistungsdatum fehlt.

Und auf der anderen Seite kann diese Vereinfachungsregelung die Erstellung deiner Rechnungen erheblich erleichtern. Du musst nicht mehr nach den Namen oder der Adresse deines Kunden fragen und du musst auch deine Steuernummer nicht angeben. Du benötigst nicht einmal eine Rechnungsnummer. Das bedeutet, dass du vereinfachte Rechnungen ausstellen kannst, wenn der Rechnungsbetrag unter 250 € liegt.

Wenn du beispielsweise regelmäßig auf Kunsthandwerkermärkten aktiv bist, reicht in der Regel ein Quittungsblock aus. Denn Quittungsblöcke sind so gestaltet, dass die meisten Angaben bereits enthalten sind. Es ist jedoch wichtig zu beachten, dass du immer noch deinen Namen und deine Adresse zusätzlich darauf schreiben solltest. Ein Firmenstempel zusammen mit einem Quittungsblock kann dir die Arbeit also erheblich erleichtern.

Eine kleine Falle besteht jedoch darin, dass auf vielen Vorlagen bereits „inkl. 19 % Umsatzsteuer" abgedruckt ist. Diese Vorlagen darfst du nicht verwenden, wenn du ein Kleinunternehmer bist. Wenn du Umsatzsteuer ausweist, obwohl du nicht dazu berechtigt bist, musst du diese Umsatzsteuer tatsächlich trotzdem abführen. Daher solltest du beim Kauf von Quittungsblöcken unbedingt darauf achten, dass dieser Satz nicht darauf steht.

Steuernummern

www.steuerfit.tv/steuernummern

Als Selbstständiger ist es wichtig, dass du deine Steuernummern kennt und weißt, wie du sie jeweils verwenden kannst.

Die erste Nummer, die du auf jeden Fall hast, ist deine persönliche Steuer-Identifikationsnummer, manchmal auch als Steuer-ID oder ID-Nummer abgekürzt. Diese Nummer erhältst du entweder bei deiner Geburt oder wenn du nach Deutschland eingewandert bist – quasi als „Willkommensgeschenk". Die Steuer-Identifikationsnummer ist so etwas wie dein persönlicher Fingerabdruck. Sie ist einzigartig und ändert sich im Laufe deines Lebens nie. Wenn du angestellt arbeitest, ist dies auch die einzige Nummer, die du benötigst. Du musst diese Steuer-ID deinem Arbeitgeber geben und findest sie auch auf jeder Gehaltsabrechnung sowie auf deiner elektronischen Lohnsteuerbescheinigung am Jahresende.

Finanzamt Musterstadt

IdNr. **99 999 999 999**
Steuernummer **999/999/99999**
(Bitte bei Rückfragen angeben)

12345 Musterstadt 01.01.2020
Musterstraße 1
ZiBr.: A123
Tel.: 0123 45678-9876

Finanzkasse
Musterstadt
12345 Musterstadt
Musterstraße 1
Zi.Nr.: B987
Tel.: 0123 45678-1234

Finanzamt Musterstadt

Herr
Max Mustermann
Hauptstraße 100
12345 Musterstadt

Bescheid für 2019
über
E i n k o m m e n s t e u e r
Und
Solidaritätszuschlag

F e s t s e t z u n g

Art der Steuerfestsetzung

Die zweite Steuernummer ist die „normale" Steuernummer. Sie wird am häufigsten verwendet und ist relevant für Rechnungen, Steuererklärungen und die Korrespondenz mit dem Finanzamt. Diese Steuernummer dient als interne Aktennummer beim Finanzamt und hilft ihm, dich zu identifizieren und zu finden. Du solltest sie also in jedem Brief an das Finanzamt angeben. Es kann vorkommen, dass sich diese Steuernummer ändert, zum Beispiel wenn du umziehst oder ein neues Unternehmen gründest. Auch kann es vorkommen, dass du mehrere Steuernummern hast, wenn dein Wohnsitz und dein Betriebssitz an unterschiedlichen Orten sind. Achte immer darauf, die richtige Steuernummer zu verwenden, insbesondere für betriebliche und private Steuererklärungen.

Die dritte Nummer, die du kennen solltest, ist deine Umsatzsteuer-Identifikationsnummer. Wenn du selbstständig bist, ist es wichtig, auch diese Nummer zu haben. Häufig wird sie als USt-ID-Nummer abgekürzt. Du benötigst diese Nummer, wenn du Waren oder Dienstleistungen mit Unternehmen aus anderen EU-Ländern austauschst, sowohl als Kunde als auch als

Lieferant oder Dienstleister. Angenommen, du erbringst eine Dienstleistung für ein Unternehmen in einem anderen EU-Land, wie zum Beispiel Österreich, dann musst du auf der Rechnung anstelle deiner Steuernummer deine Umsatzsteuer-Identifikationsnummer angeben. Gleiches gilt, wenn du Leistungen aus einem anderen EU-Land empfängst. Zum Beispiel, wenn du Werbung auf Facebook oder Google schaltest. Da Facebook und Google ihren (Europa-)Sitz in Irland haben, einem anderen EU-Land, musst du in den Einstellungen von Facebook und Google deine Umsatzsteuer-Identifikationsnummer angeben, um diese Leistungen als Unternehmen in Anspruch nehmen zu können. Die Umsatzsteuer-Identifikationsnummer beginnt immer mit einem Länderkürzel, in Deutschland ist es „DE“, gefolgt von der eigentlichen Nummer. Es ist wichtig, dass du das Länderkürzel „DE“ niemals weglässt. Wenn du dich gerade selbstständig machst, kannst du diese Umsatzsteuer-Identifikationsnummer ganz einfach mit dem Fragebogen zur steuerlichen Erfassung beim Finanzamt beantragen. Falls du die Beantragung am Anfang vergessen hast und bereits selbstständig bist, kannst du sie auch nachträglich beim Bundeszentralamt für Steuern beantragen.

Reverse-Charge-Verfahren

www.steuerfit.tv/reverse-charge

Bei internationalen Geschäftsbeziehungen gibt es einige Besonderheiten, die du kennen solltest. Ganz besonders wichtig ist das Reverse-Charge-Verfahren, ein faszinierendes Konzept, das du verstehen solltest.

Um es besser zu erklären, möchte ich etwas weiter ausholen: Grundsätzlich läuft es mit der Umsatzsteuer folgendermaßen ab: Wenn du eine Rechnung schreibst, fügst du die Umsatzsteuer hinzu. Angenommen, du möchtest 1.000 € mit einem Kunden abrechnen. Du berechnest dann zusätzlich 19 % Umsatzsteuer und stellst eine Rechnung über 1.190 € aus. Natürlich variieren die Steuersätze je nach Fall. Das ist jedoch der Standardfall. Wenn der

Kunde dir dann die 1.190 € überweist, zahlst du 190 € davon als Umsatzsteuer an das Finanzamt. Das bedeutet, dass dir 1.000 € verbleiben. Du hast also praktisch die umsatzsteuerliche Abwicklung im Namen des Finanzamts durchgeführt und das Geld, das der Kunde gezahlt hat, an das Finanzamt überwiesen. Man könnte sagen, du warst der Handlanger des Finanzamts und hast die umsatzsteuerliche Abwicklung für sie erledigt.

Es gibt jedoch bestimmte Situationen, in denen dies nicht so funktioniert, insbesondere wenn ein Kunde ein Unternehmen im EU-Ausland ist. In diesem Fall ändert sich das ganze System: Du schreibst zwar immer noch eine Rechnung, aber es wird keine Umsatzsteuer ausgewiesen, da der Leistungsempfänger die Steuerschuld schuldet. Dieses Prinzip nennt man Reverse Charge. Du stellst also weiterhin eine Rechnung über 1.000 € aus, aber dein Kunde muss die 19 % selbst an das Finanzamt zahlen. Das bedeutet, dass dein Kunde die 190 € direkt an das Finanzamt überweist. Wenn er vorsteuerabzugsberechtigt ist, kann er sich diese 190 € zurückerstatten lassen. In diesem Fall ist also keine Geldüberweisung erforderlich. Die gesamte umsatzsteuerliche Abwicklung liegt praktisch beim Kunden und nicht beim Leistungserbringer.

Reverse-Charge-Verfahren

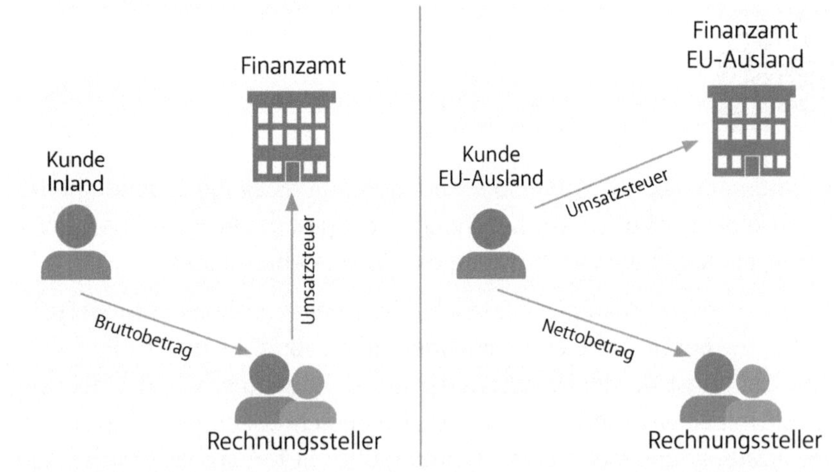

Um solche Konstrukte zu verstehen, hilft es mir immer, wenn ich mir den dahinterliegenden Grund klarmache. Auf den ersten Blick erscheint das Reverse-Charge-Verfahren irgendwie eigenartig. Warum sollte der Leistungsempfänger plötzlich für die Umsatzsteuer verantwortlich sein? Das ergibt auf den ersten Blick keinen Sinn. Doch wenn man genauer betrachtet, warum dies so ist, erscheint es durchaus logisch und lässt sich in gewisser Weise ableiten.

Lass uns mein Beispiel weiterverfolgen: Es geht um eine Rechnung über 1.000 € für meine Beratungsleistung an einen Unternehmenskunden in Österreich. Das bedeutet, dass ich eine Leistung im Wert von 1.000 € erbracht habe. Normalerweise würde ich eine Rechnung über 1.000 € plus 190 € Steuern ausstellen, also insgesamt 1.190 €, diese an meinen Kunden senden und mein Kunde könnte die 190 € im Rahmen der Umsatzsteuer-Voranmeldung beim Finanzamt erstattet bekommen. Das wäre für meinen Kunden kein Problem und auch für mich nicht. Es wäre sozusagen *business as usual*. Doch es gibt zwei Parteien, denen das nicht ganz egal ist. Was passiert eigentlich bei dieser umsatzsteuerlichen Abwicklung?

Ich erhalte 1.190 € von meinem Kunden und überweise 190 € davon an das deutsche Finanzamt. Das bedeutet, dass ich in diesem Fall die Steuer an das deutsche Finanzamt abführe. Mein österreichischer Kunde hingegen kann Vorsteuer geltend machen, was bedeutet, dass er sich die 190 € im Rahmen der Umsatzsteuer-Voranmeldung erstatten lassen kann. Das österreichische Finanzamt überweist meinem Kunden dann 190 €.

Das wäre für uns beide in Ordnung. Doch wer ein großes Problem damit hat, ist in diesem Fall der österreichische Staat, da er 190 € zahlt, die letztendlich beim deutschen Finanzamt landen. Durch die grenzüberschreitende Leistung fließt also Geld von einem Staat in den anderen, was die Staaten natürlich nicht wollen. Sie möchten eine klare Abrechnung „an der Grenze" und nicht, dass die Umsatzsteuer grenzüberschreitend von einem Staat zum anderen fließt.

Es gäbe dafür auch eine alternative Lösungsmöglichkeit. Eine Option wäre, Folgendes zu sagen: „Nun, ich habe die deutsche Umsatzsteuer ausgewiesen und die Rechnung an meinen Kunden geschickt. In diesem Fall müsste mein Kunde sich direkt an das deutsche Finanzamt wenden, um diese Steuern zurückzuerhalten."

Das könnte eine Möglichkeit sein. Dann würde ich 190 € an das deutsche Finanzamt abführen und mein Kunde müsste sich beim deutschen Finanzamt melden, um die 190 € zurückzufordern. Das ist allerdings im Alltag sehr zeitaufwendig. In diesem Szenario hätte mein Kunde das Problem, dass er in jedem Land, in dem er Dienstleister oder Berater hat – was durch die zunehmende Internationalisierung in den letzten Jahren immer häufiger vorkommt –, eine Umsatzsteuer-Voranmeldung machen und sich steuerlich registrieren müsste, um die Vorsteuer aus diesen Ländern zurückzuerhalten. Das wäre unverhältnismäßig viel Arbeit.

In der Theorie haben wir also zwei Möglichkeiten. Die erste Möglichkeit wird vom österreichischen Staat nicht gerne gesehen. Die zweite Möglichkeit würde meinem Kunden nicht gefallen.

Die dritte Möglichkeit besteht im Reverse-Charge-Verfahren. Bei grenzüberschreitenden Rechnungen zwischen Unternehmen in verschiedenen EU-Ländern schreiben wir einfach Netto-Rechnungen und lassen die Umsatzsteuer außer Acht. Der Leistungsempfänger übernimmt diese Verantwortung. Dadurch wird es relativ einfach. Hier hat mein Kunde mit seinem eigenen Finanzamt zu tun, und am Ende habe ich 1.000 € in meiner Kasse. Mein Kunde kann die 190€ (oder ein anderer Steuerbetrag in Österreich) mit seinem Finanzamt klären, und ich habe damit nichts mehr zu tun. Das Problem ist gelöst, indem wir die Steuerschuld auf den Leistungsempfänger übertragen haben.

Zusammenfassend: Wann tritt das Reverse-Charge-Verfahren in Kraft und warum gibt es das überhaupt? Das Reverse-Charge-Verfahren gilt immer dann, wenn zwei Unternehmen in unterschiedlichen EU-Ländern Geschäfte miteinander machen. In solchen Fällen sollte man prüfen, ob das Reverse-Charge-Verfahren anwendbar ist. Warum das Ganze? Nun, um die umsatzsteuerlichen Prozesse zu vereinfachen und die Bürokratie abzubauen. Jedes Unternehmen hat nur noch mit seinem eigenen Finanzamt zu tun und muss keine grenzüberschreitenden Verrechnungen mehr vornehmen.

Immer wenn du eine Rechnung an ein Unternehmen im EU-Ausland schreibst, gibt es ein paar Dinge zu beachten. Es sind insgesamt vier Punkte, die besonders wichtig sind:

1. Zuerst musst du eine Netto-Rechnung ausstellen, wie ich bereits erwähnt habe. Das bedeutet, dass du keine Umsatzsteuer aufführst, sondern nur einen Netto-Betrag auf deiner Rechnung angibst.

2. Der zweite Punkt ist, dass du deine Umsatzsteuer-Identifikationsnummer angeben solltest. Dies empfehle ich dir generell, auch bei deinen normalen Rechnungen. Selbst wenn du eine Rechnung innerhalb Deutschlands verschickst, ist es ratsam, die eigene Umsatzsteuer-Identifikationsnummer auf der Rechnung anzugeben.
3. Und dann, an dritter Stelle: Du musst auch die Umsatzsteuer-Identifikationsnummer deines Kunden auf deinen Rechnungen angeben. Du musst diese Nummer also unbedingt im Voraus herausfinden. Dies ist äußerst wichtig, da du andernfalls keine Netto-Rechnung schreiben darfst.
4. Viertens, solltest du auf deine Rechnungen einen Hinweis schreiben, dass es sich um einen Reverse-Charge-Umsatz handelt.

AN DIESER STELLE NOCH EIN WICHTIGER HINWEIS:

Als Rechnungssteller haftest du für die Umsatzsteuer und dafür, dass deine Umsatzsteuer-Identifikationsnummer, die du auf deiner Rechnung angegeben hast, korrekt ist – ebenso wie die deines Kunden. Du hast die Verpflichtung zu überprüfen, ob die Nummer, die du von deinem Kunden erhalten hast, korrekt ist. Um das überprüfen zu können, muss die Umsatzsteuer-Identifikationsnummer auch immer im Impressum angegeben werden. Auf der Webseite des Bundeszentralamts für Steuern gibt es ein Tool, mit der du überprüfen kannst, ob die Umsatzsteuer-Identifikationsnummer tatsächlich zu dem Unternehmen gehört. Ich möchte dich dringend dazu ermutigen, diese Überprüfung durchzuführen. Falls sich später herausstellen sollte, dass die Nummer falsch ist und die umsatzsteuerliche Abwicklung im Ausland möglicherweise nicht stattgefunden hat, könntest du für die Umsatzsteuer haftbar gemacht werden. Es kann also vorkommen, dass du eine Rechnung ohne Umsatzsteuer an den Kunden gestellt hast, aber trotzdem verpflichtet bist, Steuern abzuführen.

Reverse Charge als Kunde

Natürlich möchte ich auch noch einmal auf den umgekehrten Fall eingehen. Wenn du nicht derjenige bist, der die Rechnung schreibt, sondern derjenige, der als Kunde die Rechnung erhält, solltest du auch ein paar Dinge beachten.

Es ist wichtig, dass beide Umsatzsteuer-Identifikationsnummern angegeben sind und dass keine Umsatzsteuer ausgewiesen wird. Außerdem sollte der Hinweis auf das Reverse-Charge-Verfahren nicht fehlen.

Denk daran, dass du für diesen Umsatz die Umsatzsteuer melden musst. Wenn du vorsteuerabzugsberechtigt bist, kannst du sie dir zur gleichen Zeit „wieder holen“. Unterm Strich musst du also nichts zahlen.

Häufige Rechnungsfehler

www.steuerfit.tv/rechnungsfehler

Fehler passieren den Besten, wie man so sagt. Es kann vorkommen, dass Rechnungen falsch geschrieben werden, und das kann ernsthafte Konsequenzen haben. Sowohl der Ersteller als auch der Empfänger der Rechnung können davon betroffen sein. Es kann auch finanziell teuer werden. In den meisten Fällen dreht sich der Streitpunkt um die Umsatzsteuer, da die Vorschriften für Rechnungen im Umsatzsteuergesetz festgelegt sind. Es geht also oft darum, wer wie viel Umsatzsteuer zahlen muss. Aber was genau ist eine falsche Rechnung? Eine falsche Rechnung ist immer eine, bei der irgendetwas in den Pflichtangaben nicht stimmt. Kleine Tippfehler oder Buchstabendreher, bei denen der eigentliche Zweck der Rechnung trotzdem erkennbar ist, haben keine großen Auswirkungen. Aber wenn die Rechnungsnummer, das Datum, die Firmierung, die Beschreibung des Produkts oder der Steuersatz falsch sind, kann das steuerliche Konsequenzen haben und teuer werden.

Welche Rechnungen erhalten unsere Mandanten eigentlich so? Dabei sind mir fünf Fehler aufgefallen, die relativ häufig vorkommen.

Ein häufiger Fehler besteht darin, dass der Rechnungsempfänger falsch geschrieben ist, insbesondere die Firmierung. Es ist wichtig, immer die genaue Firmierung anzugeben, da es einen Unterschied macht, ob die Rechnung an die Kontist GmbH oder die Kontist Steuerberatungs GmbH gerichtet ist. Diese sind zwei verschiedene Unternehmen und es muss eindeutig ersichtlich sein, an wen die erbrachte Leistung gerichtet ist.

Ein weiterer Fehler, den ich häufig bei Einzelunternehmen sehe, die nicht im Handelsregister eingetragen sind – und dies betrifft die meisten Einzelunternehmen –. ist, dass sie keinen Fantasienamen führen dürfen. Der Firmenname muss immer dem tatsächlichen Namen des Selbstständigen entsprechen. Wenn ich mich also selbstständig mache und mich nicht im Handelsregister eintrage, lautet mein Firmenname immer „Melchior Neumann". Dies ist von Bedeutung und muss entsprechend auf der Rechnung angegeben werden. Daher ist es nicht korrekt, einfach „Kontist" als Rechnungsempfänger anzugeben, wenn ich mich als Einzelunternehmer selbstständig gemacht habe.

Ein relativ häufiger Fehler, den ich beobachte, ist das Fehlen einer fortlaufenden Rechnungsnummer in deinen Rechnungen. Sowohl die von dir erstellten Rechnungen als auch die, die du erhältst, sollten eine eindeutige Nummer haben. Das Finanzamt muss überprüfen können, ob alle Rechnungen erfasst wurden und ob keine unbemerkt am Fiskus vorbeigegangen sind. Eine fortlaufende Nummerierung bedeutet nicht, dass du bei 1 beginnen musst und dann 2, 3, 4, 5 usw. fortsetzt. Du benötigst ein System, das nachvollziehbar ist und sicherstellt, dass du im Falle einer Betriebsprüfung alle Rechnungen vorlegen kannst.

Ein häufiger Fehler, den ich oft sehe und den du unbedingt vermeiden solltest, ist eine fehlerhafte Berechnung in der Rechnungskalkulation. Das bedeutet, dass unterschiedliche Positionen falsch addiert werden und die Steuerberechnung ebenfalls nicht korrekt ist. Es ist wichtig, dass du zuerst den Gesamtnettopreis nach Steuersätzen aufteilst, dann den Steuerbetrag hinzurechnest und erst dann den Bruttobetrag erhältst. Vermeide es, zwischendurch uneindeutig zu rechnen. Die Berechnung sollte klar nachvollziehbar sein, um Fehler zu vermeiden, die häufig auftreten können.

Ein Fehler, den ich oft sehe, ist der falsche Steuersatz. Es kommt vor, dass 0 % Umsatzsteuer abgerechnet werden, obwohl 19 % korrekt gewesen wären. Oder es werden 19 % abgerechnet, obwohl 7 % richtig gewesen wären, und so weiter. Das ist äußerst ärgerlich, da es dazu führt, dass die Vorsteuer nicht geltend gemacht werden kann und trotzdem die Umsatzsteuer gezahlt werden muss. Das bedeutet, dass immer ein finanzieller Nachteil für eine der beteiligten Parteien entsteht.

Und fünftens, ein weiterer häufiger Fehler, den ich beobachtet habe, ist das Fehlen einer Begründung für das Nichtausweisen der Umsatzsteuer.

Es ist oft richtig, keine Umsatzsteuer auszuweisen, aber auf der Rechnung sollte dennoch eine Erklärung vorhanden sein, beispielsweise ein Verweis auf die Kleinunternehmerregelung.

Möglicherweise handelt es sich jedoch um einen Reverse-Charge-Umsatz, weshalb keine Umsatzsteuer ausgewiesen wird.

In diesem Fall sollte die Rechnung einen Hinweis auf das Reverse-Charge-Verfahren enthalten, da sie sonst nicht korrekt ist.

Was aber tun, wenn man feststellt: „Ich habe eine falsche Rechnung erhalten"; oder: „O nein, ich habe eine falsche Rechnung verschickt"?

Ganz einfach: Man korrigiert die Rechnung.

Rechnungen korrigieren

www.steuerfit.tv/rechnungskorrektur

Der wahrscheinlich häufigste Buchhaltungsfehler ist die falsche Verbuchung von Rechnungen oder die richtige Verbuchung von falschen Rechnungen, was auch wiederum falsch ist.

Im Alltag haben wir ständig mit Rechnungen zu tun, aber leider wird ihre Bedeutung von vielen Selbstständigen nicht ausreichend gewürdigt. Dabei sind sie wirklich enorm wichtig. Eine ordnungsgemäße Rechnung muss bestimmte Angaben enthalten. Wenn wichtige Informationen fehlen, ist die Rechnung fehlerhaft und du darfst die Vorsteuer nicht geltend machen. Das bedeutet, dass du die Umsatzsteuer, die auf dieser Rechnung enthalten ist, nicht mehr in deiner Umsatzsteuer-Voranmeldung angeben kannst. Dadurch erhöht sich der Rechnungsbetrag für dich. Deshalb ist es extrem wichtig, dass du korrekte Rechnungen erhältst.

Natürlich ist es auf der anderen Seite ebenfalls sehr wichtig, dass deine Rechnungen immer zu 100 % korrekt sind. Denn wenn sie Fehler enthalten, hat dein Kunde mit demselben Problem zu kämpfen. In diesem Fall kann dein Kunde die Umsatzsteuer nicht geltend machen, während du sie dennoch abführen musst.

Es muss aber nicht jeder Fehler zwangsläufig korrigiert werden. Wenn es sich um einfache Zahlendreher oder Tippfehler handelt, ist es nicht erforderlich, sie zu berichtigen, sofern der Kontext und die Verständlichkeit der Rechnung dennoch klar sind. Wenn ich beispielsweise eine Rechnung erhalte, auf der statt „Melchior Neumann" „Melchior Naumann" steht, ist es dennoch offensichtlich, dass ich gemeint bin, sofern die Adresse und alle anderen Angaben korrekt sind. In einem solchen Fall ist es nicht zwingend erforderlich, diese Rechnung zu korrigieren.

Wenn jedoch wichtige Bestandteile einer Rechnung fehlen oder fehlerhaft sind, ist es unbedingt erforderlich, die Rechnung zu korrigieren. Zum Beispiel, wenn die Rechnungsnummer fehlt oder das Leistungsdatum oder der Leistungszeitraum nicht angegeben sind, ist diese Rechnung ungültig. Ebenso wichtig sind eine korrekte Beschreibung und Spezifikation der erbrachten Dienstleistungen oder verkauften Produkte. Es ist unerlässlich, dass diese Angaben immer korrekt sind. Wird sie nicht korrigiert, kann auch keine Vorsteuer aus dieser Rechnung geltend gemacht werden.

Jedes Mal, wenn eine Rechnung fehlerhaft ist, muss sie vom Rechnungsersteller korrigiert werden – das ist eine äußerst wichtige Information. Als Empfänger einer Rechnung solltest du sie nicht eigenmächtig ändern, sondern dies immer demjenigen überlassen, der die Rechnungen ausstellt. Lass uns genauer betrachten, wie man eine Rechnung korrigiert, um spätere rechtliche Probleme zu vermeiden. Im Grunde gibt es dabei zwei Szenarien, die unterschieden werden können.

Szenario 1: Betrachten wir das Szenario, in dem eine Rechnung noch nicht erfasst wurde. Konkret bedeutet dies, dass die Rechnung noch nicht weitergeleitet wurde. Das heißt, du hast sie noch nicht als PDF gespeichert, sie wurde noch nicht in der Buchhaltung erfasst, und dein Kunde hat sie noch nicht erhalten.

Szenario 2: Das zweite Szenario tritt immer dann auf, wenn die Rechnung bereits im Umlauf ist. Das bedeutet, dass sie bereits an anderer Stelle erfasst wurde. Wenn du also eine Rechnung per E-Mail von einem Dienstleister erhältst, hat dieser Dienstleister die Rechnung höchstwahrscheinlich bereits erfasst. Es ist offensichtlich, dass diese Rechnung bereits im Umlauf ist.

Schauen wir uns erst mal an, wie man Rechnungen korrigiert, die noch nicht verschickt wurden. Die Korrektur ist eigentlich ziemlich simpel. Du kannst das entsprechende Dokument, zum Beispiel in deiner Rechnungssoftware, einfach löschen und unter derselben Rechnungsnummer eine neue, korrigierte Rechnung erstellen und abschicken.

Beachte dabei, dass eine Rechnung nicht unbedingt aus einem einzigen Dokument bestehen muss. Das heißt, wenn du eine Rechnung erstellt hast, aber wichtige Angaben vergessen oder bewusst offen gelassen hast, kannst du diese Rechnung mit einem zweiten Dokument ergänzen. Angenommen, du hast die Rechnungsnummer im ersten Dokument vergessen: In diesem Fall kannst du einfach ein zweites Dokument erstellen und die Rechnungsnummer dort vermerken. Wichtig ist natürlich, dass du in diesem zweiten Ergänzungsdokument auf die ursprüngliche Rechnung Bezug nimmst, damit klar ist, dass beide Dokumente zusammengehören. Es ist natürlich wichtig, dass diese zusammengehörigen Dokumente sowohl in deiner Buchhaltung als auch beim Kunden immer zusammen erfasst werden, damit später nachvollziehbar ist, dass sie eine Rechnung bilden.

Rechnungskorrektur Rechnung noch nicht erfasst

Im Alltag ist es jedoch meistens am einfachsten, einfach die fehlerhafte Rechnung in deinem System zu löschen und eine korrigierte Rechnung auszustellen.

Wenn es um bereits im Umlauf befindliche Rechnungen geht, wird es komplizierter – das zweite Szenario. Angenommen, du hast eine Rechnung über 1.000 € für einen Beratungstag gestellt, aber die Adresse des Kunden vergessen oder den Zeitraum der erbrachten Leistung nicht angegeben. Der Kunde hat sich zu Recht beschwert, denn wegen dieser fehlerhaften

Rechnung kann er keine Umsatzsteuer geltend machen. Der Kunde hat Anspruch auf eine korrigierte Rechnung.

Rechnungskorrektur Rechnung bereits im Umlauf

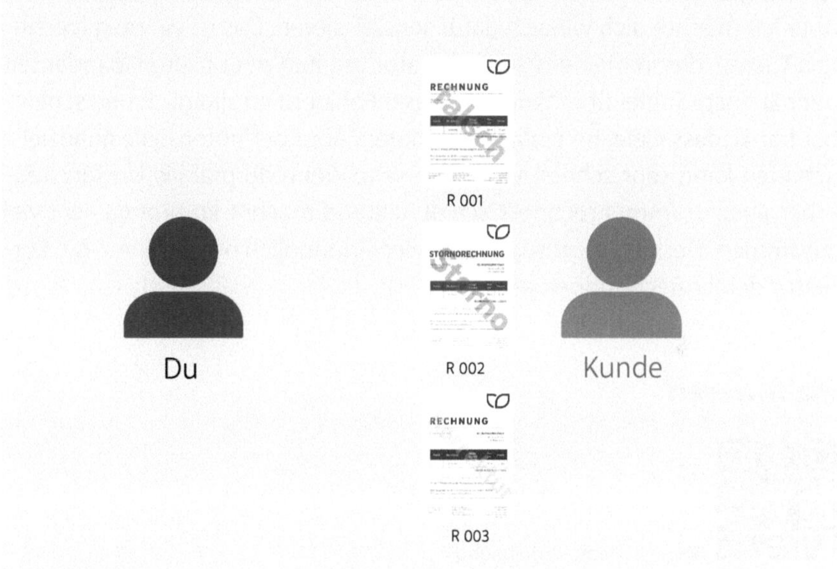

WICHTIG:

Du solltest die fehlerhafte Rechnung nicht einfach korrigieren und erneut versenden. Das würde zu zwei Rechnungen mit derselben Rechnungsnummer führen, und das ist nicht zulässig. Stattdessen musst du eine Stornorechnung erstellen, um die rechtlichen Anforderungen zu erfüllen. Angenommen, deine erste Rechnung hatte die Rechnungsnummer 1. Nun erstellst du eine weitere Rechnung mit der Rechnungsnummer 2, aber als Stornorechnung. Die Stornorechnung sieht genauso aus wie die Rechnung Nummer 1, nur mit negativem Vorzeichen. Du sendest diese Stornorechnung ebenfalls an den Kunden. In deiner Buchhaltung kannst du dann die Rechnung und die Stornorechnung miteinander verrechnen, sodass sie sich neutralisieren. Der Kunde kann dasselbe in seiner Buchhaltung tun, um alles korrekt abzurechnen. Anschließend kannst du eine richtige Rechnung mit allen erforderlichen Angaben und der Rechnungsnummer 3 erstellen. Es ist wirklich wichtig, diesen Prozess einzuhalten. Das Gleiche gilt natürlich auch, wenn du fehlerhafte Rechnungen von deinen Dienstleistern oder Lieferanten erhältst. In diesem Fall benötigst du eine Stornorechnung für die fehlerhafte Rechnung sowie eine korrigierte, richtige Rechnung.

Zusammengefasst benötigst du also bei fehlerhaften Rechnungen am Ende drei Dokumente: die fehlerhafte Rechnung, die Stornorechnung und die korrigierte Rechnung.

Ich weiß, dass dieses Thema auf den ersten Blick vielleicht banal erscheint. Aber ich möchte dich wirklich dafür sensibilisieren. Das ist ein megawichtiges Thema, das in meinem Steuerberatungsalltag mit unseren Mandanten der häufigste Fehler überhaupt ist. Dieser Fehler ist so alltäglich und scheinbar banal, dass viele ihn einfach ignorieren. Aber der potenzielle finanzielle Schaden kann sehr schnell sehr hoch sein. Wenn du mal die Umsatzsteuerbeträge zusammenrechnest, die du geltend machst, kommt da echt viel zusammen. Deshalb möchte ich dich hier eindringlich bitten: Nimm die Korrektur deiner Rechnungen ernst.

Mahnwesen

www.steuerfit.tv/mahnung

Als Selbstständiger wirst du früher oder später in die Situation kommen, dass ein Kunde nicht zahlt. Natürlich hoffe ich, dass du niemals in so einer Lage steckst, aber so etwas passiert leider gar nicht so selten.

Um solche Situationen zu vermeiden, ist es ratsam, schriftliche Verträge mit seinen Kunden abzuschließen. Dabei ist es nicht immer notwendig, für jeden Auftrag einen umfangreichen Vertrag zu erstellen. Oft reicht es aus, die wichtigsten Rahmenbedingungen der Zusammenarbeit schriftlich festzuhalten, beispielsweise in einer E-Mail mit Stichpunkten. Besonders wichtig sind dabei der Preis und die Zahlungsbedingungen. Wenn diese Informationen nicht schriftlich vorliegen, kann es später schwierig sein, darauf zu bestehen. In meinem Berufsleben habe ich schon viele Buchhaltungen bearbeitet und oft erlebt, dass es zwischen Auftraggebern und Auftragnehmern Unstimmigkeiten darüber gab, was bezahlt werden sollte und bis wann. Um solche Missverständnisse zu vermeiden, empfehle ich dringend, im Voraus eine schriftliche Vereinbarung zu treffen.

Kunde zahlt nicht

Tag	
0	Rechnung über 1.000 € – Zahlungsziel 30 Tage
31	*noch kein Zahlungseingang*
	ca 3-5 Tage warten
35	freundliche Nachfrage per Mail
	1 Woche warten
42	Mahnung mit Mahngebühren *0,5% Rechnungsbetrag | min. 5 € | max. 150 €* *Verzugszinsen möglich*
49	Mahnung
56	letzte Mahnung
63	Inkassobüro Anwalt beauftragen gerichtliches Mahnverfahren

Ein weiterer wichtiger Punkt ist die Zahlungsfrist: Vor allem Gründer haben manchmal unrealistische Vorstellungen in Bezug auf die Zahlungsfrist. Ich habe schon oft Zahlungsfristen von nur fünf Tagen gesehen. Am sechsten Tag wird dann schon nervös nach dem Zahlungseingang gefragt und am siebten Tag folgt die Mahnung.

An dieser Stelle möchte ich einen kleinen Einblick geben, wie der Rechnungsprozess in größeren Unternehmen normalerweise abläuft. In Unternehmen ist es üblich, dass eine Rechnung mindestens zweimal genehmigt werden muss. Zuerst wird sie von der Buchhaltung auf ihre formale Richtigkeit überprüft. Das bedeutet, dass alle erforderlichen Angaben auf der

Rechnung vorhanden sind. Sobald die Buchhaltung die Rechnung freigegeben hat, wird sie an den Budget-Verantwortlichen weitergeleitet. Diese Person prüft dann, ob die Rechnung insgesamt korrekt ist und den vereinbarten Betrag enthält. Es kann zusätzlich auch noch sein, dass weitere Personen die Rechnung überprüfen, aber normalerweise sind es mindestens zwei Personen. Viele Unternehmen haben feste Zahlungstage, zum Beispiel jeden Montag. Das bedeutet, dass eine Rechnung bis Freitag von beiden Parteien genehmigt sein muss, damit sie am Montag überwiesen wird. Die tatsächliche Überweisung kann dann noch ein oder zwei Tage dauern, abhängig von den internen Zahlungsmodalitäten des Unternehmens. Deshalb kann es sein, dass selbst wenn der Zahlungslauf am Montag stattfindet, die Zahlung erst am Mittwoch oder Donnerstag bei dir ist. Ich denke, es wird deutlich, dass das Thema Rechnungseingang in Unternehmen ein komplexer Prozess sein kann und dass eine Rechnung einen längeren Weg durch das Unternehmen nehmen muss. Wenn du nun eine Zahlungsfrist von nur fünf Tagen setzt, am sechsten Tag nachfragst und am siebten Tag schon eine Mahnung schickst, besteht die Möglichkeit, dass das Unternehmen noch nicht einmal die Gelegenheit hatte, die Rechnung zu bearbeiten. Ehrlich gesagt führt das oft nur zu mehr Unordnung und Verzögerungen.

Das richtige Zahlungsziel ist entscheidend für eine reibungslose Abwicklung. Normalerweise liegt der Zeitraum zwischen 14 und 30 Tagen. Meiner Meinung nach ist ein Zahlungsziel von 14 Tagen das Minimum, das Unternehmen zumutbar ist. 30 Tage sind der übliche Standard. Bei großen Unternehmen kann es jedoch vorkommen, dass Rechnungen noch später beglichen werden. Es ist ratsam, dies vorab zu besprechen.

Zahlungserinnerung

Lass uns mal genauer anschauen, was du tun kannst, wenn deine Rechnung überfällig ist. Stell dir vor, du hast eine Rechnung über 1.000 € geschrieben und eine Zahlungsfrist von 30 Tagen festgelegt. Was machst du also am 31. Tag? Meiner Meinung nach musst du da noch nichts machen.

Aber wenn die Rechnung so ca. 3, 4, 5 Tage überfällig ist, also etwa eine Woche, dann könntest du höflich nachfragen. Es kann ja sein, dass deine Rechnung im Spam-Ordner gelandet ist oder bei jemandem hängen geblieben ist, der sie freigeben muss. Vielleicht ist dieser Jemand krank oder im Urlaub. Wer weiß schon, was mit einer Rechnung so alles passieren kann.

Mein erster Ratschlag ist, einfach höflich nachzufragen. Du könntest zum Beispiel eine E-Mail schreiben oder kurz anrufen und fragen, was mit der Rechnung passiert ist. Ich würde dir empfehlen, dass du das schriftlich machst. Das Problem bei Gesprächen, Telefonaten, WhatsApp-Nachrichten und so weiter ist immer, dass sie nicht weitergeleitet werden können. Oftmals hängt eine Rechnung wirklich irgendwo in einem Unternehmen fest. Wenn du jedoch eine E-Mail schreibst, kann die intern an die Buchhaltung weitergeleitet werden und jemand wird sich darum kümmern. Bei einem Telefonat ist es relativ schwierig, das Gespräch weiterzuleiten.

Mahnungen

Wenn dein Kunde nicht auf diese freundliche E-Mail reagiert oder reagiert, aber immer noch nicht bezahlt, wird etwa eine Woche später die erste Mahnung fällig. In dieser Mahnung sollten auch Mahngebühren verlangt werden. Die Höhe der Mahngebühren ist im Verwaltungsvollstreckungsgesetz geregelt. Gemäß diesem Gesetz sollte die Mahngebühr ein halbes Prozent des Rechnungsbetrags betragen. Mindestens jedoch 5 € und maximal 150 €. Nehmen wir an, du sendest eine Mahnung für eine Rechnung in Höhe von 1.000 €. Ein halbes Prozent von 1.000 € sind 5 €. Das bedeutet, du fügst einfach 5 € Mahngebühr zu dieser Rechnung hinzu. Somit beträgt der Betrag, den du jetzt erhalten solltest, 1.005 €. Du könntest jedoch auch, wenn der Rechnungsbetrag 10.000 € beträgt, 50 € Mahngebühr verlangen.

Bei Mahnungen gibt es theoretisch auch die Möglichkeit, Verzugszinsen zu berechnen. Dies ist jedoch in der Regel relativ komplex und meiner Meinung nach die Mühe nicht wert.

Normalerweise gibt es mehrere Mahnstufen, wie zum Beispiel die erste, zweite, dritte Mahnung usw. Es ist jedoch nicht ratsam, zu viele Mahnungen zu versenden. Manchmal sehe ich, dass es 5 Mahnstufen gibt, was vollkommen unnötig ist. Jemand, der nach 3 Mahnungen, also einer Rechnung, einer Zahlungserinnerung und 3 Mahnungen, immer noch nicht bezahlt hat, wird auch bei der vierten Mahnung nicht reagieren. Daher empfehle ich grundsätzlich maximal 2 oder 3 Mahnungen.

An dieser Stelle möchte ich noch einen wichtigen praktischen Hinweis geben: Bitte nummeriere die Mahnungen nicht durch. Denn wenn du eine Mahnung verschickst und dort steht „1. Mahnung" im Betreff, was implizierst du damit? Es gibt mindestens noch eine zweite. Andernfalls hätte die Bezeichnung „1. Mahnung" keinen Sinn. Tatsächlich habe ich schon Leute getroffen, die sagen, wenn ihnen jemand eine Mahnung schickt und dort „1. Mahnung" steht, warten sie so lange, bis „Letzte Mahnung" darauf steht. Daher solltest du deine Mahnungen auf keinen Fall durchnummerieren. Das könnte tatsächlich dazu führen, dass deine Kunden dich noch später bezahlen.

Inkasso, Anwalt & gerichtliches Mahnverfahren

Angenommen, du hast eine Rechnung über 1.000 € geschrieben und eine Zahlungserinnerung geschickt. Nach 1 oder 2 Wochen hast du dann 3 Mahnungen verschickt und trotzdem hat der Kunde immer noch nicht bezahlt. Was machst du in so einem Fall?

Klar könntest du ein Inkassobüro beauftragen. Inkassobüros übernehmen genau solche Aufgaben. Die kaufen beispielsweise die Forderung von dir ab und du bekommst noch 80 % oder 90 % des Betrags. Das Inkassobüro versucht dann, das Geld einzutreiben. So erhältst du wenigstens einen Teil deines Geldes, wenn auch etwas weniger.

Eine andere Möglichkeit besteht darin, einen Anwalt zu engagieren, der sich darum kümmert, das Geld einzutreiben.

Ich würde dir jedoch einen anderen Weg vorschlagen, der kostengünstiger ist und den nicht so viele Leute kennen: das gerichtliche Mahnverfahren. Tatsächlich kannst du sehr einfach online ein gerichtliches Mahnverfahren einleiten. Dabei bekommt dein Kunde einen Brief vom Gericht, was schon ziemlich ernst wirkt. Vor allem Firmen reagieren in der Regel sehr schnell, wenn sie Post von einem Gericht bekommen.

Es gibt aber noch einen weiteren Vorteil des gerichtlichen Mahnverfahrens: Es stoppt die Verjährung. Geldforderungen verjähren normalerweise nach drei Jahren. Das heißt, wenn du eine Rechnung schreibst und immer wieder vertröstet wirst, ohne dass die Rechnung bezahlt wird, hast du nach drei Jahren keine rechtlichen Möglichkeiten mehr, dein Geld einzufordern. Wenn du jedoch ein gerichtliches Mahnverfahren eingeleitet hast, verjährt die Forderung nach drei Jahren nicht.

Meine Erfahrung zeigt, dass viele Leute skeptisch reagieren, wenn sie vom gerichtlichen Mahnverfahren hören, weil sie denken, dass es aufwendig und teuer ist und sie sich den Schritt nicht trauen. Tatsächlich ist es aber relativ einfach. Wie schon gesagt, kannst du das in wenigen Klicks online erledigen. Und es ist günstiger als ein Anwalt oder ein Inkassobüro, während der Effekt oft deutlich stärker ist. Wenn du den Mahnbescheid online beantragst, dauert es normalerweise zwischen 7 und 14 Tagen, bis er beim Kunden ankommt. In den meisten Fällen wird dann relativ schnell bezahlt. Sollte der Kunde trotzdem nicht zahlen, wird der Mahnbescheid automatisch zu einem Vollstreckungsbescheid, der dann an den Gerichtsvollzieher weitergeleitet wird. Der Gerichtsvollzieher sorgt dafür, dass das Geld eingetrieben wird. Der geht sogar zum Kunden und pfändet eventuell etwas, um die Geldforderung zu begleichen und sicherzustellen, dass du dein Geld bekommst. Für diese Leistung des Gerichts zahlst du relativ wenig Geld. Daher wäre mein persönlicher Tipp, dass du nach den jeweiligen Mahnstufen direkt ein gerichtliches Mahnverfahren einleitest.

Alternative: Factoring

Es gibt aber auch noch eine Alternative zu diesem ganzen Prozess. Wenn du absolut keine Lust darauf hast und einfach nur schnell und zuverlässig an dein Geld kommen willst, könntest du nach Factoring-Unternehmen suchen. Die übernehmen deine Rechnungen und zahlen dich sofort aus. Du bekommst zwar nicht den vollen Betrag, sondern ein paar Prozente weniger, aber das Factoring-Unternehmen kümmert sich dann um den ganzen Rest. Du hast damit nichts mehr zu tun. Du verkaufst deine Forderung an eine andere Firma und die übernehmen die Verantwortung.

Ehrlich gesagt ist das eher interessant für große Firmen mit vielen Rechnungen. Es gibt aber auch Angebote speziell für Selbstständige oder Freiberufler. Meine persönliche Erfahrung ist aber, dass das eher untypisch ist und in den meisten Fällen auch nicht notwendig. Ich habe schon eine Menge Buchhaltungen gesehen und es kommt zwar mal vor, dass Rechnungen zu spät bezahlt werden, aber systematisch und dauerhaft zu spät ist sehr selten. Deshalb lohnt sich das Geld, das man an die Factoring-Unternehmen zahlen muss, meistens nicht.

Was kann man absetzen?

www.steuerfit.tv/absetzen

Fragst du dich, welche Kosten du als Betriebskosten in deine Buchhaltung einbeziehen kannst und welche nicht? Grundsätzlich werden alle Ausgaben, die im Zusammenhang mit deinem Unternehmen anfallen, als Betriebsausgaben anerkannt und mindern den Gewinn. Anders ausgedrückt: Du kannst sämtliche Kosten, die du hast, um Einnahmen zu erzielen, in deiner Buchhaltung erfassen.

Es gibt Ausgaben, die fast alle Selbstständige – vielleicht auch du – haben. Werbekosten, Bürokosten, Arbeitsmittel, betriebliche Versicherungen und vielleicht auch Mitarbeiter oder externe Freelancer.

Aber es gibt auch besondere Ausgaben, die spezifisch für deine Selbstständigkeit sind und nicht für jeden gelten. Ein außergewöhnliches Beispiel wäre eine Hundetrainerin. Eine Hundetrainerin braucht Hundeleckerlis und Hundefutter, um Geld zu verdienen, weil das zu ihrem Angebot gehört. Deshalb kann sie die Kosten dafür von der Steuer absetzen. Natürlich heißt das nicht, dass jeder Selbstständige Hundefutter als Betriebsausgabe absetzen kann. Aber in ihrer Selbstständig ist das eine notwendige Ausgabe und kann deshalb abgesetzt werden.

Auch du wirst in deiner Selbstständigkeit wahrscheinlich Ausgaben haben, die andere Leute nicht haben oder die von anderen möglicherweise nicht als Betriebsausgaben angesetzt werden können. Das bedeutet aber nicht, dass du die Kosten nicht absetzen darfst.

Es ist wichtig zu verstehen, dass das Finanzamt nicht dafür zuständig ist zu entscheiden, welche Ausgaben du tätigen solltest und welche nicht. Das Finanzamt ist keine Unternehmerpolizei, die dir nachläuft und dir sagt, welche Ausgaben zulässig sind. Die Hauptaufgabe des Finanzamtes besteht darin, sicherzustellen, dass deine Gewinne und Umsätze korrekt versteuert werden. Es ist jedoch nicht dafür da, dir beizubringen, wie du dein Unternehmen führen solltest.

Wenn du dich dazu entscheidest, Ausgaben für dein Unternehmen zu tätigen, die du für notwendig hältst, kannst du diese grundsätzlich als Betriebsausgaben verbuchen.

Bestimmte Kosten können sowohl geschäftlich als auch privat veranlasst sein. Das bedeutet, dass es Ausgaben gibt, die nicht zu 100 % dem Unternehmen zugeordnet werden können. Ein Beispiel dafür ist dein Auto. Wenn du ein Auto besitzt, wirst du es sowohl privat als auch beruflich nutzen. Genauso könntest du einen Homeoffice-Arbeitsplatz haben und die Miete für diesen Arbeitsplatz ist natürlich eine betriebliche Ausgabe, während alles andere privater Wohnraum ist. Gleiches gilt für Handyverträge, wenn du das Handy privat und beruflich nutzt, oder für Geschäftsreisen, die du aus privaten Gründen verlängerst usw.

Bei diesen Kosten solltest du möglichst genaue Schätzungen machen, um den geschäftlichen und privaten Anteil richtig zu bestimmen. Wie du das genau machst, ist in vielen Fällen gesetzlich geregelt (siehe die folgenden Kapitel). Wenn beispielsweise 50 % der Ausgaben geschäftlich veranlasst sind, kannst du diese 50 % als Betriebsausgabe geltend machen und hast außerdem Anspruch auf Vorsteuerabzug für diese 50 % der Ausgaben. Der private Anteil hingegen sind deine privaten Lebenshaltungskosten und darf deinen Gewinn nicht mindern.

Nicht absetzbare Betriebsausgaben

Außerdem gibt es Kosten, die du gesetzlich nicht als Betriebsausgabe buchen darfst. Der Gesetzgeber spricht von nicht abziehbaren oder beschränkt abziehbaren Betriebsausgaben.

Lebensmittel – Ein einfaches Beispiel dafür sind Kosten für die private Lebensführung. Nehmen wir mal deinen Wocheneinkauf und deine Lebensmittel. Du könntest argumentieren, dass du die Lebensmittel benötigst, um dich zu ernähren, da du sonst keine Umsätze generieren kannst. Diese Argumentation ist jedoch zu weit hergeholt. Der Gesetzgeber betrachtet deine Lebensmittel in erster Linie als privat und nicht geschäftlich. Das bedeutet, dass du diese Kosten nicht als Betriebsausgabe absetzen darfst.

Bewirtungskosten – Kosten, die nur begrenzt abziehbar sind, sind zum Beispiel Bewirtungskosten. Das heißt, wenn du ein Geschäftsessen mit einem Geschäftspartner hast, kannst du die Kosten für die Bewirtung in der Buchhaltung erfassen und als Ausgaben verbuchen. Aber hier gibt's einen Haken: Diese Betriebsausgaben sind nur zu 70 % abzugsfähig. Die restlichen 30 % werden automatisch als nicht abziehbare Betriebskosten betrachtet. Diese 30 % dürfen den Gewinn nicht mindern, da der Gesetzgeber sagt, dass die „private" Ernährung und Vergnügen bei solchen Terminen nicht betrieblich sind.

Geschenke – Außerdem ist es wichtig zu beachten, dass die meisten Geschenke an Geschäftspartner nicht steuermindernd abgesetzt werden können. Geschenke im Wert von über 50,00 € dürfen den Gewinn nicht mindern. Geschenke unter 50,00 € pro Geschäftspartner und pro Jahr sind hingegen unproblematisch. Sobald die Beträge darüber hinausgehen, gelten sie als nicht abziehbare Betriebsausgaben.

Eigene Verpflegung – Ein weiteres Beispiel ist, wenn du unterwegs bist und Verpflegung benötigst. Zum Beispiel auf einem Kongress, bei Kundentrainings oder wenn du einen Moderationsauftrag hast. In solchen Fällen darfst du die Verpflegungskosten für diese Geschäftsreise absetzen, jedoch nur innerhalb der vom Gesetzgeber festgelegten Pauschalen. Das bedeutet, es gibt spezifische Pauschalen für den Verpflegungsmehraufwand, den du absetzen kannst, während die tatsächlichen Kosten nicht absetzbar sind.

Bußgelder – Bußgelder sind ebenfalls nicht absetzbar und können nicht als Geschäftsausgabe geltend gemacht werden.

Gewerbesteuer – Eine weitere Ausgabe, die du nicht als steuermindernd geltend machen darfst, ist die Gewerbesteuer. Wenn du Gewerbesteuer zahlst, handelt es sich um eine Steuerzahlung, die deinen Gewinn nicht mindern darf.

Private Versicherungen – Versicherungen sorgen in der Buchhaltung immer wieder für Verwirrung. Deine persönlichen Versicherungen wie Krankenversicherung, Rentenversicherung, Pflegeversicherung und private Haftpflichtversicherung, um nur ein paar zu nennen, können nicht als Betriebsausgaben abgesetzt werden.

Aber betriebliche Versicherungen wie die Betriebshaftpflichtversicherung und die Krankenversicherungsbeiträge für deine Mitarbeiter können zu 100 % abgesetzt werden.

Dass du deine privaten Versicherungen nicht als Betriebsausgaben ansetzen darfst, bedeutet jedoch nicht, dass du sie steuerlich nicht berücksichtigen kannst. Auch wenn sie keine Betriebsausgaben für dein Unternehmen sind, gehen sie nicht verloren. Bei deiner persönlichen Einkommensteuererklärung hast du größeren Spielraum und kannst solche Kosten als Sonderausgaben ansetzen.

Abschreibungen

www.steuerfit.tv/abschreibung

Eine Besonderheit gibt es bei Ausgaben für größere Wirtschaftsgüter, die du dauerhaft im Unternehmen nutzt.

Für Anschaffungen wie ein Smartphone, einen Schreibtisch oder ein Firmen-Kfz, die über einen längeren Zeitraum genutzt werden, gilt Folgendes: Diese Anschaffungen werden nicht sofort verbraucht, sondern bleiben langfristig in deinem Unternehmen, um Umsätze zu generieren. Kosten für größere Anschaffungen über 800,00 € netto (also 800,00 € plus Umsatzsteuer) müssen über die Nutzungsdauer abgeschrieben werden. Das bedeutet, dass du die Kosten nicht sofort im ersten Jahr komplett absetzen kannst. Nehmen wir ein Auto als Beispiel: Du kaufst ein Auto für 30.000,00 € und kannst diese Kosten nicht sofort im ersten Jahr als Betriebsausgabe geltend machen. Stattdessen musst du das Auto über die Nutzungsdauer abschreiben, normalerweise 6 Jahre für Autos. Das heißt, du teilst die 30.000,00 € auf mehrere Jahre auf. Jedes Jahr kannst du 5.000,00 € als Betriebsausgabe absetzen, sodass du am Ende der 6 Jahre insgesamt 30.000,00 € abgesetzt hast.

Lineare Abschreibung – Entwicklung der Buchwerte

Jahr	1.1.	Alfa	31.12
2021	60.000,00 €	10.000,00 €	50.000,00 €
2022	50.000,00 €	10.000,00 €	40.000,00 €
2023	40.000,00 €	10.000,00 €	30.000,00 €
2024	30.000,00 €	10.000,00 €	20.000,00 €
2025	20.000,00 €	10.000,00 €	10.000,00 €
2026	10.000,00 €	10.000,00 €	0,00 €

In der Theorie musst du die Nutzungsdauer deiner Anschaffungen schätzen. In der Praxis brauchst du aber nicht viel Kreativität, da es Tabellen gibt, die dir die Infos geben. Diese Tabellen werden AfA-Tabellen genannt – „AfA" steht für „Absetzung für Abnutzung". Diese Tabellen zeigen dir, wie lange bestimmte Anschaffungen abgeschrieben werden müssen. Wenn du eine Anschaffung machst, kannst du einfach den Begriff der Anschaffung + „AfA" googeln, um die entsprechende Nutzungsdauer zu finden und die Kosten auf diese Jahre zu verteilen.

Selbstständige haben zum Beispiel oft Büroausstattung, die klassischerweise über 13 Jahre abgeschrieben wird. Videoequipment, Kameras etc. werden über 7 Jahre verteilt, PKWs über 6 Jahre und Smartphones über 3 Jahre. Du denkst vielleicht: „Ein Handy für 3 Jahre? Mein Handy ist erst 3 Jahre alt und technisch längst überholt. Was mache ich, wenn ich es tatsächlich viel kürzer nutze?" In solchen Fällen kannst du eine außerplanmäßige Abschreibung vornehmen. Das geht, wenn dein Gerät kaputt ist, verloren geht, geklaut wird oder wegen technischer Neuerungen schneller an Wert verliert.

WICHTIGE INFORMATION:

Die Abschreibungsdauer für Computer und Laptops wurde kürzlich geändert. Ursprünglich betrug die Nutzungsdauer gemäß der allgemeinen Abschreibungstabelle 3 Jahre. Diese Regelung galt bis zum Jahr 2021. Allerdings wurde die Nutzungsdauer von Computerhardware und Software aufgrund des technologischen Fortschritts und des schnellen Wandels dieser Güter überarbeitet und angepasst. Seit 2021 besteht die Möglichkeit, IT-Investitionen auf eine Nutzungsdauer von 1 Jahr zu basieren und bei Bedarf direkt in voller Höhe abzuschreiben, egal, wie hoch die Anschaffungskosten sind.

Homeoffice

www.steuerfit.tv/homeoffice

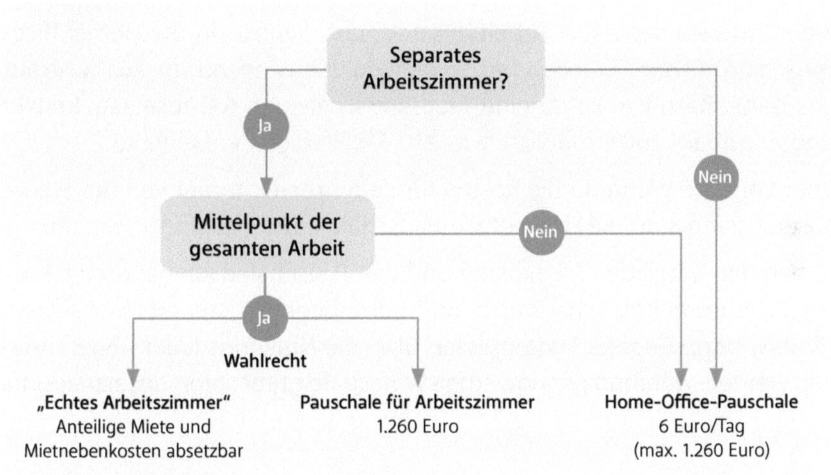

Wenn du von zu Hause aus arbeitest, kannst du die Kosten für dein Homeoffice als Betriebsausgabe steuerlich geltend machen. Allerdings gestaltet sich das aufgrund des Steuerrechts leider umständlich, da zwischen einem „echten" Arbeitszimmer und einem Homeoffice unterschieden wird.

Das Homeoffice bezieht sich auf die Arbeit von zu Hause aus, ohne dass du dafür einen speziellen Raum hast. In diesem Fall nutzt du beispielsweise deinen Esstisch oder das Sofa als Arbeitsplatz. Ein Arbeitszimmer hingegen ist ein klar abgegrenzter Raum in deiner Wohnung oder deinem Haus, der nahezu ausschließlich beruflichen Zwecken dient. Diese Unterscheidung ist wichtig, da dies erhebliche Auswirkungen auf deine Steuererklärung hat.

Wenn dein separates Arbeitszimmer der Hauptarbeitsort für deine berufliche oder betriebliche Tätigkeit ist, kannst du alle entstehenden Kosten uneingeschränkt abziehen. Das bedeutet, dass du die anteiligen Miet- und Mietnebenkosten, die auf das Arbeitszimmer entfallen, als Betriebsausgabe geltend machen kannst.

Als Alternative könntest du auch eine Jahrespauschale von 1.260 € nutzen, anstatt die genauen Kosten zu ermitteln. Aber das sollte in den meisten Fällen finanziell die ungünstigere Entscheidung sein. Zumal die Pauschale nur für volle Monate angesetzt werden darf, in denen das Arbeitszimmer wirklich dein Hauptarbeitsort war. Wenn zum Beispiel nur neun Monate zutreffen, kannst du nur noch 945 € absetzen.

Wenn du kein separates Arbeitszimmer hast, kannst du die Homeoffice-Pauschale nutzen. Für jeden Tag, an dem du überwiegend von zu Hause aus gearbeitet hast, kannst du eine Tagespauschale von 6 € absetzen. Im Jahr sind maximal 1.260 € möglich, was 210 Arbeitstagen entspricht.

Aber Vorsicht: Wenn du die Kosten für dein Arbeitszimmer von der Steuer absetzt, kannst du die Homeoffice-Pauschale nicht gleichzeitig nutzen.

Neben den anteiligen Mietkosten und den Pauschalen kannst du die Kosten für Büromöbel, Schreibtisch und Co unbegrenzt steuerlich absetzen. Höherwertige Gegenstände müssen über die Nutzungsdauer abgeschrieben werden, während geringwertige Wirtschaftsgüter sofort absetzbar sind.

Auto

www.steuerfit.tv/firmenwagen

Als Selbstständiger hast du grundsätzlich zwei Möglichkeiten, wenn du ein Auto kaufen möchtest: Du kannst es entweder privat kaufen oder in dein Betriebsvermögen aufnehmen. Die Entscheidung, die du triffst, hat natürlich Auswirkungen auf deine Buchhaltung und steuerliche Behandlung.

Berechnung betrieblicher Nutzungsanteil

betriebliche Fahrten		private Fahrten	
120 km	Kunde 1	50 km	Fahrt zu Oma
140 km	Kunde 2	20 km	einkaufen
120 km	Kunde 1	35 km	Swantje abholen
20 km	Kunde 3	15 km	einkaufen
40 km	Fahrt ins Büro	100 km	Urlaub
120 km	Kunde 1		
200 km	Kontrolle Projekt		
20 km	Kunde 3		
780 km Gesamt		220 km Gesamt	

betrieblicher Nutzungsanteil = 78 %

Allerdings hast du keine vollständig freie Wahl, ob du das Auto privat oder geschäftlich kaufst. Die Zuordnung hängt vielmehr davon ab, wie viel du es betrieblich nutzt. Um das festzustellen, musst du über einen repräsentativen Zeitraum ein Fahrtenbuch führen und genau dokumentieren, ob deine Fahrten betrieblich oder privat sind. Fahrten zu Kunden, Messen oder Projektbesprechungen sind geschäftliche Fahrten. Privatfahrten umfassen hingegen beispielsweise Urlaubsreisen, Einkaufsfahrten oder das Bringen deines Kindes in die Kita.

Nachdem du dies für einen repräsentativen Zeitraum, zum Beispiel drei Monate, gemacht hast, kannst du den prozentualen Anteil der betrieblichen Fahrten berechnen. Abhängig vom betrieblichen Nutzungsanteil musst du das Auto entweder dem Betriebsvermögen oder dem Privatvermögen zuordnen. Es gibt im Wesentlichen drei Szenarien, die eintreten können.

Firmenwagen oder Privatfahrzeug?

> 50 %
betriebliche Nutzung

Notwendiges Betriebsvermögen

Bei einer betrieblichen Nutzung von über 50 % muss das Auto Teil des Betriebsvermögens sein.

- alle Kosten sind als Betriebsausgabe zu verbuchen (Anschaffung & laufende Kosten)
- privater Nutzungsanteil wird durch 1%-Methode oder Fahrtenbuch ermittelt
- der Gewinn/Verlust beim Verkauf gehört in deine Buchhaltung und muss versteuert werden

10 - 50 %
betriebliche Nutzung

Gewillkürtes Betriebsvermögen

Bei einer betrieblichen Nutzung zwischen 10 und 50 % hast du die freie Wahl, ob du dein Auto dem Betriebsvermögen zuschreiben möchtest oder ob es ein Privatwagen sein soll.

< 10 %
betriebliche Nutzung

Privatvermögen

Bei einer betrieblichen Nutzung von unter 10 % ist das Auto immer als Privatwagen zu verstehen.

- betriebliche Fahrten werden pauschal berechnet (0,30 € pro km) oder mit einem genau nachgewiesenem Satz (Wie teuer ist dein Auto pro Kilometer?)
- der Gewinn/Verlust ist nach einjähriger Spekulationsfrist steuerfrei

Das erste Szenario tritt ein, wenn der betriebliche Nutzungsanteil des Autos über 50 % liegt. In diesem Fall hast du keine Wahl, du musst das Auto dem Betriebsvermögen zuordnen. Das bedeutet, dass es als Firmenfahrzeug gilt.

Das zweite Szenario tritt ein, wenn der betriebliche Nutzungsanteil zwischen 10 % und 50 % liegt. In diesem Fall hast du die Wahl: Du kannst dich freiwillig dafür entscheiden, das Auto dem Betriebsvermögen zuzuordnen, was dann als gewillkürliches Betriebsvermögen gilt. Alternativ kannst du dich dafür entscheiden, das Auto dem Privatvermögen zuzuordnen.

Wenn der betriebliche Nutzungsanteil weniger als 10 % beträgt, also wenn das Auto fast ausschließlich privat genutzt wird, besteht kein Wahlrecht. Du musst das Auto privat kaufen und hättest keine Möglichkeit, es als Firmenwagen anzuschaffen.

Je nachdem, welches Szenario bei dir zutrifft oder wofür du dich entscheidest, hat das natürlich Auswirkungen auf deine Buchhaltung und die steuerliche Behandlung. Wenn dein Auto zum Betriebsvermögen gehört, musst du alle Kfz-Kosten über das Unternehmen buchen. Das bedeutet, dass du sämtliche Ausgaben wie Anschaffung, Wartung, Versicherung, Kfz-Steuer, Tanken, Reinigungskosten usw. als Betriebsausgaben buchst und vom Geschäftskonto zahlst. Allerdings musst du die private Nutzung des Firmenwagens versteuern, wie wir schon im Kapitel über Betriebseinnahmen (siehe Seite 53) besprochen haben. Den Anteil dieser privaten Nutzung, den du versteuern musst, ermittelst du entweder durch ein Fahrtenbuch oder die sogenannte 1-%-Methode.

Betriebliche Fahrten mit einem privaten Kfz

Wenn du das Auto privat kaufst, jedoch gelegentlich betriebliche Fahrten damit unternimmst, kannst du die betrieblichen Fahrten aber trotzdem von der Steuer absetzen. In der Buchhaltung erfasst du solche Fahrten dann als Leistungseinlage.

Du hast zwei Möglichkeiten, wie du diese Leistungseinlage berechnen kannst:

Die erste Option ist die Pauschalierung. Du kannst pro gefahrenem Kilometer 30 ct als Betriebsausgabe buchen. Wenn du beispielsweise zu einem Kundentermin fährst und dieser Kunde 50 km entfernt wohnt, bedeutet das, dass du insgesamt 100 km fährst (50 km hin und 50 km zurück). Du kannst dann 100 Kilometer mit 30 ct pro Kilometer multiplizieren, was 30 € ergibt. Diese 30 € kannst du als Betriebsausgabe buchen.

Anstatt die Pauschalierung zu nutzen, kannst du auch die tatsächlichen Kosten pro Kilometer berechnen. Ehrlich gesagt sind die meisten Autos viel teurer als nur 30 ct pro Kilometer. Wenn du in deiner Buchhaltung höhere Kosten ansetzen möchtest, musst du genau ermitteln, wie teuer dein Auto pro Kilometer ist. Dafür musst du ein Fahrtenbuch führen und alle Ausgaben, die mit dem Auto zusammenhängen, dokumentieren. Auf diese Weise kannst du herausfinden, wie viel dein Auto pro Kilometer kostet. Wenn es beispielsweise 57 ct sind, kannst du diesen Betrag pro Kilometer ansetzen. In dem Beispiel könntest du also nicht nur pauschal 30 € für 100 km ansetzen, sondern 57 €. Du solltest jedoch beachten, dass du den zusätzlichen Aufwand hast, all diese Kosten und Kilometer genau zu dokumentieren.

Weitere Entscheidungskriterien

In diesem Zusammenhang gibt es zwei weitere Punkte, die du sorgfältig betrachten und gründlich durchdenken solltest, bevor du eine überhastete Entscheidung triffst:

Der erste Aspekt bezieht sich auf die Anschaffungskosten. Wenn du dein Auto in das Betriebsvermögen aufnimmst und der Regelbesteuerung unterliegst, hast du Anspruch auf die Vorsteuererstattung vom Finanzamt. Dieser Vorsteueranspruch kann bei Autokäufen erheblich sein. Das bedeutet, dass die Anschaffung des Autos im Betriebsvermögen nach Vorsteuerabzug deutlich günstiger ist als ein privater Kauf. Wenn du das Auto dem Privatvermögen zuordnest, hast du keinen Vorsteuerabzug.

Ein weiterer Punkt, den du beachten solltest, betrifft den Verkauf. Schon zu Beginn solltest du das Ende im Blick haben. Es ist möglich, dass du das Auto irgendwann verkaufen möchtest. Auch hier hängt die steuerliche Behandlung davon ab, ob du das Auto geschäftlich oder privat kaufst. Wenn du das Auto geschäftlich kaufst, fällt auch der Verkauf innerhalb deiner geschäftlichen Tätigkeit. Das bedeutet, dass Erlöse oder mögliche Verluste, die beim Verkauf entstehen, Teil deiner Selbstständigkeit sind. Um festzustellen, ob du mit dem Auto einen Gewinn oder Verlust erzielt hast, betrachtest du zunächst die Anschaffungskosten. Dann siehst du dir an, wie viel du bisher für das Auto abgeschrieben hast. Der Restbuchwert ergibt sich aus den Anschaffungskosten abzüglich der bisherigen Abschreibungen. Wenn du das Auto nun für mehr als den Restbuchwert verkaufst, erzielst du buchhalterisch einen Gewinn, den du dann tatsächlich versteuern musst. Dies ist ehrlicherweise nicht sehr häufig der Fall, da Autos relativ schnell an Wert verlieren. In den meisten Fällen wirst du also eher einen Verlust machen. In der Buchhaltung kannst du diesen Verlust jedoch geltend machen und entsprechend Steuern sparen.

Wenn du das Auto jedoch privat gekauft hast, ist auch der Verkauf des Autos privat und somit stets steuerfrei. Allerdings kannst du einen etwaigen Verlust dann nicht mehr steuerlich geltend machen.

Kfz im Betriebsvermögen

www.steuerfit.tv/bv-firmenwagen

Wenn du dich jedoch dafür entschieden hast, das Auto ins Betriebsvermögen aufzunehmen und es als Geschäftsausgabe zu behandeln, musst du die private Nutzung als Privatentnahme versteuern. Es gibt zwei Möglichkeiten, das Ganze anzugehen. Irgendwie muss ja ein Wert ermittelt werden, der anschließend versteuert werden muss. Die erste Möglichkeit ist die pauschale Versteuerung mit der sogenannten 1-%-Methode. Die zweite Möglichkeit ist das Fahrtenbuch. Ein Fahrtenbuch ist zwar etwas aufwendiger, aber dafür genauer.

Und hier kommt die gute Nachricht: Du kannst selbst entscheiden, welche Methode für dich am besten ist. Das Finanzamt schreibt dir nicht vor, ob du ein Fahrtenbuch führen sollst oder ob die 1-%-Regelung besser ist. Du kannst grundsätzlich beides machen, aber es ist wichtig, dass du dich für eine Methode für ein ganzes Jahr entscheidest. Ein ständiges Hin und Her ist für niemanden vorteilhaft und nicht erlaubt. Aber keine Sorge, du kannst deine Wahl jedes Jahr neu treffen. Beispielsweise könntest du dieses Jahr Fahrtenbuch führen und nächstes Jahr die 1-%-Methode wählen. Das wäre überhaupt kein Problem. Und falls du während des Jahres merkst, dass das Führen eines Fahrtenbuchs zu viel Arbeit ist und du es nicht aufrechterhalten kannst, kannst du einfach rückwirkend zum 1. Januar zur 1-%-Regelung wechseln. Das ist relativ unkompliziert. Aber hier ist der wichtige Punkt: Du kannst nicht andersrum wechseln, wenn du kein ordnungsgemäß geführtes Fahrtenbuch hast. Wenn du von der 1-%-Regelung zur Fahrtenbuchmethode wechseln möchtest, musst du ein korrektes Fahrtenbuch vorweisen können.

Jetzt fragst du dich vielleicht, welche Methode finanziell besser für dich ist. Das ist eine gute Frage, aber leider gibt es keine pauschale Antwort, da es von vielen individuellen Faktoren abhängt. Deine Gesamtfahrleistung, der Anteil der privaten Fahrten, der Bruttolistenpreis deines Autos, der tatsächliche Anschaffungspreis, die Entfernung zwischen Wohnung und Arbeit, die laufenden Kosten und dein persönlicher Steuersatz sind allesamt Faktoren, die berücksichtigt werden müssen.

Bevor wir uns ein konkretes Berechnungsbeispiel anschauen, hier ein grober Richtwert: Wenn du dein Auto häufig privat nutzt, ist die 1-%-Regelung oft günstiger. Wenn du jedoch nur gelegentlich privat fährst, kann das Fahrtenbuch die bessere Option sein. Auch der Bruttolistenpreis deines Autos spielt eine Rolle. Ein günstiges Auto tendiert dazu, die 1-%-Regelung attraktiver zu machen, während ein teureres Auto möglicherweise für das Fahrtenbuch spricht.

Aber lass dich nicht von all diesen Informationen überfordern. Du findest hier ein Berechnungstool, in das du deine eigenen Daten eingeben kannst. Es wird dir anzeigen, welche Methode für dich günstiger ist.

Welche Faktoren spielen bei der Wahl eine Rolle?

- Gesamtfahrleistung: Wie viel fährst du pro Jahr?
- Anteil der privaten Fahrten: Wie viel Prozent deiner Fahrten sind privat?
- Bruttolistenpreis des Autos: Wie teuer ist dein Auto laut Listenpreis?
- Anschaffungspreis: Wie viel hast du tatsächlich für das Auto bezahlt?
- Alter des Autos: Ist das Auto schon abgeschrieben?
- Entfernung zwischen Wohnung und Arbeit: Wie weit ist dein Arbeitsweg?
- Laufende Kosten: Wie hoch sind die Kosten für dein Auto insgesamt?
- Dein individueller persönlicher Steuersatz: Wie hoch ist dein Steuersatz?

Mit diesen Informationen kannst du das Berechnungstool verwenden, um eine genauere Vorstellung davon zu bekommen, welche Methode in deinem Fall am besten geeignet ist. Das wird dir helfen, eine fundierte Entscheidung zu treffen.

Fahrtenbuch

www.steuerfit.tv/fahrtenbuch

Die genaueste und korrekteste Methode, die Privatnutzung eines Firmenwagens zu berechnen, ist jedoch das Fahrtenbuch. Es erfordert etwas mehr Arbeit, kann aber in vielen Fällen kostengünstiger sein.

Zunächst einmal, wann musst du überhaupt ein Fahrtenbuch führen? Du solltest ein Fahrtenbuch führen, wenn du deinen Firmenwagen privat nutzt und nicht die 1-%-Methode anwendest. Das bedeutet aber auch: Wenn du sicherstellen kannst, dass du das Auto ausschließlich für geschäftliche Zwecke verwendest, kannst du die Kosten zu 100 % absetzen und brauchst kein Fahrtenbuch. Das ist jedoch selten der Fall. In der Praxis schaut das Finanzamt bei solchen Fällen sehr genau hin. Du bist immer auf der sicheren Seite, wenn du dein Auto mit einem Fahrtenbuch dokumentierst.

Das Fahrtenbuch ist so etwas wie ein Tagebuch. Du trägst alle deine Fahrten ein, sowohl geschäftliche als auch private. Anhand des Fahrtenbuchs kannst du am Ende des Jahres feststellen, wie hoch dein privater Nutzungsanteil ist. Angenommen, du fährst in einem Jahr 10.000 Kilometer und kannst anhand des Fahrtenbuchs nachvollziehen, dass du davon 3.700 Kilometer privat gefahren bist. In diesem Fall kannst du zwar 100 % der Gesamtkosten des Autos als Betriebsausgabe geltend machen. Aber du musst 37 % der Kosten auf deinen Umsatz drauf rechnen als sogenannte steuerpflichtige Leistungsentnahme. Unterm Strich kannst du also nur den betrieblichen Anteil der Kosten, also die 63 %, steuermindernd berücksichtigen.

Da Kfz-Kosten in der Buchhaltung oft zu den größten Positionen gehören und erhebliche steuerliche Auswirkungen haben, prüfen die Finanzämter Fahrtenbücher sehr genau. Daher ist es entscheidend, dass du dein Fahrtenbuch ordnungsgemäß und genau führst. Das bedeutet, du solltest das Fahrtenbuch zeitnah und korrekt führen, ohne nachträgliche Änderungen oder Umschreibungen von Fahrten. Jede Fahrt sollte detailliert dokumentiert werden, einschließlich Start- und Zielort, Datum, Grund der Fahrt, Fahrer des Fahrzeugs und Kilometerstand am Anfang und Ende der Fahrt. Wenn du Umwege gemacht hast, solltest du den Grund dafür ebenfalls angeben. Wichtig ist auch, jede Fahrt als privat oder geschäftlich zu kennzeichnen.

Fahrtenbücher sind die Leidenschaft der Finanzämter, deshalb sollten sie sorgfältig geführt werden. Wenn dir das zu aufwendig ist, kannst du immer noch die 1-%-Methode wählen und auf Nummer sicher gehen. Falls du dich jedoch für ein Fahrtenbuch entscheidest, halte dich an die Regeln und führe es akkurat. In den letzten Jahren haben sich neben den klassischen Papier-Fahrtenbüchern elektronische Fahrtenbücher etabliert, die dir viel Arbeit und Zeit einsparen können.

Elektronisches Fahrtenbuch

Die Führung eines Fahrtenbuchs ist oft lästig und erinnert mich persönlich ein wenig an das Führen eines Vokabelhefts in der Schule. Es ist keine angenehme Aufgabe und man vergisst sie leicht. Später sitzt man dann da und versucht, alles nachzutragen, was sehr mühsam (und übrigens nicht erlaubt) ist.

In den letzten Jahren sind jedoch immer mehr Anbieter aufgetaucht, die diese Arbeit erleichtern. Als Selbstständiger finde ich das sehr attraktiv. Es gibt jedoch einige wichtige Punkte zu beachten, damit das Finanzamt dein elektronisches Fahrtenbuch akzeptiert. Der wichtigste davon ist die manipulationssichere Bedienung. Änderungen im Nachhinein müssen nachvollziehbar sein, um vom Finanzamt akzeptiert zu werden. Deswegen sind Word- oder Excel-Dateien übrigens auch nicht erlaubt, da sie nachträgliche Änderungen ermöglichen, die nicht nachvollziehbar sind. Eine weitere wichtige Anforderung ist die Kategorisierung der Fahrten. Du musst alle Fahrten aufzeichnen und in Privatfahrten, betriebliche Fahrten und Fahrten zwischen deinem Zuhause und deinem ersten Betriebsstandort unterscheiden können. Auch gemischte Fahrten müssen dokumentiert werden.

Darüber hinaus ist es wichtig, die Daten aus der Anwendung exportieren zu können. Wenn dies nicht möglich ist, kann das Finanzamt Schwierigkeiten bereiten. Es gibt noch einige weitere Kriterien, auf die du achten solltest. Die Installation sollte einfach sein, und das Fahrtenbuch sollte automatisch starten, wenn du dein Auto bewegst. Die Genauigkeit des GPS-Signals ist ebenfalls wichtig, da Abweichungen schnell zu Ungenauigkeiten in der Fahrtenaufzeichnung führen. Die Möglichkeit, bestimmte Informationen wie Geschäftskontakte und Fahrtanlässe zu speichern, kann dir viel Zeit sparen.

An dieser Stelle möchte ich dir drei Apps empfehlen, die du bedenkenlos verwenden kannst:

1. **Lexware Fahrtenbuch:** Diese Lösung kommt von Lexware, einem Unternehmen mit vielen Jahren Erfahrung im Bereich Buchhaltung und Steuern. Sie verwenden einen kleinen Stecker, der mit dem OBD-System deines Autos verbunden wird. Dieser Stecker startet die Aufzeichnung

automatisch, wenn das Auto bewegt wird. Die Daten werden über eine Smartphone-App oder eine Browser-Version kategorisiert. Lexware Fahrtenbuch bietet eine 10-jährige Aufbewahrungsfrist für deine Daten, auch wenn du kein Kunde mehr bist.

2. **Vimcar (meine Empfehlung):** Auch Vimcar verwendet einen Stecker, der sich mit deinem Auto verbindet und die Aufzeichnung automatisch startet. Vimcar bietet sowohl eine Browser-Version als auch eine Smartphone-App. Ich selbst nutze Vimcar seit Jahren und kann es uneingeschränkt empfehlen.
3. **KFZ Fahrtenbuch:** Dieses Fahrtenbuch bietet eine kostenlose Version für einfache Anwendungen wie das Abrechnen von Kilometern bei Geschäftsreisen. Wenn du jedoch eine umfassendere Dokumentation für das Finanzamt benötigst, stehen kostenpflichtige Pakete zur Verfügung. KFZ Fahrtenbuch bietet eine kostengünstige Alternative, wenn du auf dein Budget achten möchtest.

Generell empfehle ich dir ein elektronisches Fahrtenbuch, wenn du dich für die Fahrtenbuch-Methode entscheidest. Aber in einigen Fällen kann tatsächlich auch die Pauschalversteuerung mit der 1-%-Methode günstiger sein.

1-%-Methode

www.steuerfit.tv/1-methode

Wenn du einen Firmenwagen besitzt und das Führen eines Fahrtenbuchs als zu aufwendig empfindest, dann könnte die 1-%-Regelung eine passende Lösung für dich sein. In diesem Kapitel erfährst du alles, was du darüber wissen musst.

Die 1-%-Regelung ist keine exakte Berechnung, da sie auf dem (theoretischen) Neuwert deines Autos basiert und eine Schätzmethode ist. Das Finanzamt akzeptiert diese Methode jedoch. Sie ist weniger aufwendig, könnte aber unter Umständen dazu führen, dass du mehr Steuern zahlst. Aber dafür musst du gar keinen Dokumentationsaufwand betreiben.

Damit du diese Methode nutzen darfst, müssen bestimmte Voraussetzungen erfüllt sein:

1. Das Auto muss zum Betriebsvermögen gehören. Es ergibt keinen Sinn, die 1-%-Regelung anzuwenden, wenn du das Auto privat gekauft hast.

2. Du musst das Auto mindestens zu 50 % betrieblich nutzen. Das ist ganz wichtig, weil es hier häufig zu einem ganz teuren Irrtum kommt. Du kannst das Auto schon ab einer betrieblichen Nutzung von 10 % dem Betriebsvermögen zuordnen. Aber wenn du das Auto zwischen 10 % und 50 % betrieblich nutzt, musst du ein Fahrtenbuch führen. Wenn du als Selbstständiger kein Fahrtenbuch für deinen Firmenwagen führst und das Finanzamt feststellt, dass das Fahrzeug weniger als 50 % geschäftlich genutzt wurde, kann das steuerlich unangenehme Folgen haben. Das Finanzamt schätzt dann den privat genutzten Anteil. Normalerweise geht es dann davon aus, dass 70 % der Pkw-Kosten privat verursacht wurden.

3. Alle Kosten, die mit dem Auto zusammenhängen, müssen als Betriebsausgaben in deiner Buchhaltung auftauchen. Dies beinhaltet auch Tankbelege auf dem Weg zur Arbeit oder Reparaturkosten während des Urlaubs.

Die eigentliche Berechnung der 1-%-Regelung wird klarer, wenn wir sie anhand eines Beispiels durchgehen. Nehmen wir hypothetisch an, du hast ein Auto mit einem Bruttolistenpreis von 50.000 € und möchtest die 1-%-Methode verwenden, da du kein Fahrtenbuch führen möchtest.

Der erste Schritt ist einfach: Du musst 1 % des Bruttolistenpreises monatlich als privaten Nutzungsanteil versteuern. Das sind in diesem Fall 500 € pro Monat. Aber das ist noch nicht alles.

Du musst auch die Fahrten zwischen deiner Wohnung und deiner Arbeitsstelle versteuern, und zwar mit 0,03 % pro Kilometer. Angenommen, du fährst 40 Kilometer zur Arbeit (einfache Fahrt), dann sind das 1,2 % des Bruttolistenpreises, also 600 € zusätzlich pro Monat.

Davon kannst du aber die Pendlerpauschale abziehen. Für die ersten 20 Kilometer beträgt sie 30 ct pro Kilometer, für die nächsten 20 Kilometer 38 ct. Angenommen, du fährst an 20 Tagen im Monat zur Arbeit, dann ergibt sich eine Pendlerpauschale von insgesamt 272 €.

Um den Gesamtbetrag zu berechnen, nimmst du die 500 € (1 % des Bruttolistenpreises), die 600 € (0,03 % für die Fahrten zur Arbeit) und ziehst die 272 € Pendlerpauschale ab. Das ergibt 828 €, die du monatlich gewinnwirksam in deiner Buchhaltung berücksichtigen musst und darauf Steuern zahlen musst.

Die steuerlichen Auswirkungen hängen von deinem persönlichen Steuersatz ab. Wenn dein Steuersatz 10 % beträgt, zahlst du 82,80 € Steuern. Bei einem persönlichen Steuersatz von 40 % wären es 331,20 €. Die genaue Berechnung hängt also von deinem individuellen Steuersatz ab.

Aber das deutsche Steuerrecht wäre nicht so komplex, wenn das alles wäre. Du musst auch die Umsatzsteuer beachten, denn im Rahmen der Firmenwagenversteuerung musst du auch Umsatzsteuer abführen (bei der Fahrtenbuchmethode und der 1-%-Methode).

Hier ist die Berechnung ähnlich: Wir nehmen die 1 % des Bruttolistenpreises als Grundlage. In meinem Beispiel sind das 500 €, von denen wir 20 % abziehen, da nicht alle Kosten der Umsatzsteuer unterliegen (Kfz-Steuer, Versicherungen etc.). Das ergibt 400 € als Bemessungsgrundlage für die Umsatzsteuer. Auf diese 400 € wenden wir den Umsatzsteuersatz von 19 % an, was 76 € ergibt. Du musst also monatlich zusätzlich 76 € Umsatzsteuer an das Finanzamt abführen.

Zusammengefasst bedeutet die 1-%-Regelung also eine Gewinnerhöhung, in meinem Beispiel 828 € pro Monat, plus 76 € Umsatzsteuer, die du ans Finanzamt zahlen musst.

Um deine persönliche Steuerlast zu berechnen, kannst du gerne meine Excel-Vorlage verwenden.

Bewirtung

www.steuerfit.tv/bewirtung

Ein Geschäftsessen in einem schönen Restaurant am Abend hat seinen eigenen Reiz, der einem kalten Meetingraum fehlt. Natürlich solltest du deinen Geschäftspartner einladen. Die große Frage lautet: Kannst du die Kosten dieses Dinners in deiner Buchhaltung geltend machen?

Die gute Nachricht zuerst: Ja, das kannst du, und zwar zu 70 %. Das bedeutet, 70 % der Bewirtungskosten für deine Geschäftspartner können in der Buchhaltung berücksichtigt werden, während die verbleibenden 30 % als „nicht abziehbare Bewirtungskosten" gelten.

Das Finanzamt geht davon aus, dass Essengehen auch immer einen gewissen privaten Zweck hat. Anstatt über jeden einzelnen Bewirtungsbeleg einzeln zu diskutieren, haben sie entschieden: 70 % absetzbar, 30 % nicht absetzbar. Wichtig: Diese Regel gilt nur für die Ausgaben. Wenn du vorsteuerabzugsberechtigt bist, kannst du die Vorsteuer zu 100 % in der Umsatzsteuer-Voranmeldung berücksichtigen.

Allerdings musst du einige Dinge beachten. Du musst neben dem Kassenbon einen Bewirtungsbeleg ausfüllen. Dieser Beleg enthält oft vorgedruckte Felder, die du ausfüllen kannst. Manchmal musst du extra danach fragen. Alternativ kannst du den Beleg auf einen DIN-A4-Zettel heften und die Informationen daneben notieren. Bestimmte Angaben sind zwingend erforderlich, sonst wird das Finanzamt die Absetzbarkeit verweigern. Dazu gehören der Ort der Bewirtung (der normalerweise auf dem Kassenbon steht), das Datum des Geschäftsessens und vor allem die Namen der teilnehmenden Personen. Sei hier möglichst genau und nenne Vor- und Nachnamen aller bewirteten Personen. Neben den Namen der bewirteten Personen musst du den Anlass des Geschäftsessens auf dem Bewirtungsbeleg vermerken. Dieser sollte nicht zu allgemein sein. „Infogespräch" oder „Vertriebsgespräch" reicht nicht aus. Sei so konkret wie möglich, ohne zu ausschweifend zu werden.

Ein weiterer wichtiger Punkt ist, dass du die Rechnung in einer Summe begleichen solltest. Wenn jeder seine Mahlzeit separat bezahlt, kannst du deinen Anteil nicht zu 70 % absetzen. Daher ist es grundsätzlich eine gute Idee, deinen Geschäftspartner einzuladen.

Je höher die Kosten für die Bewirtung, desto genauer möchte das Finanzamt wissen, worum es bei diesem Geschäftsessen ging, und ob die Ausgaben im Verhältnis zum potenziellen Auftrag oder Projekt stehen. Denke auch an das Trinkgeld. Du kannst das Trinkgeld ebenfalls geltend machen, indem du es zum Gesamtbetrag hinzufügst.

Verpflegungsmehraufwand

www.steuerfit.tv/verpflegung

Grundsätzlich kannst du die Kosten für deine Lebensmittel und Verpflegung nicht in deiner Steuererklärung oder Buchhaltung ansetzen. Das bedeutet, dass du deine Einkäufe im Supermarkt, beim Bäcker oder an der Tankstelle nicht als steuerlich abzugsfähige Ausgaben eintragen kannst. Aber es gibt eine interessante Alternative: die sogenannte Verpflegungsmehraufwand-Pauschale.

Die Verpflegungsmehraufwand-Pauschale erlaubt es dir, bestimmte Pauschalbeträge geltend zu machen. Dafür musst du allerdings genau dokumentieren, wann du deine Geschäftsreise beginnst und wann du wieder nach Hause zurückkehrst.

Nehmen wir ein Beispiel: Stell dir vor, du startest um 8 Uhr morgens deine Reise und kehrst um 18 Uhr abends nach Hause zurück. Das bedeutet, du warst insgesamt 10 Stunden unterwegs. Die Berechnung gilt immer von Haustür zu Haustür, unabhängig davon, wie du deine Zeit während der Reise verbracht hast.

Es gibt drei verschiedene Szenarien:

- Weniger als 8 Stunden unterwegs: In diesem Fall kannst du leider keinen Verpflegungsmehraufwand geltend machen.
- Mehr als 8 Stunden, aber weniger als 24 Stunden unterwegs: Hier kannst du 14 € pro Tag als Verpflegungsmehraufwand absetzen. Du musst keine tatsächlichen Kosten nachweisen, sondern einfach diese Pauschale als Betriebsausgabe in deiner Buchhaltung berücksichtigen.
- Den ganzen Tag unterwegs (24 Stunden oder mehr): In diesem Fall darfst du 28 € pro Tag als Verpflegungsmehraufwand geltend machen.

Stell dir vor, du planst eine Geschäftsreise zu einem dreitägigen Kongress von Montagmorgen bis Mittwochabend. Um sicherzustellen, dass du vollständig teilnehmen kannst, planst du deine Anreise am Sonntag und deine Abreise am Donnerstag.

Am Sonntag brichst du um 15 Uhr auf, checkst im Hotel ein, übernachtest dort und bleibst dann von Montag bis Mittwoch komplett auf dem Kongress. Am Donnerstag nimmst du dir Zeit für ein entspanntes Frühstück, fährst anschließend nach Hause und bist um 12:30 Uhr zurück.

Jetzt schauen wir uns die Berechnung des Verpflegungsmehraufwands für jeden Tag deiner Geschäftsreise genauer an:

- Am Sonntag warst du von 15 Uhr bis Mitternacht unterwegs, was 9 Stunden außer Haus bedeutet. Dies entspricht mehr als 8 Stunden, sodass du für diesen Tag 14 € Verpflegungsmehraufwand geltend machen kannst.
- An den Tagen Montag, Dienstag und Mittwoch warst du den gesamten Tag, also 24 Stunden, nicht zu Hause. Für diese Tage kannst du jeweils 28 € Verpflegungsmehraufwand geltend machen.
- Der Donnerstag, dein Abreisetag, sah so aus, dass du zwischen Mitternacht und 12:30 Uhr außer Haus warst, also 12,5 Stunden. Auch das entspricht mehr als 8 Stunden, weshalb du an diesem Tag weitere 14 € Verpflegungsmehraufwand geltend machen kannst.

Zusammengefasst ergibt sich für die gesamte Geschäftsreise eine Summe von 112 € Verpflegungsmehraufwand. Diese 112 € kannst du in deiner Buchhaltung als Verpflegungsmehraufwand geltend machen.

Diese Verpflegungsmehraufwand-Pauschalen sind eine großartige Möglichkeit, Steuern zu sparen. Vielen Selbstständigen ist diese Möglichkeit aber gar nicht bewusst, dabei kommen schnell einmal ein paar Hundert bis Tausend Euro Steuerersparnis zusammen.

Übrigens, die genannten Beträge gelten für Geschäftsreisen innerhalb Deutschlands. Wenn du international unterwegs bist und Verpflegungsmehraufwand geltend machen möchtest, empfiehlt es sich, die jeweiligen Pauschalen im Land deines Aufenthalts zu recherchieren. Die Regelungen können von Land zu Land unterschiedlich sein. Du solltest unbedingt darauf achten, dass du die korrekten Beträge für deine internationalen Geschäftsreisen berücksichtigst.

Privateinlagen und Privatentnahmen

www.steuerfit.tv/privat

Das Thema Privateinlage und Privatentnahme sorgt regelmäßig für Verwirrung. Ehrlich gesagt gibt es auch einige Mythen zu dem Thema, die überhaupt nicht stimmen.

Am Anfang möchte ich betonen, wie dringend ich empfehle, zwei separate Konten zu führen: eines für private Transaktionen und Ausgaben und eines für geschäftliche Einnahmen und Ausgaben. Das hat verschiedene Gründe und ich weiß, dass manche jetzt denken werden: „Mach ich nicht, es besteht keine gesetzliche Verpflichtung, ein separates Geschäftskonto zu haben." Das stimmt, gesetzlich musst du das nicht tun, aber aus verschiedenen Gründen halte ich es für extrem hilfreich.

Ein wichtiger Aspekt ist die Klarheit und Ordnung: Du musst nur einmal im Jahr deine Einnahmen-Überschuss-Rechnung erstellen, und das ist gar nicht so kompliziert. Alles, was du tun musst, ist, alle geschäftlichen Einnahmen und Ausgaben zu erfassen. Wenn du ausschließlich geschäftliche Transaktionen auf einem Konto durchführst, hast du die Buchführung und die Einnahmen-Überschuss-Rechnung schon zur Hälfte erledigt. Du musst lediglich diesen einen Kontoauszug durchgehen und nicht verschiedene Kontoauszüge, Belege und Kreditkartenabrechnungen sammeln. Du hast alles an einem Ort, was dir erheblich Zeit spart.

Ein weiterer wichtiger Punkt betrifft Bankprobleme. Lass mich dir dazu eine persönliche Geschichte erzählen. Das Konto, das ich für meine erste Selbstständigkeit verwendet habe, wurde von der Bank geschlossen, weil ich es als privates Konto eröffnet hatte, aber auch geschäftlich genutzt habe. Ehrlich gesagt war das für die Bank nicht besonders schwer herauszufinden, da viele Geldeingänge den Vermerk „Rechnung" und eine Rechnungsnummer enthielten. Normalerweise bieten Banken entweder private oder geschäftliche Konten an, gemischte Konten gibt es nicht. Daher besteht immer die Gefahr, dass dein Konto geschlossen wird, wenn du es nicht eindeutig privat oder geschäftlich nutzt.

Der dritte Grund, warum die Trennung zwischen privaten und geschäftlichen Finanzen so wichtig ist, sind Betriebsprüfungen. Das Finanzamt kann bis zu zehn Jahre in der Zukunft auf dich zukommen und nachfragen, wie du deine Buchführung und Steuererklärung gemacht hast. Du musst alle deine Unterlagen für diese zehn Jahre aufbewahren. Diese Regel gilt nur für geschäftliche Finanzunterlagen und nicht für private. Wenn du jedoch gemischte Konten hast, auf denen private und geschäftliche Transaktionen vermischt sind, musst du dem Finanzamt alles offenlegen, wenn es eine Betriebsprüfung durchführt. Wenn du deine Finanzen jedoch klar getrennt hast, musst du dem Finanzamt nur deine geschäftlichen Finanzen zeigen und nicht deine privaten.

Auf deinem Geschäftskonto sollten alle betrieblichen Einnahmen landen. Das bedeutet, wenn du Rechnungen schreibst, gib die IBAN dieses Kontos an. Ebenso sollten alle betrieblichen Ausgaben von diesem Konto beglichen werden, ausschließlich von diesem Konto. Jede Transaktion auf diesem Konto sollte geschäftlich motiviert sein – das ist entscheidend. Selbst wenn du zum Beispiel PayPal nutzt, teile es auf: Du solltest zwei separate PayPal-Konten haben. Verknüpfe das geschäftliche PayPal-Konto mit deinem Geschäftskonto. Mit deinem privaten Konto kannst du tun, was du möchtest – steuerlich spielt es keine Rolle.

Nun zu einer häufig gestellten Frage: Was tust du, wenn du Rechnungen bezahlen musst, aber nicht genügend Geld auf dem Geschäftskonto hast? Oder wenn das Geld kontinuierlich auf dem Geschäftskonto eingeht, du aber private Ausgaben hast? Keine Sorge, das ist unkomplizierter als die meisten glauben: Transaktionen zwischen deinem Geschäftskonto und deinem privaten Konto sind steuerlich komplett irrelevant. Du kannst Geld jederzeit zwischen deinem privaten und geschäftlichen Konto hin und her überweisen. Dadurch verursachst du keinen Cent an Steuerzahlungen.

Wenn du eine geschäftliche Rechnung bezahlen musst, aber dein Kontostand nicht ausreicht, überweise dir einfach das benötigte Geld von deinem privaten Konto auf dein Geschäftskonto und begleiche die Rechnung von dort aus. In der Buchhaltung solltest du diese Transaktionen dann immer als privat kategorisieren, um sicherzustellen, dass sie steuerlich nicht berücksichtigt werden. Auch im Überweisungstext kannst du dies vermerken, indem du „Privateinlage" oder „Privatentnahme" angibst. Auf diese Weise erkennen viele Programme automatisch, dass es sich um private Transaktionen handelt, die keine steuerlichen Konsequenzen haben.

Sacheinlagen und Sachentnahmen

Einlagen und Entnahmen sind grundsätzlich recht einfach, zumindest wenn es um Geldzahlungen geht. Komplexer wird es, wenn es um die Einlage und Entnahme von Gegenständen geht. Stellen wir uns zum Beispiel vor, du hast ein Auto, einen Laptop, ein Handy oder ein Fahrrad privat gekauft, nutzt es aber hauptsächlich für deine Selbstständigkeit. Oder umgekehrt, du hast Gegenstände für deine Selbstständigkeit gekauft, nutzt sie aber später ausschließlich privat. In solchen Fällen wird die Situation etwas kniffliger.

Du hast etwas privat geschenkt bekommen oder privat gekauft und nutzt es nun geschäftlich? In diesem Fall ist es sinnvoll, diesen Gegenstand in dein Betriebsvermögen einzubringen. Du musst das nicht tun; du kannst auch privates Equipment für deine Selbstständigkeit nutzen. Allerdings hast du dann keine steuerlichen Vorteile. Finanziell betrachtet ist es fast immer attraktiver, diese Gegenstände in dein Betriebsvermögen einzubringen. Dadurch kannst du die Abschreibungen auf diese Gegenstände in deiner Buchhaltung geltend machen und zahlst weniger Steuern. Wie das genau funktioniert, erfährst du weiter hinten im Buch (Kapitel „Gegenstände ins Betriebsvermögen einlegen" ab Seite 245).

Ein bisschen komplizierter wird es bei Sachentnahmen. Wenn du einen Gegenstand für dein Unternehmen gekauft hast und ihn später ausschließlich privat verwendest, musst du eine Sachentnahme verbuchen. Warum? Das lässt sich recht einfach erklären. Angenommen, du hast einen Laptop für 1.190 € brutto gekauft, wovon 190 € (19 %) Umsatzsteuer sind. Diese Umsatzsteuer kannst du in deiner Umsatzsteuer-Voranmeldung geltend machen, sodass du effektiv nur den Nettopreis gezahlt hast. Wenn du diesen Gegenstand jetzt ausschließlich privat nutzt, hat das Finanzamt gewissermaßen die Umsatzsteuer verloren. Alle anderen privaten Käufer des Laptops hatten ja nicht die Möglichkeit, sich die Umsatzsteuer mit einer Umsatzsteuer-Voranmeldung zurückzuholen. Aus diesem Grund musst du tatsächlich Umsatzsteuer für Sachentnahmen zahlen.

Angenommen, du hast den Laptop für dein Unternehmen gekauft, aber merkst später, dass du ihn ausschließlich privat nutzt. In diesem Fall musst du die Entnahme dokumentieren und die Umsatzsteuer in Höhe von 190 € abführen. Wenn der Laptop jedoch im Laufe der Zeit an Wert verloren hat, musst du die Umsatzsteuer auf den aktuellen Wert zahlen. Wenn er also nur noch 500 € wert ist, musst du auf diese 500 € Umsatzsteuer zahlen.

Möglicherweise musst du neben der Umsatzsteuer auch einen fiktiven Veräußerungsgewinn versteuern – so, als ob du den Gegenstand tatsächlich verkauft hättest. Um den Veräußerungsgewinn bei Sachentnahmen aus dem Betriebsvermögen zu berechnen, gehst du folgendermaßen vor:

1. Ermittlung des Entnahmewerts: Der Entnahmewert ist der Betrag, der bei einer fiktiven Veräußerung des Gegenstands erzielt würde. Dieser Wert wird häufig als der Teilwert oder der gemeine Wert des Wirtschaftsgutes angesehen. Es ist der Preis, den ein fremder Käufer bezahlen würde.

2. Berechnung des Buchwerts: Der Buchwert ist der Wert, mit dem der Gegenstand zum Zeitpunkt der Entnahme in der Buchhaltung steht. Dieser Wert ergibt sich in der Regel aus den Anschaffungskosten abzüglich der bis dahin vorgenommenen Abschreibungen.

3. Ermittlung des Veräußerungsgewinns: Der Veräußerungsgewinn ist die Differenz zwischen dem Entnahmewert und dem Buchwert des Wirtschaftsgutes. Wenn der Entnahmewert höher als der Buchwert ist, entsteht ein Gewinn. Ist der Buchwert höher, resultiert daraus ein Verlust.

Entnahmewert – Buchwert = Veräußerungsgewinn

4. Steuerliche Behandlung: Der Veräußerungsgewinn ist steuerpflichtig. Er muss in der Einkommensteuererklärung angegeben und versteuert werden.

Beispiel: Angenommen, du nimmst einen Firmenwagen, der ursprünglich 30.000 € gekostet hat und über die Jahre auf 10.000 € abgeschrieben wurde, aus dem Betriebsvermögen heraus. Wenn der aktuelle Wert des Wagens zum Zeitpunkt der Entnahme bei 15.000 € liegt, berechnet sich der Veräußerungsgewinn wie folgt:

15.000 € Entnahmewert
– 10.000 € Buchwert
= 5.000 € Entnahmegewinn

Dieser Entnahmegewinn ist ein steuerpflichtiger Gewinn und muss mit deinem individuellen Steuersatz versteuert werden.

5 häufige Buchhaltungsfehler

www.steuerfit.tv/buchhaltungsfehler

Fehler in der Buchhaltung sind menschlich und passieren immer wieder. Es gibt jedoch einige Fehler, die besonders häufig auftreten und die ich bereits unzählige Male gesehen habe. Daher möchte ich dir im Folgenden die fünf häufigsten Buchhaltungsfehler vorstellen, damit du sie von vornherein vermeiden kannst.

Krankenversicherungsbeiträge in der Buchhaltung

Viele Selbstständige denken, dass Krankenversicherungsbeiträge als Betriebsausgaben abgesetzt werden können, aber das ist ein weit verbreiteter Irrtum. Tatsächlich müssen sie immer als private Entnahmen verbucht werden. Dies gilt auch dann, wenn die Beiträge über das Geschäftskonto bezahlt werden. Sie sind Teil deiner privaten Ausgaben und haben keinen direkten Einfluss auf die betriebliche Einnahmen-Überschuss-Rechnung.

Du fragst dich vielleicht, warum das so ist, besonders da Krankenversicherungsbeiträge ja steuerlich absetzbar sind. Hier liegt der Knackpunkt: Sie sind in der Tat steuerlich absetzbar, aber nur im Rahmen deiner privaten Einkommensteuererklärung. Das bedeutet, sie reduzieren dein zu versteuerndes Einkommen, aber sie zählen nicht zu den Betriebsausgaben, die du in deiner Buchhaltung erfassen kannst.

Ein wichtiger Unterschied besteht jedoch, wenn es um die Krankenversicherungsbeiträge deiner Mitarbeiter geht. Diese Kosten sind Teil ihres Gehalts und können daher von dir als Betriebsausgaben abgesetzt werden.

Fehler bei der Verbuchung von Versicherungen

In der Buchhaltung ist es wichtig, zwischen privaten und geschäftlichen Versicherungen zu unterscheiden. Private Versicherungen, wie deine persönliche Kranken- oder Lebensversicherung, müssen als private Entnahmen verbucht werden. Geschäftliche Versicherungen hingegen, wie die Betriebshaftpflichtversicherung oder die Kfz-Versicherung für den Firmenwagen, sind als Betriebsausgaben absetzbar.

Ein häufiger Fehler tritt bei der Versicherungssteuer auf. Viele Selbstständige verwechseln die auf Versicherungsabrechnungen ausgewiesene Versicherungssteuer (oft als 19 % VSt gekennzeichnet) mit der Umsatzsteuer (USt), die ja auch Vorsteuer (VSt) genannt wird. Diese Verwechslung führt dazu, dass sie versuchen, die Versicherungssteuer als Vorsteuer in der Umsatzsteuer-Voranmeldung geltend zu machen. Die Versicherungssteuer ist allerdings eine Steuer auf Versicherungsprämien und hat nichts mit der Umsatzsteuer zu tun. Sie wird direkt von den Versicherungsgesellschaften an das Finanzamt abgeführt und ist nicht als Vorsteuer abzugsfähig.

Bei der Buchung von Geschäftsversicherungen solltest du den Gesamtbetrag inklusive der Versicherungssteuer als Betriebsausgabe verbuchen, aber ohne den Abzug von Vorsteuer. Du solltest also den Bruttobetrag der Versicherungsprämie als Ausgabe erfassen.

Falsche Bewirtungsbelege

Bei Bewirtungsbelegen gibt es ebenfalls ein paar Fehler, die oft auftreten. Der häufigste Fehler ist das Fehlen von Angaben auf dem Beleg. Ein steuerlich korrekter Bewirtungsbeleg erfordert detaillierte Informationen über den Anlass der Bewirtung, die Namen der teilnehmenden Personen und eine Unterschrift des Steuerpflichtigen. Für Geschäftsessen über 250 € brutto ist es zudem wichtig, dass der Name des Gastes auf der Rechnung vermerkt ist. Ein Urteil des Bundesfinanzhofs hebt hervor, dass dieser Name zwingend erforderlich ist, um zu erkennen, welchem Steuerpflichtigen die Kosten entstanden sind. Einfache Eigenbelege oder Kreditkartenabrechnungen sind hierfür nicht ausreichend.

Ein schwammiger Bewirtungsgrund ist ein weiterer Fehler, der häufig auftritt. Pauschale Formulierungen wie „Geschäftsessen" oder „Besprechung" reichen nicht aus. Der Bewirtungsgrund sollte spezifisch und detailliert angegeben werden, wie beispielsweise „Zeitplanung für Software-Umstellung" oder „Marketingstrategie für neue Produktlinie".

Überhöhte Bewirtungskosten können ebenfalls zum Problem werden. Die Bewirtungskosten sollten immer im angemessenen Verhältnis zum geschäftlichen Anlass und zur Größe des Unternehmens stehen. Andernfalls erkennt das Finanzamt diese Ausgaben möglicherweise nicht an.

Verrechnung von Einnahmen und Gebühren

www.steuerfit.tv/verrechnung

Es gibt eine Buchhaltungsregel, die von Zehntausenden Selbstständigen in Deutschland ignoriert wird. Diese Buchhaltungsregel heißt Verrechnungsverbot.

Diesen Fehler sehe ich sehr oft in den Buchhaltungen, vor allem bei Selbstständigen, die auf Online-Plattformen ihr Geld verdienen. Also Airbnb, Upwork, Fiverr, Etsy, Elopage oder auch wenn du PayPal als Zahlungsanbieter benutzt. Wenn du beispielsweise PayPal nutzt und du deinem Kunden eine Rechnung in Höhe von 100 € stellst, dann überweist dir der Kunde das Geld auf deinen PayPal-Account und du bekommst anschließend das Geld ausgezahlt. Allerdings abzüglich der Gebühren. Das bedeutet, auf deinem Konto landen nur beispielsweise 95 €. Die Differenz, also die PayPal-Gebühren, behält PayPal einfach. Das macht fast jede Online-Plattform so. Wenn du über Upwork beispielsweise Freelance-Aufträge annimmst, dann nimmt sich Upwork 10 – 20 % Gebühren. AirBnB, Etsy, Fiverr usw. nehmen sich auch direkt die Gebühren vom Auszahlungsbetrag.

Ein Fehler in dieser Konstellation wäre es, wenn du nur den Nettobetrag, also den Betrag nach den Gebühren, als Umsatz verbuchst. Das wären dann 95 €. Das ist nicht korrekt. Richtig wäre es, den gesamten Rechnungsbetrag von 100 € als Umsatz zu verbuchen und die 5 € Gebühren (oder den entsprechenden Betrag) als Kosten zu erfassen. Auf diese Weise erhältst du einen Umsatz von 100 €, abzüglich der Kosten von 5 €, was letztendlich auch 95 € für diese Transaktion ergibt.

Es ist aber absolut wichtig, dass du das getrennt machst, und zwar aus zwei Gründen:

Der erste Grund dafür liegt in der Berechnung der Umsatzsteuer: Du zahlst die Umsatzsteuer auf den Betrag von 100 € und nicht nur auf die 95 €. Schauen wir uns das genauer an: Wenn du 100 € brutto erhältst, beträgt der Umsatzsteuerbetrag 15,97 €. Das bedeutet, dass der Nettobetrag, also dein tatsächlicher Nettoumsatz, bei 100 € brutto 84,03 € beträgt. Auf der Kostenseite fallen dann noch die 5 € PayPal-Gebühren an. Da PayPal jedoch seinen Sitz nicht in Deutschland hat, fällt auf diese Gebühren keine Umsatzsteuer an. Das bedeutet, dass du auf der Kostenseite keine Vorsteuer geltend machen kannst, da PayPal keine Umsatzsteuer ausweist. Wenn du jetzt in der Buchhaltung nicht den gesamten Umsatz von 100 € verbuchen würdest, sondern nur den ausgezahlten Betrag von 95 €, verändert sich auch die Umsatzsteuerberechnung. Du berechnest dann die 19 % Umsatzsteuer auf den Bruttobetrag von 95 €, was 15,17 € ergibt. Das bedeutet, dass du letztendlich weniger Umsatzsteuer zahlst, nämlich 80 ct. Das mag auf den ersten Blick nicht viel klingen, aber deine Rechnungen sind in der Regel auch höher als 100 €. Sie könnten vielleicht 1.000 €, 10.000 € oder im Laufe eines ganzen Jahres sogar 100.000 € Umsatz betragen. Das summiert sich, und durch die Verrechnung der Gebühren wird deine Umsatzsteuerberechnung ungenau. Früher oder später wird das zu Problemen mit dem Finanzamt und zu einer Umsatzsteuernachzahlung führen.

Der zweite Grund bezieht sich auf bestimmte Wahlrechte, die du als Selbstständiger in der Buchhaltung hast und die von deinem Umsatz abhängen. Ein Beispiel für ein solches Wahlrecht ist die Kleinunternehmerregelung. Du kannst diese Regelung immer dann in Anspruch nehmen, wenn dein Umsatz im Vorjahr unter 22.000 € lag und im laufenden Jahr voraussichtlich unter 50.000 € liegen wird. Dabei ist dein gesamter Umsatz und nicht nur der Auszahlungsbetrag gemeint. Daher sollten auch die 100 € berücksichtigt werden, und nicht nur die 95 €. Weitere Wahlrechte, die eine Rolle spielen könnten, sind zum Beispiel die Unterscheidung zwischen Soll- und Ist-Versteuerung oder die Bilanzierungspflicht für Gewerbetreibende, die bei einem Jahresgewinn von über 60.000 € oder einem Umsatz von 600.000 € pro Jahr greift.

Umsatzsteuer-Fehler bei EU-Geschäften

www.steuerfit.tv/ust-fehler

Ein häufiger Fehler, den viele Selbstständige machen, betrifft die Umsatzsteuer-Identifikationsnummer und Online-Tools, also Tools wie Adobe, Facebook, Projektmanagement-Plattformen wie monday.com oder Asana sowie Videokonferenzlösungen wie Zoom.

In den Einstellungen dieser Online-Tools findest du in der Regel die Option, deine Umsatzsteuer-Identifikationsnummer anzugeben. Obwohl diese Funktion manchmal etwas versteckt ist, ist sie von großer Bedeutung. Warum? Indem du sie nicht einträgst, signalisierst du dem Anbieter, dass du das Tool für private Zwecke nutzt. Infolgedessen wird eine Rechnung mit Umsatzsteuerausweis ausgestellt, da es sich um eine B2C-Transaktion handelt. Richtig wäre aber eine Nettorechnung ohne Umsatzsteuer, da es sich bei solchen Umsätzen um einen Reverse-Charge-Umsatz handelt. Wenn du Software für dein Unternehmen kaufst, solltest du sie auch als Unternehmen erwerben – immer mit deiner Umsatzsteuer-Identifikationsnummer und niemals ohne. Immerhin beträgt der Preisunterschied zwischen einer Rechnung mit und ohne Umsatzsteuer stolze 19 %.

Klingt nicht viel? Lass mich dir ein Beispiel geben. Im vergangenen Jahr habe ich insgesamt 6.500 € für Software-Lösungen ausgegeben, die ich für meine Selbstständigkeit gebraucht habe. Von dieser Summe entfallen 19 % auf die Umsatzsteuer, was 1.235 € entspricht. Wenn ich meine Umsatzsteuer-Identifikationsnummer nicht angegeben hätte, wären dies über 100 € pro Monat mehr gewesen. Mit anderen Worten: Indem ich meine Umsatzsteuer-Identifikationsnummer angegeben habe, konnte ich monatlich über 100 € sparen.

Du denkst vielleicht, dass du die Umsatzsteuer einfach als Vorsteuer geltend machen kannst, aber da liegt das Problem. Nein, das darfst du nicht. Du kannst keine Vorsteuer aus falschen Rechnungen geltend machen. Und die Rechnungen mit Umsatzsteuer sind leider falsch, wenn du die Software für deine Selbstständigkeit benutzt. Und wenn du trotzdem versuchst, die Umsatzsteuer geltend zu machen, riskierst du, dass das Finanzamt sie bei der nächsten Prüfung von dir zurückfordert.

ZUM SCHLUSS NOCH EIN WICHTIGER HINWEIS:

Dies gilt nicht nur für Software-Tools, sondern immer dann, wenn du Leistungen von Unternehmen aus dem EU-Ausland erhältst. Das betrifft Beratungsleistungen, Dienstleistungen, Coachings und vieles mehr.

Stell sicher, dass du deine Umsatzsteuer-Identifikationsnummer an den Dienstleister, Berater etc. weitergibst. Denn nur so kannst du eine korrekte Nettorechnung erhalten.

Einführung zum Thema Sozialversicherung

Als Selbstständiger in Deutschland bewegst du dich in einem komplexen Sozialversicherungssystem, das in einigen Punkten deutlich von den Regelungen für Angestellte abweicht. Tatsächlich sind die Fallstricke bei der Kranken- oder Rentenversicherung nicht kleiner als bei der Steuer. Du solltest das Thema also nicht auf die leichte Schulter nehmen.

Zunächst einmal ist es wichtig zu wissen, dass auch du als Selbstständiger nicht vollständig von der Sozialversicherungspflicht befreit bist. Die Kranken- und Pflegeversicherung sind auch für dich verpflichtend. Du hast jedoch die Wahl zwischen der gesetzlichen und der privaten Krankenversicherung. Was für dich am besten ist, hängt von deinen persönlichen Bedürfnissen ab.

Bei der Rentenversicherung hingegen hast du in der Regel mehr Freiheit. Während sie für einige Berufsgruppen wie Handwerker oder Künstler obligatorisch ist, steht es den meisten Selbstständigen frei, sich zu versichern. Das gibt dir die Möglichkeit, deine eigene Absicherung zu planen und anzupassen.

Obwohl du in vielen Bereichen der Sozialversicherung nicht verpflichtet bist, Beiträge zu leisten, kannst du dich dennoch immer für eine freiwillige Mitgliedschaft entscheiden. Dadurch kannst du dich zusätzlich in der Renten-, Arbeitslosen-, Unfall- und Pflegeversicherung absichern.

Deine Beiträge zur Sozialversicherung richten sich nach deinem Einkommen und orientieren sich häufig an der sogenannten Beitragsbemessungsgrenze. Wenn du ein geringes Einkommen hast, kannst du eine Anpassung deiner Beiträge beantragen, um deine finanzielle Belastung zu reduzieren. Da die Sozialversicherungsbeiträge oft sehr hoch sind, ist wichtig, dass du dich über deine Möglichkeiten informierst und diejenigen Leistungen wählst, die am besten zu dir passen.

Warum das böse Erwachen bei der Sozialversicherung meist größer als bei der Steuer ist

Viele Gründer und Selbstständige sind oft überrascht, wenn sie ihre Sozialversicherungsbeiträge zum ersten Mal bezahlen müssen. Die meisten von uns wissen, dass wir Steuern zahlen müssen, und rechnen damit, dass das Finanzamt einen großen Anteil unseres Einkommens einfordert. Aber die Sozialversicherung haben wir nicht so sehr auf dem Schirm.

Das Problem bei der Sozialversicherung ist, dass wir als Angestellte nie wirklich sehen, wie teuer sie eigentlich ist. Im Gegensatz zur Steuer übernimmt der Arbeitgeber fast 50 % der Sozialversicherungsbeiträge. Das bedeutet, neben unserem Bruttogehalt bezahlt der Arbeitgeber noch zusätzlich knapp 50 % aller Sozialversicherungsbeiträge on top. Als Arbeitgeber unterscheidet man deshalb immer zwischen Nettogehalt (das Gehalt, das ausgezahlt wird), Bruttogehalt (dem Gehalt aus dem Arbeitsvertrag) und dem Arbeitgeber-Bruttogehalt (dem Gehalt inklusive aller Sozialversicherungsbeiträge). Dieses Arbeitgeber-Bruttogehalt ist 20 – 25 % höher als das vertraglich vereinbarte Bruttogehalt.

Aber wenn du dich nun selbstständig machst, hast du keinen Arbeitgeber mehr, der die Hälfte deiner Beiträge übernimmt. Du musst den gesamten Betrag selbst zahlen.

Neben diesen „versteckten" Sozialversicherungsbeiträgen gibt es noch einen weiteren Effekt, den du kennen solltest: Bei der Krankenversicherung gibt es einen Mindestbeitragssatz. Das bedeutet, selbst wenn du als Selbstständiger in einem Jahr kein Einkommen hast, musst du trotzdem Beiträge zahlen. Das ist bei der Steuer anders, bei der es einen Grundfreibetrag (Steuerbefreiung für niedrige Einkommen) gibt. Das führt dazu, dass Gründer und Selbstständige mit niedrigem Einkommen oft mehr Krankenversicherungsbeiträge zahlen müssen als Steuern.

Krankenversicherung

In Deutschland gibt es eine Krankenversicherungspflicht, die auch für Selbstständige gilt. Du hast aber die Wahl zwischen der gesetzlichen Krankenversicherung (GKV) und der privaten Krankenversicherung (PKV). Die

Wahl zwischen GKV und PKV hängt von einer Reihe von Faktoren ab, einschließlich deiner finanziellen Situation, deiner Gesundheit und deinen persönlichen Präferenzen in Bezug auf Versicherungsleistungen. Es ist ratsam, eine umfassende Beratung in Anspruch zu nehmen, bevor du eine Entscheidung triffst. Diese sollte deine individuellen Umstände berücksichtigen und dir helfen, die beste Option für deine Bedürfnisse zu finden.

Die gesetzliche Krankenversicherung bietet die bekannten Standardleistungen. Das Prinzip dahinter ist, dass die Beiträge als Prozentsatz deines Einkommens berechnet werden. Wenn du selbstständig bist, hängt die Höhe der Beiträge also von deinem Gewinn ab. Als Selbstständiger zahlst du einen reduzierten Beitragssatz von 14 %. Dazu kommen optional 0,6 % für den Anspruch auf Krankengeld und der Zusatzbeitrag, den jede Krankenkasse selbst festlegt. Der variiert je nach Krankenkasse und liegt durchschnittlich bei 1,6 %. Es gibt allerdings einen Höchstsatz für Einkommen, die über einer bestimmten Grenze liegen (Beitragsbemessungsgrenze 2024: 5.175,00 € pro Monat). Wenn dein Gewinn über dieser Grenze liegt, steigen deine Krankenversicherungsbeiträge nicht mehr weiter an.

Ein großer Vorteil der GKV ist, dass Kinder und Ehepartner unter bestimmten Voraussetzungen kostenlos mitversichert werden können (Familienversicherung). Diese Art von Versicherung bietet eine gleichmäßige Versorgung für alle Versicherten und passt sich unterschiedlichen Einkommenssituationen an.

Da Selbstständige in der Regel kein fixes Gehalt haben, schätzt die Krankenkasse dein zu erwartendes Einkommen. Anhand des letzten Einkommensteuerbescheids legt die Krankenkasse vorläufig den Beitrag für ein Jahr fest.

Sobald der Steuerbescheid für das entsprechende Jahr vorliegt, wird der Beitrag nachträglich angepasst. Wenn du mehr verdient hast als angenommen, musst du Beiträge nachzahlen. Hast du weniger verdient, bekommst du Geld von der Krankenkasse zurück. Du hast drei Jahre Zeit, den Einkommensteuerbescheid einzureichen. Wenn du das versäumst, wird die Krankenkasse rückwirkend den Höchstbeitrag von dir verlangen. Du kannst auch freiwillig den Höchstbeitrag zahlen, wenn du lieber etwas erstattet bekommen möchtest, anstatt viel nachzuzahlen.

Am Anfang deiner selbstständigen Tätigkeit kannst du noch keinen Steuerbescheid vorlegen. Deshalb darfst du in diesem Fall dein Einkommen schätzen. Sobald du deinen ersten Einkommensteuerbescheid nach der Existenzgründung erhältst, korrigiert die Krankenkasse rückwirkend den Beitrag entsprechend.

Übrigens: Wenn dein Arbeitseinkommen in einem Jahr um mehr als 25 % sinkt, kannst du bei deiner Krankenkasse beantragen, dass sie deinen Beitrag neu berechnet. Das niedrigere Einkommen kannst du mit einem Vorauszahlungsbescheid vom Finanzamt belegen.

Im Gegensatz dazu bietet die private Krankenversicherung individuelle Tarife und Leistungen. Diese können Leistungen umfassen, die in der GKV nicht abgedeckt sind. Die Beiträge in der PKV richten sich nach deinem Alter, Gesundheitszustand und den gewählten Leistungspaketen, also nicht nach deinem Einkommen. Ein wichtiger Aspekt der PKV ist, dass die Beiträge oft im Voraus höher angesetzt werden, um im Alter stabilere Beiträge zu gewährleisten. Es ist wichtig zu beachten, dass in der PKV für jedes Familienmitglied separate Beiträge zu zahlen sind, da es keine Familienversicherung wie in der GKV gibt. Dies kann insbesondere für Familien ein wichtiger Faktor bei der Entscheidungsfindung sein.

Rentenversicherung

Bestimmte Gruppen von Selbstständigen sind gesetzlich in der Rentenversicherung pflichtversichert. Für alle anderen Selbstständigen besteht keine Verpflichtung, in die gesetzliche Rentenversicherung einzuzahlen. Es steht ihnen jedoch frei, dies freiwillig zu tun, wenn sie möchten.

In der gesetzlichen Rentenversicherung sind folgende Berufe pflichtversichert:

- Handwerker und Hausgewerbetreibende
- Lehrer, Hebammen, Erzieher und in der Pflege Beschäftigte
- Künstler und Publizisten
- Selbstständige mit einem Auftraggeber
- Seelotsen sowie Küstenschiffer und -fischer

Die Rürup-Rente, auch Basisrente genannt, ist eine speziell für Selbstständige entwickelte private Altersvorsorge. Sie bietet einige steuerliche Vorteile und eine Absicherung, die der gesetzlichen Rentenversicherung ähnelt. Die Möglichkeit, die Beiträge steuerlich abzusetzen, macht die Rürup-Rente für ein paar Selbstständige attraktiv. Allerdings solltest du kritisch überprüfen und für deinen persönlichen Fall durchrechnen, ob sich die Versicherung finanziell für dich lohnt.

Meine persönliche Erfahrung mit der gesetzlichen Rentenversicherung und auch der Rürup-Rente ist nicht durchweg positiv. In vielen Fällen sind die Versicherungen zu starr und passen nicht zum dynamischen Leben eines Selbstständigen. Ich möchte niemandem davon abraten, solche Versicherungen abzuschließen, aber es ist wichtig zu bedenken, dass man sich nicht zu 100 % auf staatliche Vorsorge verlassen sollte. Es lohnt sich, sich auch mit dem Thema langfristigem Vermögensaufbau und alternativen Absicherungsmethoden auseinanderzusetzen. Die gesetzliche Rentenversicherung oder Rürup-Rente kann dabei ein Baustein sein, aber nicht mehr.

Es ist wichtig, deine individuellen Lebensumstände wie Einkommen, Lebenshaltungskosten und geplantes Renteneintrittsalter in Betracht zu ziehen. Du solltest deine Vorsorge regelmäßig überprüfen und anpassen, um sicherzustellen, dass sie deinen Bedürfnissen entspricht und den sich ändernden Marktbedingungen gerecht wird.

Viele Selbstständige in Deutschland unterschätzen das Thema Altersvorsorge. Aktuell sind nur etwa 20 % der rund vier Millionen Selbstständigen rentenversicherungspflichtig, und viele von ihnen ignorieren die Notwendigkeit einer angemessenen Altersvorsorge. Um diese Lücke zu schließen und mehr Selbstständige zur Altersvorsorge zu bewegen, plant die Bundesregierung schon seit einigen Jahren, eine generelle Rentenversicherungspflicht für Selbstständige einzuführen. Es kann also gut sein, dass sich hier in den nächsten Jahren etwas tut.

Unfallversicherung

Selbstständige sind nicht automatisch durch eine Unfallversicherung ihres Arbeitgebers geschützt. Das bedeutet, dass sie selbst für ihren Versicherungsschutz sorgen müssen, wenn sie einen haben wollen. Ein Unfall kann für Selbstständige erhebliche finanzielle Auswirkungen haben, da sie oft die Hauptarbeitskraft in ihrem Unternehmen sind.

Ähnlich wie bei der Rentenversicherung besteht für Selbstständige in bestimmten Branchen eine Pflichtversicherung in der gesetzlichen Unfallversicherung. Diese Gruppen sind gesetzlich dazu verpflichtet, sich unfallversichern zu lassen, ohne eine Wahlmöglichkeit zu haben.

Folgende Selbstständige sind pflichtversichert:

- Hausgewerbetreibende und Zwischenmeister
- landwirtschaftliche Unternehmer
- Küstenschiffer und Küstenfischer
- Selbstständige im Gesundheitswesen oder in der Wohlfahrtspflege

Alle anderen Selbstständigen können sich freiwillig bei einer Berufsgenossenschaft versichern, es besteht also keine gesetzliche Pflicht dazu. Die Versicherung bietet Schutz gegen Berufsunfälle und Krankheiten, die im direkten Zusammenhang mit der beruflichen Tätigkeit stehen. Allerdings deckt diese Versicherung nur Unfälle am Arbeitsplatz oder auf dem Arbeitsweg ab. Die Mitgliedschaft in einer Berufsgenossenschaft beinhaltet auch Leistungen wie medizinische Behandlungen, Rehabilitation und gegebenenfalls Pflege- und Geldleistungen.

Alles in allem sollten Selbstständige ihr individuelles Unfallrisiko sowohl im Beruf als auch in der Freizeit bewerten und entsprechend vorsorgen. Die Entscheidung für oder gegen eine Unfallversicherung hängt stark von der eigenen beruflichen und privaten Situation ab.

Arbeitslosenversicherung

Es ist zwar unüblich, aber auch als Selbstständiger kannst du eine Arbeitslosenversicherung bei der Bundesagentur für Arbeit abschließen. Sie ist nicht gesetzlich vorgeschrieben.

Die Beiträge zur freiwilligen Arbeitslosenversicherung sind fixiert und unabhängig von deinem Einkommen. Die Beiträge liegen aktuell bei knapp 100 € pro Monat. Im Versicherungsfall wird die Höhe des Arbeitslosengeldes anhand eines fiktiven Arbeitsentgelts berechnet, das sich nach deiner beruflichen Qualifikation und der Beschäftigungsart richtet, auf die sich die Vermittlungsbemühungen der Agentur für Arbeit konzentrieren. Die Anspruchsdauer auf Arbeitslosengeld hängt von deinem Alter und deinen Versicherungszeiten in den letzten fünf Jahren ab.

Scheinselbstständigkeit

Im Zusammenhang mit den Sozialversicherungen gibt es ein Schreckgespenst, das Selbstständigen manchmal Sorgen bereitet: die Scheinselbstständigkeit!

Scheinselbstständigkeit ist eine Arbeitssituation, die auf den ersten Blick wie eine selbstständige Tätigkeit aussieht, aber bei genauerer Betrachtung eher den Merkmalen eines abhängigen Beschäftigungsverhältnisses ähnelt. Das bedeutet, dass eine Person offiziell vertraglich als Selbstständiger oder Freiberufler arbeitet, aber eigentlich eher wie ein Angestellter behandelt wird.

Um zu verstehen, warum das ein Problem sein kann, ist es wichtig, die Unterschiede zwischen einem Angestellten und einem Selbstständigen zu kennen.

- **Weisungsgebundenheit:** Ein Angestellter muss den Anweisungen seines Arbeitgebers in Bezug auf Arbeitszeit, Arbeitsort und Art der Tätigkeit folgen. Im Gegensatz dazu entscheidet ein Selbstständiger eigenständig über diese Faktoren.
- **Eingliederung in die Betriebsorganisation:** Angestellte sind in die Strukturen des Unternehmens eingebunden, während Selbstständige in der Regel außerhalb dieser Strukturen arbeiten.
- **Wirtschaftliches Risiko:** Selbstständige tragen das wirtschaftliche Risiko ihrer Tätigkeit selbst, inklusive der Möglichkeit, Gewinn oder Verlust zu machen. Angestellte bekommen hingegen ein festes Gehalt, unabhängig vom wirtschaftlichen Erfolg des Unternehmens.
- **Arbeitsmittel:** Selbstständige verwenden in der Regel ihre eigenen Arbeitsmittel, während Angestellte mit den Mitteln des Arbeitgebers arbeiten.

Wenn jemand als Selbstständiger arbeitet, aber in Wirklichkeit die Merkmale eines Angestellten aufweist, kann dies sowohl für das Unternehmen als auch für die betreffende Person rechtliche und finanzielle Konsequenzen haben. Hier sind die wichtigsten Auswirkungen, die du kennen solltest:

Konsequenzen für den Auftraggeber

Wenn in einem Unternehmen Scheinselbstständigkeit festgestellt wird, hat das finanzielle und rechtliche Konsequenzen zur Folge. Das Unternehmen muss rückwirkend für die gesamte Beschäftigungsdauer Sozialversicherungsbeiträge entrichten – sowohl die Arbeitnehmer- als auch die Arbeitgeberanteile. Das kann je nach Beschäftigungsdauer und Einkommen eine ordentliche Summe sein.

Außerdem gibt es steuerliche Implikationen zu beachten. Das Einkommen der betroffenen Person, das bisher als Honorar für selbstständige Tätigkeit verbucht wurde, muss nun als Lohn behandelt werden. Das kann zu Steuernachforderungen führen, da die steuerliche Behandlung von Lohn sich von der von Honoraren unterscheidet.

Auch die strafrechtlichen Risiken sind nicht zu unterschätzen. Wenn einem Unternehmen nachgewiesen werden kann, dass es bewusst in die Scheinselbstständigkeit einer Person verwickelt war – also absichtlich Sozialversicherungs- und Steuerpflichten umgangen hat –, können Straf- und Bußgeldverfahren eingeleitet werden.

Konsequenzen für den Selbstständigen

Wenn eine Scheinselbstständigkeit festgestellt wird, muss der Auftraggeber rückwirkend von Beginn der Beschäftigung bis zur Verjährungsgrenze die Gesamtsozialversicherungsbeiträge zahlen. Das schließt auch die Arbeitnehmerbeiträge mit ein. Der Auftraggeber kann diese Beiträge innerhalb der nächsten drei Lohnabrechnungszeiträume vom Auftragnehmer (bzw. nun Arbeitnehmer) einfordern, aber nur den Betrag, der über der Pfändungsfreigrenze liegt. Wenn der Auftragnehmer nicht mehr für den Auftraggeber arbeitet oder weniger verdient als die Pfändungsfreigrenze, besteht keine Möglichkeit zur Rückforderung. In finanzieller Hinsicht trägt der Auftraggeber also immer den größten Schaden.

Aber wenn Scheinselbstständigkeit festgestellt wird, verlieren Selbstständige etwas anderes: ihre Unabhängigkeit. Sobald ein Arbeitsverhältnis als Scheinselbstständigkeit eingestuft wird, wird die betroffene Person normalerweise als regulärer Angestellter behandelt. Dieser Statuswechsel hat nicht nur sozialversicherungsrechtliche, sondern auch steuerliche Auswirkungen.

Die steuerliche Behandlung der Einkünfte ändert sich grundlegend: Statt als Gewinn aus selbstständiger Arbeit müssen diese Einkünfte nun als Lohn versteuert werden.

Außerdem wirkt sich der Verlust der Selbstständigkeit auch auf die geschäftlichen Vorteile aus, die mit diesem Status einhergehen. Dazu zählen zum Beispiel die Flexibilität bei der Arbeit und die Möglichkeit, mehrere Aufträge oder Projekte gleichzeitig zu bearbeiten. Diese Freiheiten gehen oft verloren, wenn man angestellt ist, was für ehemalige Selbstständige eine große Veränderung ihrer bisherigen Arbeitsweise bedeutet.

Die Lösung: Statusfeststellungsverfahren

Das Statusfeststellungsverfahren ist ein Verfahren, bei dem der Status einer Arbeitskraft als selbstständig oder abhängig beschäftigt geprüft wird. Die Deutsche Rentenversicherung führt es durch, um Klarheit über die Sozialversicherungspflicht einer Beschäftigung zu schaffen.

Dieses Verfahren dient dazu, Scheinselbstständigkeit von Anfang an zu vermeiden. Es kann sowohl auf Initiative der Vertragsparteien als auch auf Anordnung der Sozialversicherungsträger eingeleitet werden. Das Ergebnis des Verfahrens legt fest, ob Sozialversicherungsbeiträge zu zahlen sind und wer dafür verantwortlich ist.

Besonderheiten bei nebenberuflicher Selbstständigkeit

www.steuerfit.tv/nebenberuf

Es gibt viele gute Gründe, warum eine nebenberufliche Selbstständigkeit sinnvoll sein kann. Besonders für Gründer ist dies eine attraktive Option. Im Alltag wird eine solche Selbstständigkeit oft als Nebengewerbe bezeichnet oder du bezeichnest dich als Sidepreneur. Dabei handelt es sich immer um eine Selbstständigkeit, die parallel zu einer Hauptbeschäftigung ausgeübt wird.

Der erste große Vorteil besteht darin, dass du viele Investitionen und Ausgaben steuerlich absetzen kannst. Wenn du angestellt bist, hast du sicherlich auch Kosten im Rahmen deines Anstellungsverhältnisses. Diese werden als Werbungskosten bezeichnet. In deiner Steuererklärung kannst du diese Werbungskosten geltend machen, dabei gibt es aber einige Beschränkungen, die es bei Selbstständigen nicht gibt.

Wenn du nebenbei selbstständig bist, werden deine Einnahmen als Betriebseinnahmen betrachtet. Und auf der Kostenseite spricht man anstatt von Werbungskosten von Betriebsausgaben. Dabei hast du viel mehr Spielraum, um steuerlich absetzbare Ausgaben geltend zu machen.

Das ist ziemlich interessant, denn durch deine nebenberufliche Selbstständigkeit kannst du mehr Kosten absetzen. Besonders wenn du gerade erst anfängst, kann es passieren, dass du anfangs mehr Ausgaben als Einnahmen hast. Das bedeutet, du machst Verluste. Klingt zunächst nicht logisch, aber Verluste können auch Spaß machen. Vor allem dann, wenn es Investitionen sind, von denen du weißt, dass sie dir später höhere Einnahmen bringen.

Du kannst Verluste aus deiner Selbstständigkeit nämlich mit deinem Gehalt aus deinem Angestelltenverhältnis verrechnen.

Wenn du zum Beispiel ein Bruttogehalt von 50.000 € im Jahr hast und durch deine nebenberufliche Selbstständigkeit einen Verlust von 10.000 € erleidest, kannst du diesen Verlust bei deiner Einkommensteuererklärung verrechnen. Dadurch musst du nur die Differenz versteuern, also nur noch Steuern auf 40.000 € zahlen. Das ist spannend, denn bei deiner monatlichen Gehaltsabrechnung wird dir bereits Lohnsteuer abgezogen, basierend auf einem Verdienst von 50.000 €, da du ja so viel mit deinem Angestelltenverhältnis verdienst. Wenn du jedoch nebenberuflich Verluste machst, erhältst du immer eine ordentliche Steuererstattung im Rahmen deiner Einkommensteuererklärung.

AN DIESER STELLE EIN GANZ WICHTIGER HINWEIS:

Wenn du nebenberuflich selbstständig bist und Verluste machst, kannst du dadurch Steuern sparen. Allerdings solltest du beachten, dass dies nicht dein alleiniger Plan sein sollte. Es ist wichtig, eine Gewinnerzielungsabsicht für jede Selbstständigkeit zu haben. Wenn du keine Gewinnerzielungsabsicht hast und nur darauf abzielst, Verluste zu machen, um sie steuerlich zu verrechnen, könnte das Finanzamt dies als Liebhaberei einstufen. In diesem Fall könntest du diese Verluste und Betriebsausgaben steuerlich nicht mehr geltend machen. Schaue dir dafür das Kapitel über Liebhaberei (ab Seite 23) an. Die Regelungen betreffen dich auch, wenn du nebenberuflich selbstständig bist.

Krankenversicherung bei nebenberuflichen Selbstständigen

Noch ein Vorteil von einer nebenberuflichen Selbstständigkeit: die Sozialversicherung, vor allem die Krankenversicherung. Wenn du angestellt bist und jeden Monat Gehaltsabrechnungen bekommst, werden schon Beiträge für die Krankenversicherung und andere Sozialversicherungen abgezogen. Bei deiner Nebentätigkeit als Selbstständiger können dir keine zusätzlichen Kosten für die Sozialversicherung entstehen. Das bedeutet, dass du quasi durch deinen Hauptjob in deiner Nebentätigkeit mitversichert bist und nichts extra zahlen musst.

Wenn du jedoch Vollzeit selbstständig bist, musst du dich separat bei der Krankenversicherung versichern und Beiträge zahlen. Die Krankenversicherung ist ein großes Thema für hauptberufliche Selbstständige, da die Kosten meist sehr hoch sind.

Damit du über deinen Hauptjob „mitversichert" bist, muss deine Krankenversicherung deine Nebentätigkeit als solche anerkennen. Sie prüfen natürlich einige Dinge, um festzustellen, ob deine Selbstständigkeit wirklich als Nebentätigkeit gilt.

Dafür brauchst du natürlich einen sozialversicherungspflichtigen Hauptjob. Außerdem darfst du nicht mehr als 20 Stunden pro Woche in deiner Selbstständigkeit arbeiten, sonst wäre der zeitliche Umfang zu groß. Und die Einkünfte (also Gewinne) aus deiner selbstständigen Tätigkeit sollten eine untergeordnete Rolle spielen. Außerdem darfst du keine sozialversicherungspflichtigen Angestellten in deiner Selbstständigkeit haben und keinen Gründungszuschuss erhalten.

Ich würde dir empfehlen, einfach deine Krankenkasse zu kontaktieren. Die meisten Krankenkassen sind ziemlich kooperativ und helfen dir, die beste Lösung zu finden.

Nebenberufliches Gründen

Kommen wir zu der Frage, wie du deine nebenberufliche Selbstständigkeit anmelden kannst. Im Grunde genommen funktioniert der Prozess genauso wie bei einer hauptberuflichen Selbstständigkeit. Für dich gelten also die gleichen Schritte, die ich in den folgenden Kapiteln beschreibe. Mit einer einzigen Ausnahme: Bei der Gewerbeanmeldung musst du einen Haken setzen bei „Wird die Tätigkeit (vorerst) im Nebenerwerb betrieben?". Sonst ist alles identisch.

Nebenerwerb

Wird die Tätigket (vorerst) im Nebenerwerb betrieben?

○ Ja ◉ Nein

Steuern für nebenberuflich Selbstständige

Nebenberuflich Selbstständig? Das musst du über Steuern wissen!

Welche Steuern müssen nebenberufliche Selbstständige eigentlich bezahlen? Als Angestellter hast du auf deiner monatlichen Lohn- und Gehaltsabrechnung Abzüge wie Lohnsteuer und verschiedene Sozialversicherungen (Krankenversicherung, Pflegeversicherung, Arbeitslosenversicherung, Rentenversicherung und so weiter). Das sind die Kosten, die du als Angestellter trägst. Du zahlst sie zwar nicht direkt, aber dein Arbeitgeber überweist die Beträge für dich ans Finanzamt und an die Versicherungen. Dein Arbeitgeber trägt übrigens auch einen Teil der Sozialversicherungsbeiträge.

Wenn du nebenbei selbstständig bist, eröffnet sich eine ganz neue Welt. Du musst dann selbst proaktiv Einkommensteuer zahlen. Übrigens: Die Lohnsteuer auf deiner Gehaltsabrechnung ist auch Einkommensteuer. Das Gleiche gilt übrigens für die Kapitalertragsteuer. Wenn du Zinseinnahmen oder Dividenden in deinem Depot hast und die Bank Kapitalertragsteuer einbehält, handelt es sich ebenfalls um Einkommensteuer. Alle diese Einkünfte fließen zusammen in eine Einkommensteuererklärung.

Als Selbstständiger hast du aber nicht nur mit der Einkommensteuer zu tun, sondern es ist auch wichtig, die Umsatzsteuer und in vielen Fällen die Gewerbesteuer im Auge zu behalten. Es gilt also im Wesentlichen dasselbe für dich wie für alle anderen Selbstständigen. Die ersten Kapitel dieses Buches sind daher auch für dich relevant, selbst wenn du „nur" nebenberuflich selbstständig bist.

HINWEIS:

Es gibt immer recht viel Verwirrung rund um die Steuern bei nebenberuflichen Selbstständigkeiten. Aber es ist tatsächlich so, dass das Finanzamt überhaupt gar keine Unterscheidung macht zwischen einer nebenberuflichen Selbstständigkeit und einer hauptberuflichen Selbstständigkeit. Dem Finanzamt ist es nur wichtig, dass du all deine Einkommen versteuerst. Es ist ihm vollkommen egal, wie lange du arbeitest, um diese Gewinne zu generieren. Da arbeiten die Sozialversicherungen und das Finanzamt also sehr verschieden.

Aber lass uns nun die einzelnen Steuerarten genauer betrachten:

Beginnen wir mit der Einkommensteuer. Wie bereits erwähnt, Einkommensteuer, Lohnsteuer, Kapitalertragssteuer – das ist alles dasselbe. Bei der Einkommensteuer erstellst du also lediglich eine Einkommensteuererklärung. Unabhängig davon, wie viele Einkommensquellen du hast, ob es eine, zwei, drei oder sogar 26 sind. Du fasst all diese Einkommensströme in einer einzigen Einkommensteuererklärung zusammen.

Du musst also weiterhin deine Einkommensteuererklärung machen, wie du es als Angestellter bereits tust. Das Einzige, was sich ändert, ist, dass du zusätzlich einige Anlagen ausfüllen musst, wie z. B. die Anlage EÜR, Anlage G oder Anlage S, je nachdem, ob du als Freiberufler (Anlage S) oder Gewerbetreibender (Anlage G) selbstständig bist.

Bei der Einkommensteuererklärung hast du einen Freibetrag, der ungefähr 12.000 € beträgt (2024: 11.604 €). Das ist der Grundfreibetrag, der jedes Jahr leicht ansteigt. Es ist wichtig zu beachten, dass du diesen Betrag nur einmal hast. Wenn du beispielsweise 50.000 € in deinem Hauptjob als Angestellter verdienst, sind diese 12.000 € bereits aufgebraucht. Wenn du nun zusätzlich nebenberuflich selbstständig bist und weitere 10.000 € verdienst, sind diese 10.000 € nicht steuerfrei, da sie unter dem Grundfreibetrag liegen. Das ist bedauerlicherweise so, da der Grundfreibetrag bereits durch dein Angestelltenverhältnis aufgebraucht ist.

Das bedeutet, dass du als nebenberuflicher Selbstständiger in der Regel prozentual mehr Steuern auf deine Selbstständigkeit zahlst als jemand, der hauptberuflich selbstständig ist. Dies ist verständlich, da die Einkommensteuererklärung auf dich als Person schaut und du dieses Einkommen hast. Wie du dieses Einkommen aufteilst, ob du 60.000 € als Angestellter verdienst oder 50.000 € als Angestellter und 10.000 € als Selbstständiger, ist in Bezug auf deine Einkommensteuer vollkommen irrelevant. Die Belastung ist identisch.

Als Selbstständiger hast du nicht nur mit der Einkommensteuer zu tun, sondern auch mit der Umsatzsteuer. Die Umsatzsteuer wird umgangssprachlich als Mehrwertsteuer bezeichnet. Das ist die Steuer, die auf den meisten Rechnungen enthalten ist, die wir bezahlen. Beim Einkaufen im Supermarkt, im Urlaub, beim Tanken und so weiter – überall gibt es Mehrwertsteuer, also Umsatzsteuer.

Als Selbstständiger musst du grundsätzlich Umsatzsteuer auf deine Leistungen und Produkte erheben und diese an das Finanzamt abführen.

Im Gegenzug kannst du jedoch die dir in Rechnung gestellte Umsatzsteuer im Rahmen deiner Selbstständigkeit verrechnen. Das nennt man Umsatzsteuer-Voranmeldung, ein relativ komplexes Verfahren. In diesem Buch weiter vorne findest du weitere Informationen dazu (ab Seite 29).

Es gibt jedoch auch die Möglichkeit, auf die Umsatzsteuer zu verzichten, und zwar durch die Anwendung der Kleinunternehmerregelung. Wenn du im letzten Jahr weniger als 22.000 € Umsatz gemacht hast, kannst du von dieser Regelung Gebrauch machen. Hierbei bezieht sich der Umsatz nur auf deine Selbstständigkeit. Dein Gehalt als Angestellter spielt bei der Berechnung keine Rolle. Nehmen wir an, du verdienst 50.000 € in deinem Hauptjob und 10.000 € nebenberuflich als Selbstständiger. Die 22.000 € beziehen sich allerdings nicht auf den Gewinn, sondern auf den Umsatz. Angenommen, du musst 20.000 € Umsatz machen, um die 10.000 € in deiner Selbstständigkeit zu erwirtschaften. In diesem Fall kannst du die Kleinunternehmerregelung nutzen, obwohl du insgesamt 70.000 € Geldeingänge hattest (50.000 € Gehalt + 20.000 € Umsatz in der Selbstständigkeit).

Wichtig zu beachten ist, dass du für die Umsatzsteuer immer als ein Unternehmen angesehen wirst, unabhängig davon, wie viele Selbstständigkeiten du parallel hast. Ob du eine hauptberufliche und eine nebenberufliche Selbstständigkeit ausübst, spielt für die Umsatzsteuer keine Rolle. Wenn du also eine hauptberufliche Selbstständigkeit hast und mit der 50.000 € Umsatz machst und eine nebenberufliche Selbstständigkeit, in der du 20.000 € Umsatz erwirtschaftest, dann werden die Beträge für die Umsatzsteuer immer zusammengerechnet. Du liegst also über den erwähnten 22.000 € und kannst für die nebenberufliche Selbstständigkeit keine Kleinunternehmerregelung in Anspruch nehmen.

Und damit kommen wir zum Thema Gewerbesteuer. Du musst die Gewerbesteuer nur zahlen, wenn du dich als Gewerbetreibender angemeldet hast. Wenn du freiberuflich tätig bist, hast du damit nichts zu tun. Das bedeutet, du musst keine Gewerbesteuererklärung abgeben und auch keine Gewerbesteuer zahlen. Allerdings musst du dann ein bisschen mehr Einkommensteuer zahlen.

Bei der Gewerbesteuer gibt es, zumindest für Einzelunternehmer, einen Freibetrag auf deinen Gewinn – wichtig, wir reden jetzt nicht mehr über

Umsatz, sondern über Gewinn – von 24.500 €. Das heißt, du kannst bis zu 24.500 € Gewinn machen, bevor du Gewerbesteuer zahlen musst.

Wie der Name schon sagt, geht es bei der Gewerbesteuer wirklich nur um Gewinne aus deinem Gewerbebetrieb. Du musst also deinen 50.000-€-Vollzeitjob nicht mit einberechnen. Bleiben wir bei dem Beispiel: Mit deiner nebenberuflichen Selbstständigkeit hast du 20.000 € Umsatz gemacht. Das ergibt einen Gewinn von 10.000 €. Das bedeutet, du liegst unter den 24.500 €. In diesem Fall müsstest du keine Gewerbesteuer zahlen.

Zusammengefasst können wir also sagen:

- Die Einkommensteuer bezieht sich auf alle deine Einkommensströme. Du als Person wirst besteuert.
- Die Umsatzsteuer bezieht sich auf alle deine Selbstständigkeiten in einer Summe.
- Die Gewerbesteuer bezieht sich nur auf deinen Gewerbebetrieb.

Lebenszyklus einer Selbstständigkeit

Bist du bereit, dich auf das Abenteuer der Selbstständigkeit einzulassen? In diesem Kapitel begleite ich dich auf diesem spannenden Weg und stehe dir mit praktischen Anleitungen und nützlichen Tipps zur Seite. Wir starten ganz am Anfang und besprechen, worauf du achten musst, bevor du dein Gewerbe anmeldest. Es geht weiter mit dem ersten Jahr der Selbstständigkeit und allen Stolperfallen, die dir auf deinem Weg begegnen werden. Dieses Kapitel ist dein persönlicher Ratgeber, der dich durch die aufregende Anfangsphase deiner Selbstständigkeit führt. Hier findest du Antworten auf all deine Fragen, eine Reihe von Schritt-für-Schritt-Anleitungen und Lösungen für die bürokratischen Herausforderungen. Lass uns gemeinsam diese Reise beginnen und die Welt der Selbstständigkeit entdecken!

Gründung: Die ersten Schritte

www.steuerfit.tv/erste-schritte

Die Gewerbeanmeldung markiert für viele Selbstständige den ersten Schritt in Richtung Freiheit und Unabhängigkeit. Leider können schon vor der Gewerbeanmeldung einige Fehler passieren, die vermieden werden sollten. Deswegen starten wir mit ein paar häufigen Fehlern und Mythen, die du bei der Gewerbeanmeldung vermeiden solltest.

Der große Mythos um das Kleingewerbe

Immer wieder taucht die Frage auf, wie man ein Kleingewerbe anmeldet. Oft wird dabei auch über Steuerbefreiungen oder -erleichterungen für Kleingewerbetreibende diskutiert.

Es ist interessant zu sehen, wie sich der Mythos um das Kleingewerbe verbreitet hat. Tatsächlich ist ein Kleingewerbe kein eigenständiger Geschäftstyp und die Anmeldung verläuft genauso wie bei jedem anderen Unternehmen. Es gibt grundsätzlich auch keine speziellen Steuererleichterungen für Kleingewerbe.

Tatsächlich gibt es im Steuer- und Handelsrecht gar keinen festen Begriff „Kleingewerbe".

Wenn man nach einer Definition sucht, findet man vor allem die Auslegung, dass Kleingewerbe Unternehmen sind, die nicht vom Handelsgesetz erfasst werden. Das bedeutet, es handelt sich um Einzelunternehmen, die nicht kaufmännisch geführt werden müssen. Ob ein Unternehmen tatsächlich als Kleingewerbe eingestuft wird, hängt von verschiedenen Kriterien ab und ist nicht gesetzlich geregelt. Als Richtwerte können zum Beispiel die Anzahl der Mitarbeiter und die Höhe der Umsätze herangezogen werden. Als grobes Beispiel könnte man sagen, dass ein Kleingewerbe bei einem Umsatz von unter 250.000 € und eine Beschäftigung von weniger als fünf Mitarbeitern vorliegt.

Für die Gewerbeanmeldung spielt die Einstufung als Kleingewerbe jedoch keine Rolle. Auch Kleingewerbe müssen ihr Gewerbe anmelden. Lediglich die Eintragung im Handelsregister kann in diesem Fall verzichtbar sein.

Fehlende Genehmigungen

Ehrlich gesagt, habe ich den Fehler bei meiner ersten Gewerbeanmeldung selbst gemacht. In Deutschland gibt es viele Gewerbe, für die du zusätzliche Zertifikate und Genehmigungen brauchst. Das heißt, du musst diese Dokumente schon bei der Gewerbeanmeldung vorlegen können.

Es ist echt ärgerlich, wenn du einen Termin beim Amt hast und erst dann erfährst, dass du zum Beispiel ein Gesundheitszeugnis oder eine Schanklizenz brauchst. Du solltest idealerweise im Voraus abklären, welche Anforderungen du erfüllen musst. Sonst ist der Termin beim Gewerbeamt verschwendete Zeit. Wenn du die Gewerbeanmeldung online machst, wird der Antrag einfach nicht bearbeitet oder abgelehnt. Also informiere dich vorher, welche Genehmigungen du brauchst.

Lass mich ein konkretes Beispiel aus meinem Leben erzählen: Als ich gerade volljährig wurde, dachte ich, dass das Organisieren von Studenten-Events ein interessantes Geschäftsmodell sein könnte. Ich kannte mich gut aus mit Alkoholkonsum und der Clubszene. Meine privaten Hauspartys waren legendär. Also dachte ich mir: Warum nicht solche Events auch kommerziell veranstalten? Natürlich brauchte ich dafür eine ganze Reihe an Genehmigungen, wie zum Beispiel ein Gesundheitszeugnis oder eine Schanklizenz. Übrigens habe ich die Idee später mit Partnern umgesetzt. Aber beim ersten Mal saß ich im Gewerbeamt und die nette Sachbearbeiterin hat mich erst mal darüber aufgeklärt, was ich alles brauche und warum ich das alles nicht darf. Das war ehrlich gesagt ziemlich frustrierend und fünf Minuten später war ich schon wieder raus aus dem Termin – ohne Gewerbeschein.

Hier sind einige Beispiele für genehmigungspflichtige Gewerbe:

Gaststättengewerbe: Wenn du ein Restaurant, ein Café oder eine Bar eröffnen möchtest, benötigst du eine Gaststättenerlaubnis. Dabei wird geprüft, ob du die gesetzlichen Anforderungen erfüllst, z. B. in Bezug auf Hygiene und Sicherheit.

Handwerksberufe: Für bestimmte Handwerksberufe ist eine Eintragung in die Handwerksrolle erforderlich. Das betrifft vor allem Berufe wie Elektriker, Friseure, Schreiner usw.

Finanzdienstleistungen: Wenn du im Bereich der Finanzdienstleistungen tätig sein möchtest, z. B. als Versicherungsvermittler oder Finanzberater, benötigst du eine Erlaubnis der Industrie- und Handelskammer.

Maklertätigkeiten: Immobilienmakler, Darlehensvermittler und ähnliche Berufe benötigen ebenfalls eine Erlaubnis.

Gewerbe im Bereich Gesundheit: Für einige Gesundheitsberufe, wie z. B. Physiotherapeuten oder Ergotherapeuten, ist ebenfalls eine spezielle Genehmigung notwendig.

Transport- und Logistikgewerbe: Für die Gründung eines Transportunternehmens, insbesondere wenn es sich um Personenbeförderung handelt, ist eine Lizenz erforderlich.

Überwachungsbedürftige Gewerbe: Dazu gehören z.B. Sicherheitsdienste oder Detekteien.

Spielhallen und Wettbüros: Für die Eröffnung und den Betrieb von Spielhallen und Wettbüros ist eine besondere Erlaubnis erforderlich.

Diese Liste ist nicht vollständig, und die genauen Anforderungen können je nach Bundesland variieren. Es ist wichtig, sich vor der Gründung eines Unternehmens gründlich zu informieren und gegebenenfalls fachkundigen Rat einzuholen.

Ausländische Staatsangehörige sollten zusätzlich beachten, dass sie eine Aufenthaltsgenehmigung von der zuständigen Ausländerbehörde vorlegen müssen. In dieser Genehmigung muss ausdrücklich stehen, dass du die Erlaubnis hast, einer Gewerbetätigkeit nachzugehen (Arbeitserlaubnis).

Achtung: Du bist bereits selbstständig, wenn …

Das Internet hat in den letzten Jahren viele Möglichkeiten eröffnet, in denen Menschen anfangs nur ihren Hobbys nachgegangen sind und später nicht nur Einnahmen, sondern auch hohe Gewinne erzielt haben. Wenn du eine Tätigkeit dauerhaft ausübst und dabei Einkommen erzielst, kannst du davon ausgehen, dass du selbstständig bist.

Es ist wichtig, diese Tätigkeit anzumelden und die Einkünfte zu versteuern. Das gilt für YouTuber, Blogger mit geschäftsmäßig ausgerichteten Blogs, Instagram-Kanäle, die durch Werbebuchungen finanziert werden, sowie Onlinehändler auf Plattformen wie eBay, Amazon oder Seiten wie Etsy oder Vinted.

Wenn du selbstständig bist, solltest du dich unbedingt mit dem Thema auseinandersetzen und deine Selbstständigkeit anmelden. Eine nachträgliche Steuerprüfung kann sehr teuer werden, daher ist es ratsam, von Anfang an alles korrekt zu regeln.

Der richtige Zeitpunkt

Um ein Unternehmen anzumelden, kommen grundsätzlich mehrere Zeitpunkte infrage. Schließlich entsteht ein Unternehmen nicht über Nacht, und es kann schwierig sein, den genauen ersten Tag festzulegen. In der Praxis sind jedoch folgende Zeitpunkte denkbar (und leider auch häufig anzutreffen):

1. Der Zeitpunkt, an dem die Geschäftsidee entstanden ist.
2. Der Zeitpunkt, an dem der Businessplan erstellt wurde.
3. Der Tag, an dem erste Verträge abgeschlossen werden.
4. Der Tag, an dem die ersten Einnahmen fließen.
5. Der Tag, an dem die ersten Ausgaben getätigt werden.
6. Kurz bevor die erste Steuererklärung gemacht werden muss.
7. Spätere Zeitpunkte, an dem bestimmte Umsatzgrenzen erreicht werden.

Die Gewerbeordnung schreibt eine klare Regelung vor: Sobald du eine gewerbliche Tätigkeit aufnimmst, musst du dein Gewerbe anmelden.

Also, die Gewerbeanmeldung sollte zwischen Punkt 2 und 3 erfolgen. Die Geschäftsidee und der Businessplan sind zwar wichtig, gehören jedoch noch nicht zur eigentlichen gewerblichen Tätigkeit. Sobald du jedoch als Selbstständiger aktiv wirst, Verträge abschließt oder Investitionen tätigst, bist du bereits gewerblich tätig. Bevor du also startest, solltest du dein Gewerbe vorher anmelden.

Eine spätere Anmeldung kann unangenehme Folgen haben, wie Bußgelder und Nachzahlungen. Außerdem wird dein Leben unnötig kompliziert, da du in vielen Situationen einen Gewerbeschein benötigst oder deine Steuernummer angeben musst. Zum Beispiel brauchst du deine Steuernummer, um korrekte Rechnungen zu erstellen. Allerdings bekommst du diese erst nach der Gewerbeanmeldung und der Registrierung beim Finanzamt. Es ist wichtig, rechtzeitig zu handeln, um diese unnötigen Probleme zu vermeiden.

Achtung: Das Startdatum für deine Selbstständigkeit ist nicht der Tag, an dem du dich gewerblich anmeldest, sondern der Tag, an dem du wirklich loslegst. Diesen Tag solltest du auch im Formular zur Gewerbeanmeldung angeben.

Ein kleiner Tipp: Es ist auch finanziell vorteilhaft, das Gewerbe anzumelden, wenn man noch Verluste macht. Denn diese Verluste können mit anderen Einkunftsarten verrechnet werden. Deshalb ist es ungünstig, das Gewerbe erst anzumelden, wenn man schon Gewinne macht. Also: Melde dein Gewerbe nicht zu spät an!

Frühstart

Vielleicht denkt sich ja jetzt der ein oder andere: „Na ja, wenn die zu späte Gewerbeanmeldung ein Problem ist, dann melde ich das Gewerbe so früh wie möglich an." Das ist zwar steuerlich theoretisch richtig, aber rein praktisch häufig nicht empfehlenswert.

Ich habe schon mit so vielen Leuten zu tun gehabt, die irgendwann aufgrund einer fixen Idee ein Gewerbe angemeldet haben und dann waren sie plötzlich selbstständig mit allen Verpflichtungen, zum Beispiel Buchhaltung, Steuererklärungen und IHK-Mitgliedschaft usw. Das heißt, es sind Kosten entstanden und nach ein, zwei Wochen Nachdenken ist dann aufgefallen, dass die Idee vielleicht doch nicht so gut war.

Und zusätzlich gibt es einige Gründungsförderungen, die du nur beantragen kannst, wenn du dein Gewerbe noch nicht angemeldet hast. Das heißt, die kannst du wirklich nur beantragen, wenn du noch nicht selbstständig bist.

Also, wenn du jetzt eine spontane Idee hast und glaubst, dass man damit echt gut Geld verdienen kann, dann gründe nicht sofort dein Gewerbe, sondern denke erst mal darüber nach. Erstelle eine Kalkulation und schreibe deine Ideen strukturiert auf. Nicht für irgendwen, sondern für dich. Denke einfach systematisch über deine Geschäftsidee nach. Und wenn du nach ein bis zwei Wochen denkst: „Ja! Diese Geschäftsidee, die hat wirklich Substanz"; dann kannst du dich mit der Gewerbeanmeldung beschäftigen.

Unterschied Freiberufler und Gewerbe

www.steuerfit.tv/freiberuf-gewerbe

In Deutschland gibt es zwei große Gruppen von Selbstständigen: die Freiberufler und die Gewerbetreibenden. Alle Selbstständigen gehören einer dieser Gruppen an.

Es ist entscheidend zu wissen, zu welcher Gruppe man gehört, da sich die Anmeldung als Freiberufler von der Anmeldung als Gewerbetreibender unterscheidet. Als Freiberufler wendet man sich direkt an das Finanzamt und füllt den Fragebogen zur steuerlichen Erfassung aus, während man als Gewerbetreibender zuerst das Gewerbeamt aufsucht und einen Gewerbeschein beantragt.

In der laufenden Selbstständigkeit haben Freiberufler einige bürokratische Vorteile, wenn sie als solche anerkannt sind:

Gewerbesteuerbefreiung: Einer der größten Vorteile für Freiberufler ist, dass sie von der Gewerbesteuer befreit sind. Im Gegensatz dazu müssen Gewerbetreibende diese Steuer zahlen, sobald ihr Gewinn einen bestimmten Freibetrag überschreitet.

Keine Pflicht zur doppelten Buchführung: Als Freiberufler bist du in der Regel nicht zur doppelten Buchführung verpflichtet. Du kannst dich auf die Einnahmen-Überschuss-Rechnung beschränken, was oft einfacher und weniger zeitintensiv ist.

Keine IHK-Mitgliedschaft: In der Regel sind Freiberufler von der Pflichtmitgliedschaft in der IHK ausgenommen. Das bedeutet, du musst als Freiberufler keine IHK-Beiträge zahlen und bist nicht automatisch Mitglied.

Berufliche Reputation und Image: Bestimmte freiberufliche Tätigkeiten genießen oft ein hohes Ansehen und können ein bestimmtes professionelles Image mit sich bringen, das in manchen Branchen von Vorteil sein kann.

Wer ist freiberuflich?

Lasst uns mal anschauen, wer überhaupt als Freiberufler gilt. In Deutschland definiert das Einkommensteuergesetz in § 18 diese Berufsgruppe. Im Grunde werden hier zwei Hauptgruppen von Freiberuflern unterschieden.

Die erste Gruppe umfasst diejenigen Freiberufler, die in den Bereichen Wissenschaft, Bildung oder Kunst tätig sind. Im Gesetz ist ganz konkret von wissenschaftlichen, künstlerischen, schriftstellerischen, unterrichtenden und erzieherischen Tätigkeiten die Rede. Oft ist für die Tätigkeiten ein entsprechender Abschluss erforderlich. Ein einfaches Beispiel: Wenn du ein wissenschaftliches Studium absolviert und einen Abschluss darin hast, und jetzt in diesem Bereich arbeitest, dann bist du eindeutig ein Freiberufler. Wenn du dir dein Wissen im Selbststudium angeeignet hast oder als Quereinsteiger im wissenschaftlichen Bereich arbeitest, kann es passieren, dass das Finanzamt dich nicht als Freiberufler anerkennt.

Die zweite Gruppe von Freiberuflern sind die sogenannten Katalogberufe. Diese Berufe gelten als freiberuflich nicht wegen der Art ihrer Tätigkeit, sondern wegen ihrer Berufsausübung. Aber auch diese Freiberufler müssen eine entsprechende Ausbildung oder ein Studium in ihrem Tätigkeitsbereich haben. Zu den Katalogberufen gehören:

- Ärzte, Zahnärzte und Tierärzte
- Rechtsanwälte, Patentanwälte und Notare
- Vermessungsingenieure und Ingenieure
- Architekten
- Wirtschaftsprüfer, Steuerberater, beratende Betriebswirte, vereidigte Buchprüfer
- Heilpraktiker und Krankengymnasten
- Journalisten, Dolmetscher, Bildberichterstatter

Wichtig zu beachten: Die aufgeführten Berufe müssen nicht exakt sein, sondern können auch ähnliche Berufe umfassen. In den letzten Jahren sind durch Digitalisierung und Internationalisierung viele neue Berufsbilder entstanden, die es vor zwanzig oder dreißig Jahren noch nicht gab. Das Einkommensteuergesetz gibt es jedoch schon seit über 120 Jahren, daher sind viele moderne Berufe nicht im Gesetz zu finden. Auch mit der Ausübung eines ähnlichen Berufs kannst du als Freiberufler anerkannt werden.

Wer ist gewerblich?

Die zweite große Gruppe der Selbstständigen in Deutschland, neben den Freiberuflern, sind Gewerbetreibende. Die Definition für Gewerbetreibende ist ziemlich einfach. Wenn das, was ich gerade über die Freiberufler erzählt habe, nicht auf dich zutrifft, dann bist du gewerbetreibend.

Folgende Berufe sind also in den meisten Fällen gewerblich:

Einzelhandel: Einzelunternehmer, die ein Ladengeschäft betreiben, um Produkte wie Kleidung, Elektronik oder Lebensmittel zu verkaufen.

Gastronomie: Selbstständige, die Restaurants, Cafés, Imbisse oder Catering-Services leiten.

Handwerk: Dazu gehören Selbstständige in Bereichen wie Schreinerei, Elektrik, Sanitärinstallation und Malerei.

Produktion: Unternehmer, die Produkte herstellen, sei es in der Lebensmittelproduktion, in der Textilindustrie oder in anderen Fertigungsbereichen.

E-Commerce: Selbstständige, die einen Online-Shop betreiben und Produkte oder Dienstleistungen über das Internet verkaufen. Ausnahme: Es werden freiberufliche Tätigkeiten über das Internet angeboten.

Transport- und Logistikunternehmen: Dazu zählen Selbstständige, die Transportdienste wie Kurierdienste, Umzugsservices oder spezielle Frachttransporte anbieten.

Fitness- und Wellnessbereich: Unternehmer, die Fitnessstudios, Yoga-Studios oder Wellness-Einrichtungen betreiben.

IT-Dienstleistungen und Softwareentwicklung: Selbstständige in diesem Bereich bieten Dienstleistungen wie Webdesign, Softwareentwicklung oder IT-Beratung an. Ausnahme: Wenn die Tätigkeiten denen von Betriebswirten, Architekten oder Ingenieuren ähneln, können sie auch freiberuflich sein.

Baugewerbe: Selbstständigkeit im Bereich des Bauens und Renovierens von Gebäuden, einschließlich der Arbeit als Generalunternehmer.

Freizeit und Tourismus: Dazu gehören beispielsweise Reisebüros, Veranstaltungsorganisation oder Betriebe von Freizeitanlagen.

Die Aufzählung ist selbstverständlich nicht abschließend. Da alle Berufe, die nicht freiberuflich sind, automatisch als Gewerbe angesehen werden, gibt es deutlich mehr gewerbliche Selbstständige als freiberufliche.

Steuerberater beauftragen oder selbst machen?

www.steuerfit.tv/steuerberater

Als Selbstständiger ist es unumgänglich, eine laufende Buchhaltung zu machen und verschiedene Steuererklärungen einzureichen. Das kannst du leider nicht vermeiden. Aber du hast die Möglichkeit, aktiv zu entscheiden, ob du selbst deine Buchhaltung und Steuererklärungen erledigst oder ob du diese Arbeit an einen Dienstleister, meistens einen Steuerberater, auslagerst. In diesem Kapitel schauen wir uns mal genauer an, wie du diese Entscheidung für dich treffen kannst.

HINWEIS:

Es gibt keine Steuerberaterpflicht und du darfst dich um alle steuerlichen Angelegenheiten auch selbst kümmern.

GANZ WICHTIG VORAB:

Du solltest auf jeden Fall wissen, was du tun musst, unabhängig davon, ob du es selbst machst oder es jemand anderem überlässt. Also, grob gesagt, solltest du wissen, welche Steuern du zahlen musst – Einkommensteuer, Umsatzsteuer und vielleicht auch Gewerbesteuer. Auch Buchhaltung ist nicht gleich Buchhaltung, es gibt verschiedene Arten und die können unterschiedlich aufwendig sein. Auch die Häufigkeit der Buchhaltung variiert je nachdem, wie oft du deine Umsatzsteuer-Voranmeldungen abgeben musst – monatlich, quartalsweise oder sogar nur einmal im Jahr.

Diese Dinge musst du wissen, egal, ob du es selbst machst oder einen Dienstleister beauftragst. Warum? Weil du als Selbstständiger dafür verantwortlich bist, dass deine Steuern und Buchhaltung in Ordnung sind. Du kannst dich nicht damit herausreden, dass du es nicht gewusst hast, wenn etwas schiefgeht oder dein Steuerberater Mist gebaut hat. Das Grundverständnis und Wissen über deine gesetzlichen Pflichten sind sehr wichtig.

Um einen Überblick zu bekommen, ist dieses Buch der beste Weg! Und vergiss nicht, auch meinen YouTube-Kanal zu abonnieren.

Nachdem du dir einen Überblick verschafft hast, stellt sich natürlich die Frage: Machst du es selbst oder beauftragst du jemand anderen?

Man hört und liest oft folgenden Tipp: Wenn der Dienstleister günstiger ist als das, was du in derselben Zeit verdienen könntest, dann solltest du outsourcen. Es ist ein guter Deal, wenn du einem Kunden 200 € in Rechnung stellen kannst, während du dem Steuerberater 200 € zahlst, um deine Buchhaltung zu erledigen. Denn ehrlich gesagt kann der Steuerberater das in der Regel besser als du. So kannst du dich auf das konzentrieren, was du gut kannst, und der Steuerberater auf das, was er gut kann. Diese Rechnung ist in der Praxis jedoch nicht so einfach. Das Ganze ergibt natürlich Sinn, wenn du so ausgelastet bist, dass du in der Zeit, in der du deine Buchhaltung machen würdest, tatsächlich arbeiten und mehr Einnahmen erzielen kannst. Allerdings gibt es viele Geschäftsmodelle, bei denen das einfach nicht der Fall ist. Was bringt es dir, einen Steuerberater für 200 € pro Stunde zu engagieren, wenn du zwar in dieser Zeit arbeitest, aber keinen zusätzlichen Umsatz generierst? Du solltest immer ehrlich zu dir selbst sein und überlegen, ob du tatsächlich zusätzliche Umsätze in dieser frei gewordenen Zeit generieren kannst.

Deine persönlichen Fähigkeiten

Ein wichtigerer Punkt ist die Beurteilung deiner persönlichen Skills. Bist du gut in Buchhaltung? Kennst du dich mit Steuern aus? Und wenn nicht, hast du Bock, dich damit zu beschäftigen? Magst du es, dich mit Zahlen rumzuschlagen? Oder mit dem Finanzamt zu kommunizieren? Okay, wer mag das schon? Aber könntest du damit leben, all diese Aufgaben zu stemmen und Ordnung in deine Zahlen zu bringen? Wenn ja, spricht absolut nichts dagegen, es selbst zu machen.

Denn bei der Buchhaltung erstellst du nicht nur eine Steuererklärung oder eine betriebswirtschaftliche Auswertung, sondern du bekommst auch ein Gespür dafür, was finanziell in dem Monat eigentlich abgeht. Und ehrlich gesagt hilft dir das Buchhaltungmachen richtig dabei, den Monat oder das Quartal noch mal zu durchdenken. Du könntest möglicherweise Kosten sehen, die du gar nicht mehr brauchst, und das würdest du vielleicht gar nicht merken, wenn der Steuerberater die Buchhaltung für dich erledigt. Deshalb hat das Selbermachen tatsächlich auch Vorteile. Aber du solltest ehrlich sein und deine Skills realistisch bewerten.

Bei mir persönlich war dieser Skill-Aspekt absolut gegeben. Ich meine, ich bin gelernter Steuerfachangestellter. Ich habe Steuerrecht und Wirtschaftsprüfung studiert. Ich kann eine Buchhaltung machen und Steuervoranmeldungen abgeben. Das ist für mich von der Skills-Seite her überhaupt kein Thema. Trotzdem habe ich seit dem ersten Tag meiner Selbstständigkeit einen Steuerberater, der meine Buchhaltung und Steuern für mich übernimmt.

Dein Typ

Die nächste Frage lautet: Was für ein Mensch bist du eigentlich? Welche Fähigkeiten zeichnen dich aus? Wie ist deine Persönlichkeit? Bist du jemand, der gerne mit Zahlen arbeitet? Kannst du verlässlich Termine einhalten? Zum Beispiel die Umsatzsteuer-Voranmeldung immer am 10. des Monats? Magst du den Kontakt mit Behörden und all solche Dinge? Passen diese Aufgaben zu deiner Persönlichkeit?

Ehrlich gesagt war das bei mir persönlich nie wirklich der Fall. Ich kann solche Arbeiten problemlos für andere erledigen. Aber wenn es um meine eigenen Zahlen und meine eigene Buchhaltung geht, war ich immer etwas nachlässig. In der Selbstständigkeit gibt es immer viele wichtige Dinge zu tun und die Buchhaltung wird oft nebenbei erledigt. Niemand wird zum Unternehmer des Jahres ernannt, weil er die Buchhaltung so gut gemacht hat. Erfolgreiche Unternehmer zeichnen sich dadurch aus, dass sie engen Kontakt zu ihren Kunden haben, ihre Bedürfnisse verstehen und in der Lage sind, diese Bedürfnisse zu erfüllen.

Selbstständige haben eine Vielzahl von Aufgaben zu erledigen und die Buchhaltung kann stark ablenken. Bei mir war es so, dass ich einfach ehrlich zu mir gesagt habe, dass ich diese Aufgaben nicht gerne mache und sie meinen Fokus auf das Wesentliche stören.

Deine Kapazitäten

Neben deinen Fähigkeiten und deiner Persönlichkeit lohnt es sich, einen ehrlichen Blick auf deine Ressourcen zu werfen. Ist es realistisch für dich, deine Buchhaltung und Steuern mit der erforderlichen Aufmerksamkeit zu bewältigen? Viele Selbstständige arbeiten sechzig, siebzig, achtzig Stunden pro Woche, und da stellt sich natürlich die Frage: Hast du wirklich Zeit, an einem Wochenende oder abends deine Buchhaltung zu erledigen? Wenn du sagst, dass dir deine Zeit nicht so viel wert ist, dann ist es vielleicht sinnvoll, einen Dienstleister zu beauftragen.

Rechtssicherheit

Natürlich spielt die Rechtssicherheit auch eine wichtige Rolle. Fehler passieren grundsätzlich jedem Menschen. Selbstverständlich machen auch Steuerberater Fehler. Aus meiner persönlichen Erfahrung heraus kann ich jedoch sagen, dass Steuerberater in Bezug auf Buchhaltung und Steuern deutlich seltener Fehler machen als Selbstständige, die diese Aufgaben nicht beruflich ausüben. Mit einem Steuerberater hast du die Gewissheit, dass alles ordnungsgemäß erledigt wurde.

Sollte es zu einer Betriebsprüfung durch das Finanzamt kommen und möglicherweise wurden Fehler gemacht, hast du mit einem Steuerberater an deiner Seite immer den großen Vorteil, dass er sich direkt selbst darum kümmert. Eine Betriebsprüfung kann wirklich unangenehm sein, wenn du keinen Berater zur Seite hast.

Ehrlicherweise ist es ziemlich schwierig, einen Steuerberater zu finden, wenn du über Jahre hinweg deine Buchhaltung selbst gemacht hast und jetzt eine Betriebsprüfung ansteht, die sich in zwei Wochen ankündigt. Du hast dann nur noch zwei Wochen Zeit, um einen Steuerberater zu finden. Es wird eine Herausforderung sein, jetzt einen geeigneten und kostengünstigen Berater zu finden. Vielleicht findest du einen, aber der dürfte in einer solchen Situation sehr teuer werden. Unter Umständen wäre es dann sogar günstiger gewesen, von Anfang an alles von einem Steuerberater erledigen zu lassen, weil dann das Finanzamt und der Betriebsprüfer direkt mit deinem Steuerberater sprechen und du dich nicht weiter darum kümmern musst.

Selbst machen oder outsourcen?

Ich kann dir keine allgemeingültige Antwort geben, da wir alle unterschiedlich sind. Aber vielleicht helfen dir diese Punkte dabei, für dich persönlich zu entscheiden, welcher Weg der bessere für dich ist.

HINWEIS:

Du musst nicht zwangsläufig alles an einen Steuerberater abgeben. Die Zusammenarbeit mit einem Steuerberater ist nicht immer schwarz oder weiß. Du kannst auch eine Mischform wählen. Zum Beispiel könntest du dich um die laufende Buchhaltung kümmern, während der Steuerberater die Jahresabschlüsse und Steuererklärungen übernimmt. Oder du entscheidest dich für mehrere Dienstleister. Es gibt auch Buchhalter, die keine Steuerberater sind. Sie haben zwar rechtliche Einschränkungen, sind aber oft kostengünstiger. Du könntest beispielsweise das Sortieren der Unterlagen selbst übernehmen, während der Buchhalter die gesamte Buchhaltung erledigt und ein Steuerberater kümmert sich um den Jahresabschluss und die Steuererklärungen.

Tatsächlich ist das auch mein aktuelles Set-up für mein Unternehmen. Ich habe eine Buchhalterin und einen Steuerberater. Meine Buchhalterin erledigt praktisch alles während des Jahres und einmal im Jahr erhält mein Steuerberater alle Dokumente, Unterlagen und Buchhaltungsdaten, um daraus die Steuererklärungen zu erstellen. Auf diese Weise kann man in der Regel Geld sparen.

Selbstständigkeit anmelden

www.steuerfit.tv/selbststaendigkeit-anmelden

Wenn du dich selbstständig machen möchtest, gibt es einige wichtige Dinge, die du beachten solltest. In diesem Kapitel werden wir gemeinsam den gesamten Gründungsprozess Schritt für Schritt durchgehen, damit du genau weißt, was du in welcher Reihenfolge erledigen solltest. Dieses Kapitel ist also der rote Faden, zu dem du immer wieder zurückkehren kannst.

Jeder Gründungsprozess verläuft etwas anders und hängt von verschiedenen Faktoren ab, wie zum Beispiel der Art deines Unternehmens, deiner Rechtsform, ob du externes Kapital benötigst und ob du alleine arbeitest. Es gibt aber bestimmte Schritte, die du unbedingt überprüfen solltest. Es kann also durchaus sein, dass du einige der von mir genannten Schritte überspringen kannst und dadurch schneller vorankommst. Es ist jedoch wichtig, dass du zumindest einmal darüber nachdenkst, ob diese Schritte für dich relevant sein könnten.

Deine Geschäftsidee

Um dich selbstständig zu machen, brauchst du zunächst eine Idee. Du solltest eine klare Vorstellung davon haben, wie du langfristig Geld verdienen möchtest. Es reicht nicht, nur ab und zu ein paar Einnahmen zu erzielen, um wirklich als selbstständig zu gelten. Das Finanzamt bezeichnet solche Aktivitäten schnell als Liebhaberei. Wenn dein Vorhaben eher einem Hobby gleicht und du mehr Kosten als Einnahmen hast, gilt es nicht als Selbstständigkeit und muss auch nicht als solche angemeldet werden. Hast du aber eine Idee, mit der du Gewinne erzielen willst, ist das schon mal eine super Grundvoraussetzung.

Realitätscheck

Deine Idee benötigt einen Realitätscheck. Ich habe schon mit vielen Leuten gesprochen, die aus anfänglicher Motivation und Begeisterung heraus ein Unternehmen gegründet haben. Später haben sie gemerkt, dass niemand bereit ist, für das Produkt oder die Dienstleistung Geld zu bezahlen. Sie haben ein Angebot entwickelt, viel Zeit und Geld investiert und dann festgestellt, dass nur sie selbst die Idee toll finden und niemand bereit ist, dafür zu bezahlen. In so einem Fall funktioniert natürlich auch kein Unternehmen. Manchmal stellen sie auch fest, dass es bereits einen günstigeren Konkurrenten gibt, der das Problem besser löst. Oder ihre Kalkulation geht nicht auf, und sie würden mit jedem Produkt oder jeder Dienstleistung Verlust machen. Das sind keine guten Voraussetzungen.

Ich möchte wirklich betonen, wie wichtig es ist, mit potenziellen Kunden zu sprechen, die sich in der Branche auskennen, und zu überprüfen, ob die Idee realistisch ist. Gründe nicht sofort ein Unternehmen, nur um später festzustellen, dass das Geschäftsmodell nicht funktioniert!

Businessplan

Der dritte Schritt ist meiner Meinung nach optional. Es geht um deinen Businessplan. Manchmal kann es erforderlich sein, einen Businessplan zu erstellen. Zum Beispiel, wenn du eine Bank, Gründungsförderung oder ein Stipendium benötigst. Aber auch wenn du einfach nur selbst startest und kein externes Geld brauchst, kann ein Businessplan hilfreich sein. Es ermöglicht dir, deine Ideen zu strukturieren und deine Stärken, Schwächen, Konkurrenz und Zwischenziele zu formulieren.

Für mich persönlich ist das Schreiben eines Businessplans eine gute Möglichkeit, meine Gedanken zu ordnen. Meistens umfasst er nur zwei, drei oder vier Seiten, aber er dient als solide Grundlage für alles, was später folgt. Also, wenn du eine neue Idee hast, fang einfach an, alles aufzuschreiben, was dir im Kopf vorgeht. Es wird dir helfen!

Rechtsform

Im nächsten Schritt solltest du dich mit dem Thema Rechtsformen befassen. In diesem Buch beschäftigen wir uns vor allem mit Einzelunternehmen, also Freiberuflern und Gewerbetreibenden. Aber natürlich gibt es auch legitime Gründe und Situationen, in denen du dich mit Personengesellschaften (GbR, OHG) oder Kapitalgesellschaften (GmbH, UG, AG) auseinandersetzen solltest.

Hier sind die gängigsten Rechtsformen und ihre wesentlichen Merkmale:

Einzelunternehmen: Ideal für Einzelpersonen, die ein Geschäft alleine betreiben möchten. Hier haftest du unbeschränkt mit deinem privaten Vermögen, aber die Gründung ist unkompliziert und kostengünstig. Steuerlich gesehen bist du einkommensteuerpflichtig.

Gesellschaft bürgerlichen Rechts (GbR): Sie wird von zwei oder mehr Personen gegründet, die gemeinsam ein Ziel verfolgen. Die GbR eignet sich für kleinere, unkomplizierte Vorhaben. Auch hier haften alle Gesellschafter unbeschränkt mit ihrem Privatvermögen.

Offene Handelsgesellschaft (OHG): Ähnlich wie die GbR, aber für Handelsgeschäfte gedacht. Alle Gesellschafter haften unbeschränkt. Die OHG muss ins Handelsregister eingetragen werden.

Kommanditgesellschaft (KG): Eine KG besteht aus mindestens einem Komplementär, der unbeschränkt haftet, und einem oder mehreren Kommanditisten, deren Haftung auf ihre Einlage beschränkt ist. Geeignet für größere Projekte mit unterschiedlichen Haftungsgraden unter den Partnern.

GmbH (Gesellschaft mit beschränkter Haftung): Beliebt wegen der beschränkten Haftung der Gesellschafter. Die Gründung ist formaler und kostet mehr (mindestens 25.000 € Stammkapital). Sie ist steuerlich eine Kapitalgesellschaft und zahlt Körperschaft- und Gewerbesteuer.

UG (haftungsbeschränkt): Auch bekannt als Mini-GmbH. Sie hat ähnliche Eigenschaften wie eine GmbH, aber mit einem geringeren Stammkapital (ab 1 €). Die UG ist oft ein Sprungbrett zur GmbH.

Aktiengesellschaft (AG): Für große Unternehmen mit Kapitalbedarf über den Aktienmarkt. Die Aktionäre haften nur bis zur Höhe ihrer Einlagen. Die Gründung einer AG ist komplex und kapitalintensiv (mindestens 50.000 € Grundkapital).

Kommanditgesellschaft auf Aktien (KGaA): Eine Mischform aus AG und KG. Sie eignet sich für Unternehmen, die die Vorteile einer Aktiengesellschaft nutzen, aber eine feste Führung (Komplementär) beibehalten möchten.

Jede Rechtsform hat ihre Vor- und Nachteile, abhängig von deinen individuellen Bedürfnissen, der Größe und Art deines Unternehmens sowie deinen finanziellen Möglichkeiten. Ich möchte an dieser Stelle einen dringenden Appell an dich richten: Oft habe ich mit Mandanten zu tun, die am Anfang ihrer Selbstständigkeit ein unglaublich komplexes Rechtskonstrukt aufgebaut haben, aber am Ende nicht die gewünschten Umsätze und Gewinne erzielen. Das große Organigramm benötigt aber viel Geld und Aufmerksamkeit.

Du kannst auch mit einer relativ einfachen Struktur starten, als Einzelunternehmen beginnen und später deine Rechtsform anpassen. Es ist ratsam, dass dein Firmenkonstrukt mit deinem Unternehmen mitwächst. Es gibt normalerweise keinen Grund, warum du am Anfang eine komplexe Struktur oder Ähnliches aufbauen solltest, bevor du gezeigt hast, dass dein Unternehmen erfolgreich sein kann und ein solches Konstrukt Sinn ergibt. Deshalb empfehle ich dir, pragmatisch zu bleiben und den bürokratischen Aufwand sowie die Kostenstruktur zu Beginn so gering wie möglich zu halten.

Finanzierung

Im nächsten Schritt solltest du den Finanzbedarf und die Finanzierung deiner Gründung berechnen und sicherstellen.

Es gibt verschiedene Möglichkeiten, eine Gründung zu finanzieren: Durch einen Investor, einen Kredit, Gründungsförderung, Crowdfunding, einen privaten Kredit oder aus eigener Tasche. Viele Leser dieses Buches haben ein recht kleines Business, das in der Regel nicht viel Kapital erfordert. Wenn du zum Beispiel einen Hauptjob hast und nebenberuflich selbstständig werden möchtest, kannst du deine Selbstständigkeit aus deinen Gehaltszahlungen finanzieren. Das ist also ein Punkt, den du schnell abhaken kannst.

Es ist aber wichtig, dass du dich vor der Gewerbeanmeldung mit den Themen Gründungsförderung und Stipendien beschäftigst, da du dich bei vielen Programmen nur bewerben kannst, wenn du noch kein Gewerbe angemeldet hast. Es kommt immer wieder vor, dass Gründer eine Gründungsförderung beantragen möchten, aber feststellen, dass sie ihr Gewerbe zu schnell angemeldet haben und dadurch nicht mehr förderfähig sind. Deshalb solltest du dich spätestens jetzt mit der Frage beschäftigen, ob du solche Fördergelder benötigst und ob du sie beantragen möchtest.

Gewerbeanmeldung

www.steuerfit.tv/gewerbeanmeldung

Für die Anmeldung deines Gewerbes geht es normalerweise zur Gemeinde, in der dein Unternehmen sitzen wird. In einigen Bundesländern wie Bayern, Hamburg und Rheinland-Pfalz kannst du dich auch bei der IHK anmelden. Du kannst die Anmeldung persönlich, per Post und in einigen Gemeinden (zum Beispiel Berlin) auch online erledigen. Traurig, aber wahr: Der persönliche Termin vor Ort im Gewerbeamt ist noch die normale Art und Weise, sein Gewerbe anzumelden.

Es ist eine gute Idee, das Formular zur Gewerbeanmeldung schon vor dem eigentlichen Termin herunterzuladen und zu Hause auszufüllen. Dadurch hast du mehr Zeit und kannst alles in Ruhe durchlesen. Außerdem sparst du im Amt wertvolle Zeit. Wenn du etwas nicht verstehst, kannst du dir die Fragen vorab notieren und dann mit dem Sachbearbeiter im Gewerbeamt klären.

Du musst als Gewerbetreibender immer persönlich dein Gewerbe anmelden. Das bedeutet, dass du als Einzelunternehmer selbst zum Amt gehen musst. Wenn du eine Personen- oder Kapitalgesellschaft gründest, müssen die jeweiligen Gesellschafter oder Geschäftsführer die Gewerbeanmeldung durchführen.

Beim eigentlichen Termin gibst du das „Gewerbeanmeldung Formular" zusammen mit allen zusätzlich erforderlichen Bescheinigungen beim Sachbearbeiter des Gewerbeamtes ab. Normalerweise kannst du deinen Gewerbeschein direkt mitnehmen. Der Gewerbeschein ist im Grunde genommen nur das Antragsformular, das unterschrieben und abgestempelt wurde. Für dich stellt er jedoch die offizielle Erlaubnis dar, dein Gewerbe auszuführen.

Name der entgegennehmenden Gemeinde	Gemeindekennzahl Betriebsstätte (Sitz)	**GewA1**
Gewerbe-Anmeldung nach § 14 GewO oder § 55 c GewO	**Bitte vollständig und gut lesbar ausfüllen sowie die zutreffenden Kästchen ankreuzen**	

Angaben zum Betriebsinhaber

Bei Personengesellschaften (z.B. OHG) ist für jeden geschäftsführenden Gesellschafter ein eigener Vordruck auszufüllen. Bei juristischen Personen ist bei Feld Nr. 3 bis 9 und Feld Nr. 30 und 31 der gesetzliche Vertreter anzugeben (bei inländischer AG wird auf diese Angaben verzichtet). Die Angaben für weitere gesetzliche Vertreter zu diesen Nummern sind ggf. auf Beiblättern zu ergänzen.

1 Im Handels-, Genossenschafts- oder Vereinsregister eingetragener Name mit Rechtsform (ggf. bei GbR: Angabe der weiteren Gesellschafter)

2 Ort und Nr. des Registereintrages

Angaben zur Person

3 Name | 4 Vornamen | 4a Geschlecht männl. ☐ weibl. ☐

5 Geburtsname (nur bei Abweichung vom Namen)

6 Geburtsdatum | 7 Geburtsort und -land

8 Staatsangehörigkeit (en) **deutsch** ☐ **andere:**

9 Anschrift der Wohnung (Straße, Haus-Nr., PLZ, Ort; freiwillig: e-mail/web) | Telefon-Nr. | Telefax-Nr.

Angaben zum Betrieb

10 Zahl der geschäftsführenden Gesellschafter (nur bei Personengesellschaften)

Zahl der gesetzlichen Vertreter (nur bei juristischen Personen)

11 Vertretungsberechtigte Person/Betriebsleiter (nur bei inländischen Aktiengesellschaften, Zweigniederlassungen und unselbständigen Zweigstellen)

Name | Vornamen

Anschriften (Straße, Haus-Nr., Plz, Ort)

12 Betriebsstätte | Telefon-Nr. | Telefax-Nr. | freiwillig: e-mail/web

13 Hauptniederlassung (falls Betriebsstätte lediglich Zweigstelle ist) | Telefon-Nr. | Telefax-Nr. | freiwillig: e-mail/web

14 Frühere Betriebsstätte | Telefon-Nr. | Telefax-Nr.

15 Angemeldete Tätigkeit - ggf. ein Beiblatt verwenden (genau angeben: z.B. Herstellung von Möbeln, Elektroinstallationen und Elektroeinzelhandel, Großhandel mit Lebensmitteln usw.; bei mehreren Tätigkeiten bitte Schwerpunkt unterstreichen)

16 Wird die Tätigkeit (vorerst) im Nebenerwerb betrieben ? Ja ☐ Nein ☐

17 Datum des Beginns der angemeldeten Tätigkeit

18 Art des angemeldeten Betriebes: Industrie ☐ Handwerk ☐ Handel ☐ Sonstiges ☐

19 Zahl der bei Geschäftsaufnahme tätigen Personen (ohne Inhaber): Vollzeit ☐ Teilzeit ☐ Keine ☐

Die Anmeldung wird erstattet für

20 Eine Hauptniederlassung ☐ eine Zweigniederlassung ☐ eine unselbständige Zweigstelle ☐

21 ein Automatenaufstellungsgewerbe ☐ 22 ein Reisegewerbe ☐

Grund

23 24 **Neuerrichtung/ Übernahme**: Neugründung ☐ Wiedereröffnung nach Verlegung aus einem anderen Meldebezirk ☐ Gründung nach Umwandlungsgesetz (z.B. Verschmelzung, Spaltung) ☐

Wechsel der Rechtsform ☐ Gesellschaftereintritt ☐ Erbfolge/Kauf/Pacht ☐

26 Name des früheren Gewerbetreibenden oder früherer Firmenname

Falls der Betriebsinhaber für die angemeldete Tätigkeit eine Erlaubnis benötigt, in die Handwerksrolle einzutragen oder Ausländer ist:

28 Liegt eine Erlaubnis vor ? Ja ☐ Nein ☐ | Wenn Ja, Ausstellungsdatum und erteilende Behörde:

29 **Nur für Handwerksbetriebe** Liegt eine Handwerkskarte vor ? Ja ☐ Nein ☐ | Wenn Ja, Ausstellungsdatum und Name der Handwerkskammer:

30 Liegt eine Aufenthaltsgenehmigung vor ? Ja ☐ Nein ☐ | Wenn Ja, Ausstellungsdatum und erteilende Behörde:

31 Enthält die Aufenthaltsgenehmigung eine Auflage oder Beschränkung ? Ja ☐ Nein ☐ | Wenn Ja, sie enthält folgende Auflagen bzw. Beschränkungen::

Hinweis: Diese Anzeige berechtigt nicht zum Beginn des Gewerbebetriebes, wenn noch eine Erlaubnis oder eine Eintragung in die Handwerksrolle notwendig ist. Zuwiderhandlungen können mit Geldbuße oder Geldstrafe oder Freiheitsstrafe geahndet werden. Diese Anzeige ist keine Genehmigung zur Errichtung einer Betriebsstätte entsprechend dem Planungs- und Baurecht.

32 (Datum) | 33 (Unterschrift)

Zurücksetzen | **Drucken**

Um dein Gewerbe anzumelden, benötigst du das Formular „Gewerbeanmeldung nach § 14 GewO oder § 5c GewO". Keine Sorge, es besteht nur aus einer Seite und ist recht selbsterklärend. Du musst lediglich Angaben zu folgenden beiden Punkten machen:

- Angaben zum Betriebsinhaber (Name, Adresse, Staatsangehörigkeit usw.)
- Angaben zum Betrieb (Adresse, Rechtsform, Kontaktdaten, Geschäftszweck usw.)

Dein Unternehmenszweck

Viele Gründer machen einen Fehler beim Unternehmenszweck. Bei der Gewerbeanmeldung und bei der Anmeldung beim Finanzamt (Fragebogen zur steuerlichen Erfassung) musst du genau beschreiben, was du tust. Das Gewerbeamt möchte, dass du möglichst konkret bist und genau erklärst, was du genau tust. Das Problem ist, dass sich fast alle Selbstständigkeiten dynamisch weiterentwickeln. Das bedeutet, wenn ein Kunde eine bestimmte Dienstleistung bei dir anfragt und ein Produkt haben möchte, an das du vorher nicht gedacht hast, dann passt du dein Geschäftsmodell unter Umständen an und entwickelst es weiter.

Das Problem ist, wenn du am Anfang zu genau warst in deiner Gewerbeanmeldung, musst du später dein Gewerbe immer wieder ummelden und den Zweck des Unternehmens erweitern, sobald sich das Geschäftsmodell weiterentwickelt. Deshalb empfehle ich dir, den Unternehmenszweck so umfassend und abstrakt wie möglich zu beschreiben. Du könntest also zum Beispiel statt „Videoproduktion für den YouTube-Kanal Steuerfit" eher so etwas schreiben wie „Produktion von audiovisuellen Inhalten und deren Vermarktung". Du merkst schon, worauf ich hinauswill: Mehr Allgemeinheiten und so viele Hintertüren wie möglich offenhalten, damit du später nicht ständig dein Gewerbe ummelden und erweitern musst.

Name des Unternehmens

Übrigens spielt der Name deines Unternehmens keine Rolle, wenn du dich als Einzelunternehmer anmeldest und nicht im Handelsregister registrierst. In solchen Fällen lautet der rechtliche Name deines Unternehmens immer wie du. Auf deinen Rechnungen sollte also immer dein Name stehen und kein ausgedachter Fantasiename.

Natürlich darfst du trotzdem eine beliebige Marke erfinden und beispielsweise unter diesem Namen eine Domain registrieren oder ein Klingelschild erstellen. In der Geschäftspraxis hat dieser Name jedoch keine ernsthafte (rechtliche) Bedeutung. Mach dir also nicht allzu viele Gedanken über die Namensfindung und halte dich nicht zu lange damit auf.

Kleingewerbe im Nebenerwerb anmelden

Um dein Gewerbe anzumelden, musst du im Anmeldeformular auch Angaben dazu machen, ob du dein Gewerbe als Nebenerwerb oder Vollerwerb gründen möchtest. Hier ist eine Faustregel: Wenn du weniger als achtzehn Arbeitsstunden pro Woche investierst, gilt es als Nebentätigkeit. Du solltest auch beachten, dass deine Nebentätigkeit nicht umfangreicher werden darf als dein Haupterwerb.

Die Einteilung ist besonders wichtig für die gesetzlichen Sozialversicherungsträger. Du musst für deine nebenberufliche Selbstständigkeit keine Pflichtbeiträge zahlen. Die Beiträge entrichtest du bereits im Rahmen deiner Haupttätigkeit.

Kosten der Gewerbeanmeldung

Die Kosten für die Gewerbeanmeldung variieren je nach Wohnort. Deine Gemeinde legt fest, wie viel du zahlen musst, normalerweise zwischen 10 und 60 €. Es ist also eine überschaubare Gebühr.

Das beinhaltet allerdings nur die reine Gewerbeanmeldung bei der Gemeinde oder der IHK/HWK. In vielen Branchen musst du vor der Gewerbeanmeldung verschiedene Nachweise und Bescheinigungen einholen. Dadurch können die Kosten für die gesamte Unternehmensgründung erheblich steigen. Es ist wichtig, diese zusätzlichen Schritte und Ausgaben im Blick zu behalten.

Anmeldung beim Finanzamt

www.steuerfit.tv/anmeldung-finanzamt

Mit dem Fragebogen zur steuerlichen Erfassung meldest du deine Selbstständigkeit beim Finanzamt an. Der Fragebogen hat auch eine weitere wichtige Funktion: Du beantragst damit eine Steuernummer und Umsatzsteuer-Identifikationsnummer, falls du diese noch nicht hast. Die Steuernummer oder USt-ID ist unter anderem erforderlich, um deine Leistungen abrechnen zu können – sie muss auf jeder Rechnung angegeben werden. Außerdem benötigt das Finanzamt den Fragebogen, um dein Einkommen korrekt zu besteuern und die Vorauszahlungen im Gründungsjahr festzulegen.

Wenn du dein Gewerbe beim Gewerbeamt anmeldest, erhältst du vom Finanzamt einen Brief, der dich über die Pflicht informiert, den Fragebogen auszufüllen. Normalerweise hast du bis zu vier Wochen Zeit dafür. Mein Tipp: Warte nicht auf den Brief vom Finanzamt, sondern fülle den Erfassungsbogen direkt nach der Gewerbeanmeldung proaktiv aus. Dadurch sparst du eine Menge Zeit und bekommst deine Steuernummer bzw. USt-ID viel schneller. Freiberufler müssen auf jeden Fall selbst aktiv werden, da sie keine Aufforderung erhalten.

In beiden Fällen findest du den Fragebogen zur steuerlichen Erfassung auf der Online-Plattform ELSTER des Finanzamts. Seit 2021 ist es möglich, das Formular dort online auszufüllen und digital einzureichen.

Bist du noch nicht bei ELSTER registriert? Dann solltest du das spätestens jetzt tun. Denn das Finanzamt akzeptiert die meisten Formulare nur noch digital. Je nachdem, welche Registrierungsform du wählst, solltest du etwas mehr Zeit einplanen – die Verifizierung kann bis zu zwei Wochen dauern. Die einfachste Art der Authentifizierung ist die Zertifikatsdatei. Das ist eine Datei, die du zusätzlich zu deinem Passwort jedes Mal benötigst, wenn du dich bei ELSTER online einloggen möchtest. Falls du bereits einen ELSTER-Zugang hast (z. B. von deinem Angestelltenjob), kannst du auch diesen verwenden.

HINWEIS:

Du musst bei ELSTER online nicht komplett registriert sein, um den Fragebogen zur steuerlichen Erfassung auszufüllen. Du brauchst also nicht auf die Verifizierung deines Accounts zu warten, du kannst sofort starten und den Fragebogen ausfüllen.

Welchen Fragebogen muss ich auswählen?

Nach dem Log-in findest du unter „Formulare und Leistungen" den Punkt „Fragebogen zur steuerlichen Erfassung". Darunter siehst du verschiedene Formulararten. Welcher Fragebogen für dich infrage kommt, hängt von der Rechtsform deiner künftigen Tätigkeit ab.

Es gibt Fragebögen für

- Einzelunternehmen
- Kapitalgesellschaften oder Genossenschaften
- Körperschaften nach ausländischem Recht
- Personengesellschaften oder Personengemeinschaften
- Beteiligungen an einer Personengesellschaft oder einer Personengemeinschaft

Die Inhalte der Formulare variieren stark. In diesem Buch werden wir uns mit dem Fragebogen zur steuerlichen Erfassung für Einzelunternehmen beschäftigen. Du wählst diesen Erfassungsbogen aus, wenn du freiberuflich oder gewerblich tätig bist.

Fragebogen zur steuerlichen Erfassung: Ausfüllhilfe und Schritt-für-Schritt-Anleitung

Bist du ready? Dann steigen wir jetzt in den ELSTER-Fragebogen ein. Übrigens: Der kleine runde Button oben links zeigt dir deinen Fortschritt an.

TIPP:

Wenn du rund um den Fragebogen zur steuerlichen Erfassung Hilfe benötigst oder Fragen hast, schau auf unserem YouTube-Kanal vorbei. Dort findest du hilfreiche Antworten und eine ausführliche Videoanleitung.

Punkte 1 bis 3: Allgemeine Daten

Zum Aufwärmen stellt dir das Finanzamt eine einfache Aufgabe: Trage deine persönlichen Daten ein. Am schnellsten geht es, wenn du die Daten aus deinem ELSTER-Profil übernimmst.

Im nächsten Schritt trägst du deine Steuernummer ein. Hast du schon einmal eine Steuererklärung abgegeben, verwendest du die Steuernummer aus deinem Bescheid.

Benötigst du noch eine Steuernummer, kannst du sie mit dem Formular beantragen. Du brauchst die Steuernummer unter anderem für deine Rechnungen oder für Korrespondenz mit dem Finanzamt. Dein zuständiges Finanzamt findest du mit einer Google-Suche heraus.

ACHTUNG:

Die Steuernummer ist leicht zu verwechseln mit der Steuer-Identifikationsnummer, die jeder Mensch entweder bei der Geburt oder nach dem Zuzug nach Deutschland bekommt.

Weitere Informationen, die das Finanzamt in diesem Abschnitt abfragt:

- Religion: Wichtig für die Berechnung der Kirchensteuer
- Familienstand und Angaben zu Ehegatten oder eingetragenen Lebenspartnern: Wichtig etwa bei gemeinsam Veranlagtem
- Ausgeübter Beruf: Dein aktueller Beruf
- Adresse: Damit ist dein beruflicher Hauptwirkungsort gemeint, bei Selbstständigen entspricht die Firmenadresse häufig der Wohnadresse.
- Telefon, E-Mail und Internet: Diese Angaben sind freiwillig, die Informationen können die Kommunikation mit dem Finanzamt vereinfachen.
- Bankverbindung: Hier gibst du deine Kontoverbindung an.

HINWEIS:

Damit das Finanzamt Steuervorauszahlungen und -erstattungen bearbeiten kann, benötigt es deine Bankverbindung. Du kannst entweder dein Privat- oder ein Geschäftskonto angeben. Es ist jedoch empfehlenswert, für deine Selbstständigkeit ein separates Geschäftskonto zu verwenden. Dadurch behältst du einen besseren Überblick über deine Einnahmen und Ausgaben, sowohl privat als auch geschäftlich. Das macht dein Leben einfacher!

Punkte 4 und 5: Steuerliche Beratung

Wenn du dich steuerlich beraten lässt, gibst du in diesem Abschnitt den Namen, die Adresse und die Kontaktdaten deines Steuerberaters an. Entscheidest du dich außerdem für eine Empfangsbevollmächtigung, läuft die Kommunikation mit dem Finanzamt direkt über deine Steuerberatung.

Willst du dich selbst um deine Steuern kümmern? Dann lässt du Punkt 4 und 5 leer.

Punkt 6: Bisherige persönliche Verhältnisse

Bist du in den letzten zwölf Monaten innerhalb Deutschlands umgezogen oder war in den vergangenen drei Jahren ein anderes Finanzamt für deine Einkommensteuer zuständig, trägst du die entsprechenden Informationen unter Punkt 6 ein.

Punkte 7 bis 11: Angaben zum Unternehmen

In den folgenden Abschnitten dreht sich alles um deine Zukunftspläne. Zunächst beschreibst du in wenigen Worten und möglichst eindeutig, was du beruflich machst. Fasse dich kurz, es stehen dir nur knapp 200 Zeichen zur Verfügung. Beispiele: „Texter und Berater für Social Media" oder „Handel mit Musikinstrumenten".

Ob du freiberuflich oder gewerbetreibend bist, ist für das Finanzamt im Hinblick auf steuerliche Pflichten wichtig. Außerdem will das Amt deinen Firmennamen und den Beginn deiner Tätigkeit wissen.

ACHTUNG:

Wenn du ohne Eintrag im Handelsregister selbstständig bist, darfst du hier keinen Fantasienamen angeben. In diesem Fall entspricht der Firmenname deinem Vor- und Nachnamen.

Bei den meisten Selbstständigen entspricht der Unternehmenssitz der Privatadresse. Ansonsten gibst du unter Punkt 7 die Adresse deines Büros oder deines Co-Working-Spaces an. Die Punkte „abweichender Ort der Geschäftsleitung" und „weitere Betriebsstätten" bleiben bei den meisten Selbstständigen leer. Das Gleiche gilt für den Abschnitt zum Handelsregistereintrag: Kleinunternehmen und Freiberufler benötigen keinen Eintrag in das Handelsregister und lassen das Feld leer.

Was du allerdings angeben musst, ist die Gründungsform. Du wählst im Drop-down-Menü vermutlich die Neugründung. Die weiteren Felder musst du nur ausfüllen, wenn du bereits gegründet hast und den Sitz deines Unternehmens verlegen willst oder ein bestehendes Unternehmen übernimmst.

Punkt 12: Bisherige betriebliche Verhältnisse

Falls du in den letzten fünf Jahren schon einmal gewerblich oder freiberuflich tätig warst, machst du in diesem Abschnitt die entsprechenden Angaben. Dazu gehören zum Beispiel Angaben zur Tätigkeit oder deine Steuernummer.

Punkt 13: Einnahmen

Nun folgt der knifflige Teil. Für die Berechnung von Vorauszahlungen für die Einkommen- und Gewerbesteuer benötigt das Finanzamt eine Schätzung von dir: Wie viel Gewinn wirst du voraussichtlich im Jahr deiner Gründung und im Folgejahr haben? Die vom Finanzamt festgelegten Vorauszahlungen sind dann quartalsweise fällig.

Info: Hast du am Anfang des Fragebogens einen Ehe- oder Lebenspartner angegeben, sind hier zusätzlich Schätzungen für dessen Einkünfte vorzunehmen. Wenn ihr eine gemeinsame Steuererklärung macht, hat nämlich auch das Einkommen des Partners Einfluss auf deinen Steuersatz.

Wie du schon in den ersten Kapiteln dieses Buches gelernt hast, kennt das Einkommensteuergesetz sieben verschiedene Einkunftsarten. Zu all diesen Einkunftsarten musst du Schätzungen abgeben:

- Land- und Forstwirtschaft
- Gewerbebetrieb
- selbstständige Arbeit
- nichtselbstständige Arbeit
- Kapitalvermögen
- Vermietung und Verpachtung
- sonstige Einkünfte wie Renten oder Unterhalt

Die gute Nachricht: Die meisten Selbstständigen können den Großteil der Felder einfach leer lassen.

Plane so realistisch wie möglich und trage gerundete Beträge ein – es kommt nicht darauf an, auf den Cent genau zu schätzen. Gib dabei lieber zu wenig als zu viel an. So fallen deine Vorauszahlungen geringer aus und du kannst unterjährig zurücklegen, was du „zu viel" hast.

TIPP:

Vorauszahlungen lassen sich unterjährig nach oben oder unten anpassen, falls deine Berechnungen zu sehr von den tatsächlichen Gewinnen abweichen.

Neben den Einkünften gibst du hier noch Sonderausgaben und andere Abzugsbeträge wie außergewöhnliche Belastungen an. Unter Umständen senken diese Beträge die Höhe der Vorauszahlungen für deine Einkommensteuer.

ACHTUNG:

Freiberufler und Gewerbetreibende dürfen nur das Kalenderjahr auswählen. Ein abweichendes Wirtschaftsjahr ist nur für Gewerbetreibende mit Handelsregistereintrag möglich.

Punkt 14: Gewinnermittlung

Im folgenden Abschnitt legst du die Art deiner Gewinnermittlung fest. Du hast die Wahl zwischen zwei Arten:

- Einnahmen-Überschuss-Rechnung (EÜR)
- Bilanzierung (Betriebsvermögensvergleich)

Die EÜR ist in den meisten Fällen die einfachere Art und deshalb zu empfehlen. Freiberuflich Tätige dürfen sich immer für die EÜR entscheiden. Gewerbetreibende können ihre Gewinne ebenfalls auf diese Art ermitteln, wenn ihr jährlicher Gewinn unter 80.000 € beziehungsweise ihr Jahresumsatz unter 800.000 € liegt. Ansonsten werden sie bilanzierungspflichtig.

Punkt 15: Freistellungsbescheinigung

Dieser Punkt betrifft nur Personen, die im Baugewerbe tätig sind. Ist das bei dir der Fall, kannst du dich mit einer Bescheinigung vom Steuerabzug bei Bauleistungen freistellen lassen. Informationen dazu findest du beim Bundeszentralamt für Steuern.

Punkt 16: Lohnsteuer

Soloselbstständige können diesen Schritt überspringen, wenn sie bei Gründung keine Angestellten haben. Ansonsten sind in diesem Abschnitt Angaben vorzunehmen.

Punkt 17 und 18: Umsatzsteuer

Gib hier an, wie viel Geld du dieses Jahr und nächstes Jahr insgesamt mit deiner Selbstständigkeit verdienen wirst. Zähl dabei alles zusammen: Einnahmen, für die du Umsatzsteuer zahlen musst, und Einnahmen, die umsatzsteuerfrei sind. Hier geht es anders als bei Punkt 13 um deinen Umsatz und nicht deinen Gewinn.

In diesem Abschnitt entscheidest du dich außerdem für oder gegen die Anwendung der Kleinunternehmerregelung. Je nach geschätztem Umsatz darfst du die Kleinunternehmerregelung wählen. Mehr Informationen zur Kleinunternehmerregelung findest du ab Seite 32.

VORSICHT:

Liegst du unter der Kleinunternehmergrenze und entscheidest dich gegen die Kleinunternehmerregelung, bist du fünf Jahre lang an deine Entscheidung gebunden. Wäge deshalb genau ab, ob du die Kleinunternehmerregelung wirklich von vornherein ausschließen willst.

Jetzt wird es wieder tricky: Das Finanzamt fragt nach der Zahllast oder dem Überschuss. Hier sollst du schätzen, wie viel Umsatzsteuer du an das Finanzamt abführen wirst oder erstattet bekommst.

So vereinfachst du dir das Ausfüllen dieses Abschnitts: Gehe vom Gewinn aus, den du unter Punkt 13 geschätzt hast, und wende deinen Steuersatz an. In der Regel sind das 19 %. Bei geschätzt 50.000 € Gewinn im Jahr ergeben sich 9.500 € Zahllast.

Deine Angaben helfen dem Finanzamt, die Häufigkeit deiner Umsatzsteuer-Voranmeldung festzulegen. Je nach Zahllast erfolgt die Voranmeldung monatlich oder quartalsweise. Wenn du erst einmal nur in dein Unternehmen investieren wirst, kannst du hier einen Verlust schätzen und wählst dafür „Überschuss" statt Zahllast.

Einige Leistungen wie bestimmte Dozententätigkeiten sind umsatzsteuerfrei und unter Steuerbefreiung anzugeben. Der Abschnitt Steuersatz ist für dich relevant, wenn für deine Umsätze – etwa mit Büchern – ein anderer Umsatzsteuersatz als 19 % infrage kommt. Beide Abschnitte lässt du einfach leer, wenn du unsicher bist oder sie unzutreffend sind.

Jetzt wählst du noch zwischen der Soll- oder Ist-Versteuerung. Ich empfehle dir ausnahmslos die Ist-Versteuerung:

- Bei der Soll-Versteuerung führst du die Umsatzsteuer ab, nachdem du deinen Kunden eine Rechnung gestellt hast.
- Bei der Ist-Versteuerung führst du die Umsatzsteuer erst ab, wenn deine Rechnung bezahlt wurde.

Für die meisten Selbstständigen ist die Ist-Versteuerung die bessere Wahl. Damit sparst du dir in Vorleistung zu gehen und hast mehr Sicherheit für deine Liquidität.

Zum Schluss kannst du in diesem Abschnitt eine Umsatzsteuer-Identifikationsnummer beantragen. Besonders wichtig ist diese Nummer für grenzüberschreitende Geschäfte und für Verträge mit im Ausland ansässigen Dienstleistern. Innerhalb der EU ist die Angabe der USt-ID sogar Pflicht. Nutzt du Google oder Facebook als Werbepartner? Dann benötigst du auf jeden Fall eine Umsatzsteuer-ID. Die meisten großen Tech-Unternehmen haben ihren Europasitz in Irland oder Luxemburg. Du hast also sehr schnell internationale Geschäftsbeziehungen, für die du eine USt-ID-Nummer brauchst.

Punkt 18 ist relevant, wenn du mehrere Unternehmen hast, die untereinander Geschäfte machen.

Punkt 19: One-Stop-Shop

Dieser Punkt ist wichtig, wenn du einen Versandhandel betreibst und deine Waren ins EU-Ausland verkaufst. Du darfst dann bei der Besteuerung den „One-Stop-Shop" nutzen.

Dieses Besteuerungsverfahren wurde 2021 eingeführt. Es soll steuerliche Hürden im internationalen Handel vereinfachen.

Punkt 20: Umsätze über das Internet

Willst du online Waren verkaufen, sind hier Informationen dazu gefragt. Gib entweder die URL für deinen eigenen Shop an oder beantrage eine Genehmigung vom Finanzamt, wenn du einen elektronischen Marktplatz als Vertriebs-Channel nutzen willst.

Punkt 21: Unterlagen

Du hast es fast geschafft! Bevor du dem Finanzamt den Fragebogen zur steuerlichen Erfassung schickst, klickst du im letzten Punkt noch an, welche Unterlagen du nachreichen wirst.

In der Regel sind das Vollmachten für Steuerberater oder Teilnahmeerklärungen für das SEPA-Lastschriftverfahren. Erlaubst du dem Finanzamt, ausstehende Zahlungen von deinem Konto einzuziehen, verpasst du keine Zahlungstermine.

USt-ID-Nummer nachträglich beantragen

www.steuerfit.tv/ust-id

Wenn du selbstständig bist und internationale Geschäftsbeziehungen pflegst, vor allem mit Unternehmen innerhalb der EU, dann ist es wichtig, dass du eine sogenannte Umsatzsteuer-Identifikationsnummer hast. Diese Nummer musst du immer angeben, wenn es um internationale Geschäftsbeziehungen geht.

Konkret gesagt: Wenn du einen Kunden im EU-Ausland hast, dann solltest du eine sogenannte Reverse-Charge-Rechnung erstellen. Das bedeutet, dass du eine Rechnung ohne Umsatzsteuer ausstellst. Auf dieser Rechnung müssen sowohl deine Umsatzsteuer-Identifikationsnummer als auch die deines Kunden vermerkt sein. Man könnte sagen, dass du eigentlich nur dann eine Rechnung an ein Unternehmen in einem anderen EU-Land schreiben kannst, wenn du selbst eine Umsatzsteuer-Identifikationsnummer hast.

Diese Regelung gilt auch umgekehrt. Wenn du Kunde bei einem Unternehmen bist, das seinen Sitz im EU-Ausland hat, benötigst du ebenfalls eine Umsatzsteuer-Identifikationsnummer. In diesem Fall muss dein Lieferant oder Dienstleister auf seinen Rechnungen auch deine Umsatzsteuer-Identifikationsnummer angeben. Du siehst also, diese Nummer wird für alle Geschäftsbeziehungen innerhalb der EU benötigt.

Die Wahrscheinlichkeit, dass du eine solche Geschäftsbeziehung hast, ist wirklich hoch. Fast alle großen Tech-Unternehmen haben ihren Europasitz in Dublin, Irland. Wenn du also Werbung auf Facebook schaltest, Apple Services nutzt oder regelmäßige Zahlungen bei Microsoft hast, ist es ziemlich wahrscheinlich, dass dir diese Unternehmen Rechnungen aus Irland stellen. Das bedeutet, du hast eine Geschäftsbeziehung innerhalb der EU über Ländergrenzen hinweg. In diesem Fall benötigst du eine Umsatzsteuer-Identifikationsnummer.

Es gibt grundsätzlich zwei Möglichkeiten, um diese Umsatzsteuer-Identifikationsnummer zu beantragen. Die erste Möglichkeit besteht darin, sie bei der Registrierung deines Unternehmens beim Finanzamt anzufordern. Im Fragebogen zur steuerlichen Erfassung wirst du gefragt, ob du eine Umsatzsteuer-Identifikationsnummer haben möchtest. Es ist empfehlenswert, diese Option zu wählen, da der Besitz dieser Nummer dich zu nichts verpflichtet. Es ist praktisch, sie zu beantragen, selbst wenn du sie später nicht benötigst.

Wenn du am Anfang, bei der Anmeldung deines Unternehmens, vergessen hast, die Umsatzsteuer-Identifikationsnummer zu beantragen und jetzt dringend darauf angewiesen bist, kannst du diese Nummer auch nachträglich beantragen. Du findest alle Informationen und das entsprechende Antragsformular auf der Website des Bundeszentralamts für Steuern. Du beantragst die Umsatzsteuer-Identifikationsnummer also nicht bei deinem Finanzamt, sondern direkt beim Bundeszentralamt für Steuern.

FUNFACT:

Zwischen 23 Uhr und 5 Uhr finden recht häufig Wartungsarbeiten beim Bundeszentralamt für Steuern statt, wodurch es zu Verzögerungen im Online-Dienst kommen kann. Die Website hat deshalb so etwas wie „Öffnungszeiten". Also keine Sorge, wenn du in diesem Zeitraum auf die Seite kommst und kein Antragsformular findest. Versuche es einfach am nächsten Tag irgendwann zwischen 5 Uhr und 23 Uhr erneut.

Das Antragsformular

Im Formular wirst du erst einmal gefragt, bei welchem Finanzamt du steuerlich geführt bist. Wir möchten hier die Umsatzsteuer-Identifikationsnummer beantragen, deshalb müssen alle Fragen aus der Perspektive der Umsatzsteuer beantwortet werden. Warum ist das so wichtig? Wenn dein Unternehmen beispielsweise in einer anderen Gemeinde angemeldet ist als dein Wohnsitz, gibst du hier die Gemeinde an, in der du dein Unternehmen führst. Es handelt sich also um das Finanzamt deines Betriebssitzes, wie es hier so schön heißt.

Neben dem Finanzamt musst du auch deine Steuernummer angeben. Wichtig ist, dass du nicht die persönliche Steuer-ID oder die Steuernummer für Einkommensteuer angibst. Hier musst du die „normale" Steuernummer eintragen, mit der du umsatzsteuerlich geführt wirst.

Als Nächstes musst du deine Rechtsform auswählen und deinen Namen angeben. Außerdem fehlen dein Geburtsdatum und deine E-Mail-Adresse. Und das ist tatsächlich schon alles. Du kannst den Antrag nun abschicken.

Es gibt eine kleine Ausnahme: Wenn du die Kleinunternehmerregelung in Anspruch genommen hast, bist du nicht für die Umsatzsteuer registriert, da du keine Umsatzsteuer zahlst. Daher kannst du bedauerlicherweise dieses Online-Formular nicht verwenden. Stattdessen musst du deine Umsatzsteuer-Identifikationsnummer auf dem herkömmlichen Weg, beispielsweise per Brief, beantragen. Die Kontaktdaten findest du auf der Webseite des Bundeszentralamts für Steuern. Es gibt leider keine andere Möglichkeit. Daher empfehle ich dir als Kleinunternehmer, die Nummer bereits im Fragebogen zur steuerlichen Erfassung zu beantragen. Dort ist es nur ein Haken.

Wie lange dauert es, bis ich meine Umsatzsteuer-ID habe?

Nach meiner Erfahrung dauert es normalerweise etwa zwei bis drei Wochen, bis du einen Brief erhältst. Dieser Brief ist meistens einfach und besteht nur aus einer DIN-A4-Seite. In der Mitte findest du gut sichtbar deine Umsatzsteuer-Identifikationsnummer. Diese Nummer beginnt mit einem Länderkürzel, zum Beispiel „DE" für Deutschland, gefolgt von einer Reihe von Zahlen.

Was mache ich mit meiner Umsatzsteuer-ID?

Du hast die Wahl: Du kannst entweder die Umsatzsteuer-Identifikationsnummer oder die normale Steuernummer auf deinen Rechnungen angeben. Ich persönlich empfehle dir, immer die Umsatzsteuer-Identifikationsnummer zu verwenden.

Vergiss nicht, diese Nummer in den Einstellungen aller Software-Tools einzutragen. Dadurch kannst du den Preis dieser Tools reduzieren, da keine Umsatzsteuer berechnet wird. Wenn du die Umsatzsteuer-Identifikationsnummer nicht angibst, berechnen dir alle diese Tools Umsatzsteuer.

Es ist auch wichtig, dass du die Umsatzsteuer-Identifikationsnummer in deinem Impressum angibst, damit deine Kunden überprüfen können, ob es sich um deine gültige USt-ID-Nummer handelt.

Krankenversicherung

Ein weiteres Thema, um das du dich bei deiner Gründung kümmern musst, ist deine Krankenversicherung. Denn als Selbstständiger hast du die Wahl: Du kannst dich gesetzlich oder privat versichern. In diesem Kapitel erfährst du, worauf du achten solltest und was dich die Krankenversicherung kosten wird.

In Deutschland muss jeder eine Krankenversicherung haben. Wenn du hauptberuflich selbstständig bist, kannst du selbst entscheiden, ob du dich privat oder gesetzlich versichern möchtest. Anders als bei Angestellten spielt dein Einkommen dabei keine Rolle. Eine Ausnahme von dieser Wahlfreiheit gibt es für Freiberufler, die künstlerisch oder publizistisch tätig sind. In diesem Fall besteht möglicherweise eine Versicherungspflicht in der Künstlersozialkasse.

Wenn es darum geht, sich für das richtige System zu entscheiden, solltest du sorgfältig abwägen. Denn die Entscheidung für eine private Krankenversicherung (PKV) lässt sich nicht einfach so rückgängig machen. Für Existenzgründer und Selbstständige mit niedrigerem Einkommen ist tendenziell die gesetzliche Krankenkasse (GKV) vorteilhaft. Denn die Kosten der GKV hängen vom Einkommen ab. Auf der anderen Seite bietet die private

Versicherung die Möglichkeit, mit einem hochwertigen Tarif umfangreichere Gesundheitsleistungen als im gesetzlichen System zu erhalten. Allerdings hängt der Beitrag in der PKV vom Alter und Gesundheitszustand bei Vertragsabschluss ab. Du musst ihn in voller Höhe bezahlen, auch wenn deine Selbstständigkeit nicht so gut läuft.

Kosten für die gesetzliche Krankenversicherung

In der gesetzlichen Krankenversicherung wird der Beitrag anhand des Einkommens festgelegt. Selbstständige zahlen grundsätzlich einen ermäßigten Beitragssatz von 14 %. Dazu kommen optional 0,6 % für den Anspruch auf Krankengeld und der Zusatzbeitrag, den jede Krankenkasse individuell festlegt. Dieser variiert je nach Krankenkasse, beträgt aber im Durchschnitt 1,6 %.

Als freiwillig gesetzlich Versicherter zahlst du den Krankenkassenbeitrag auf verschiedene Einkommensarten, nicht nur auf deine Einkünfte aus selbstständiger Tätigkeit, sondern auch auf zum Beispiel Mieteinnahmen und Kapitalerträge. Allerdings wird dein Einkommen nur bis zur sogenannten Beitragsbemessungsgrenze berücksichtigt, die im Jahr 2024 bei 5.175,00 € pro Monat liegt. Für Einkünfte über dieser Grenze fallen keine zusätzlichen Krankenversicherungsbeiträge an.

Kosten für die private Krankenversicherung

Es ist schwierig, den genauen Preis einer privaten Krankenversicherung pauschal anzugeben. Der Beitrag hängt von verschiedenen Faktoren ab, wie deinem Alter, deinem Gesundheitszustand zum Zeitpunkt des Abschlusses und dem gewählten Tarif. Um die Kosten einer PKV realistisch einschätzen zu können, ist es daher ratsam, individuelle Angebote einzuholen. Wenn du eine umfangreiche Tarifoption wählst und die private Krankenversicherung im Alter von 35 Jahren abschließt, musst du jedoch mit einem monatlichen Beitrag von etwa 450 € bis 700 € rechnen. Beachte dabei, dass die Kosten im Laufe der Zeit steigen können, ähnlich wie bei einer gesetzlichen Versicherung.

Ein großer Vorteil der gesetzlichen Krankenversicherung ist, dass Kinder und Ehepartner unter bestimmten Voraussetzungen kostenlos mitversichert werden können. Anders ist es bei privaten Krankenversicherungen, dort gibt es keine solche Familienversicherung.

Neben der Krankenversicherung musst du auch zusätzlich Beiträge zur Pflegeversicherung zahlen. Der Beitragssatz für die Pflegeversicherung liegt zwischen 3,4 % und 4,0 %. Dies hängt davon ab, ob du Kinder hast. Familien zahlen einen niedrigeren Beitragssatz im Vergleich zu kinderlosen Personen.

Wenn du vor deiner Selbstständigkeit in der gesetzlichen Krankenkasse pflichtversichert warst und dich als Selbstständiger freiwillig gesetzlich versichern möchtest, musst du dich innerhalb von drei Monaten nach Gründung entscheiden. Stelle dafür einfach einen Antrag auf freiwillige Versicherung bei deiner Krankenkasse.

In die private Krankenversicherung kannst du wechseln. Es ist jedoch wichtig, dass du dich vorher genau informierst, unter welchen Voraussetzungen du wieder zurückwechseln kannst. Der Wechsel von der PKV zur GKV ist nämlich nicht immer einfach, deshalb ist der Schritt in eine private Versicherung oft eine Einbahnstraße.

Mitgliedschaft in der Kammer

Die zuständige Kammer erhält vom Gewerbeamt eine Benachrichtigung über deine Gewerbeanmeldung und schickt dir dann einen Erfassungsbogen, den du ausfüllen und abgeben solltest. In den meisten Fällen ist entweder die Industrie- und Handelskammer (IHK) oder die Handwerkskammer (HWK) für dich zuständig.

Generell besteht in Deutschland eine Zwangsmitgliedschaft in der jeweiligen Kammer und du hast keine Wahl, ob du Mitglied wirst. Diese IHK-Pflicht wird oft kontrovers diskutiert und von vielen Selbstständigen abgelehnt. Doch bisher hat die Diskussion zu keinen Veränderungen geführt. In der Phase der Unternehmensgründung solltest du jedoch deine Energie auf andere Dinge fokussieren.

Die Industrie- und Handelskammer (IHK) bietet regelmäßig Seminare für Existenzgründer und Networking-Veranstaltungen für Unternehmer an. Als Selbstständiger hast du die Möglichkeit, kostenfrei daran teilzunehmen. Darüber hinaus ist die IHK für die Durchführung der Berufsausbildung zuständig und steht dir als erster Ansprechpartner zur Verfügung, wenn du einen Auszubildenden suchst. Zögere nicht, ihre Unterstützung in Anspruch zu nehmen.

Die Höhe der IHK-Beiträge richtet sich nach der Größe deines Unternehmens in Bezug auf Umsatz und Gewinn. Diese Beiträge sind jährlich zu entrichten. Kleinbetriebe sind von den Mitgliedschaftsbeiträgen befreit, solange der Gewinn 5.200 € pro Jahr nicht übersteigt. Existenzgründer zahlen in den ersten beiden Jahren keine Beiträge, wenn ihr Jahresgewinn unter 25.000 € liegt.

In Deutschland gibt es neben der IHK aber auch verschiedene andere Kammern, die jeweils spezifische Berufsgruppen vertreten und unterstützen. Hier ist eine Übersicht der wichtigsten Kammern:

Industrie- und Handelskammer (IHK): Diese Kammern sind für Unternehmen aus Industrie, Handel und Dienstleistungsbereichen zuständig. Sie bieten Beratung, Weiterbildung und unterstützen bei der Gründung neuer Unternehmen.

Handwerkskammer (HWK): Sie repräsentieren Handwerksbetriebe. Die Handwerkskammer bietet zahlreiche Dienstleistungen wie Ausbildung, Fortbildung, Beratung und Unterstützung in handwerksrelevanten Fragen an.

Steuerberaterkammer: Für Steuerexperten ist die Steuerberaterkammer besonders relevant. Sie vertritt die Interessen der Steuerberater, bietet Fortbildungen an und überwacht die Einhaltung beruflicher Pflichten.

Ärztekammer: Diese Kammer vertritt die Interessen von Ärzten. Sie kümmert sich um die ärztliche Fortbildung, die Qualitätssicherung medizinischer Leistungen und die Berufsaufsicht.

Rechtsanwaltskammer: Für Rechtsanwälte gibt es die Rechtsanwaltskammern, die ähnliche Funktionen wie die Ärztekammer, jedoch für den juristischen Bereich übernehmen.

Apothekerkammer: Diese Kammer vertritt die Interessen der Apotheker und ist für die Fortbildung und Qualitätssicherung in diesem Bereich verantwortlich.

Architektenkammer: Sie vertritt die Interessen von Architekten und ist zuständig für die Regulierung der Berufsausbildung, Fortbildung und berufliche Praxis.

Geschäftskonto: Brauche ich ein Firmenkonto?

www.steuerfit.tv/firmenkonto

Beim Thema Geschäftskonto gibt es oft hitzige Diskussionen. In diesem Kapitel möchte ich dir fünf Gründe nennen, warum ich es sehr empfehlenswert finde, ein separates Geschäftskonto zu führen.

Es gibt keine gesetzliche Verpflichtung, ein separates Geschäftskonto zu führen. Es gibt jedoch andere Regelungen und Vorschriften, die es nahezu unmöglich machen, alles über das Privatkonto abzuwickeln.

Übersichtlichkeit

Ein wichtiger Grund ist die Klarheit und Übersichtlichkeit, die ein separates Geschäftskonto bietet. Wenn du deine privaten Ausgaben und Einnahmen von deinen geschäftlichen Transaktionen trennst, wird es viel einfacher, den Überblick über deine Finanzen zu behalten. Du kannst leichter erkennen, ob dein Kontostand aufgrund von privaten Ausgaben oder geschäftlichen Einnahmen schwankt. Das ist wichtig, um einen Überblick darüber zu haben, wie viel du für Steuerzahlungen zurücklegen solltest.

Zeitersparnis bei der Buchhaltung und Steuererklärung

Der zweite Punkt resultiert fast automatisch daraus: Du sparst unglaublich viel Zeit bei deiner Buchhaltung und Steuererklärung, wenn du deine Finanzen sauber trennst. Als Selbstständiger erstellst du eine Einnahmenüberschussrechnung, bei der du einfach alle Geldeingänge auf dem Konto verbuchst und alle Ausgaben abziehst.

Eine ordentliche Kontoführung ist dabei etwa 50 % deiner Buchhaltung. Wenn du bei deiner Kontoführung gewissenhaft bist, hast du schon die

Hälfte deiner Buchhaltung und Steuererklärung erledigt. Eine saubere Kontoführung und Trennung zwischen privaten und beruflichen Finanzen sparen dir also unglaublich viel Zeit.

AGB der Banken

Ein weiterer Grund für separate Konten sind die Allgemeinen Geschäftsbedingungen (AGB) der Banken. In den AGB ist oft festgelegt, ob ein Konto ein Geschäftskonto oder ein Privatkonto ist. Außerdem wird meistens auch klargestellt, dass man das Geschäftskonto nicht privat nutzen oder das Privatkonto nicht geschäftlich für die Selbstständigkeit verwenden sollte.

Eine persönliche Anekdote zu dem Thema: Als ich mich das erste Mal selbstständig gemacht habe, dachte ich auch, dass ich kein separates Konto brauche und alles über ein Konto abwickeln kann. Doch dann hat die Bank mein Konto gekündigt. Für Banken ist es nämlich nicht schwer festzustellen, ob du dein Privatkonto als Geschäftskonto nutzt. Sie sehen die regelmäßigen Geldeingänge und im Verwendungszweck steht nicht mehr „Gehalt" oder „Lohn", sondern Rechnungsnummern oder Ähnliches. Es ist also sehr einfach für die Bank herauszufinden, was du machst. Und die Banken mögen das nicht. Endkundenverträge sind anders als B2B-Verträge. Aus diesem Grund bieten Banken keine gemischten Konten an. Du hast also entweder ein privates Konto oder ein Geschäftskonto.

Bevor du also das gleiche Problem bekommst wie ich und plötzlich dein Konto geschlossen wird, sodass deine Kunden dir kein Geld mehr überweisen können, solltest du von Anfang an lieber alles trennen. Eine solche Situation kann nämlich ziemlich kritisch werden.

Aufbewahrungspflichten

Ein weiterer Grund, warum ich glaube, dass eine saubere Trennung der privaten und beruflichen Finanzen sinnvoll ist, sind die Aufbewahrungspflichten. Du musst deine Buchhaltungsunterlagen für zehn Jahre aufbewahren. Das gilt auch für die Kontoauszüge deines Geschäftskontos. Stell dir vor, das Finanzamt führt eine Betriebsprüfung durch und verlangt Unterlagen aus einem Zeitraum, der schon acht oder sogar zehn Jahre zurückliegt. In diesem Fall müsstest du dem Finanzamt alle Transaktionen, sowohl geschäftlich als auch privat, offenlegen. Aber das muss nicht sein! Du kannst das von Anfang an vermeiden, indem du deine Finanzen sauber trennst. Für den privaten Bereich gibt es nämlich keine zehnjährige Aufbewahrungspflicht, sondern nur für deine Selbstständigkeit.

Business-Funktionen

Ein Geschäftskonto bietet im Vergleich zu einem Privatkonto viele Vorteile, die speziell auf deine geschäftlichen Bedürfnisse als Selbstständiger zugeschnitten sind. Zum Beispiel verfügen Geschäftskonten häufig über erweiterte Funktionalitäten wie eine automatische Steuerrücklage, die Einkommensteuer und Umsatzsteuer zur Seite legt. Zudem bieten sie einen DATEV-Export für Transaktionen und dir eine bessere Zusammenarbeit mit deinem Steuerberater. Diese Funktionen gibt es bei Privatkonten in der Regel nicht.

Konto leer?

An dieser Stelle höre ich oft von Gründern, die sich fragen, wie sie das bewerkstelligen sollen. Sie haben nur Kosten, aber noch keine Einnahmen, und der Kontostand auf ihrem Geschäftskonto reicht nicht aus. Oder andersherum: Wie organisiere ich meine privaten Einnahmen und Ausgaben? Wie sorge ich dafür, dass alles passt, wenn ich Geld auf einem Konto habe, es aber auf dem anderen Konto benötige?

An dieser Stelle ist es wichtig zu wissen, dass du beliebig oft Geld zwischen deinem Geschäfts- und Privatkonto hin und her überweisen kannst, ohne dass es steuerliche Konsequenzen hat. Das bedeutet, dass du als Einzelunternehmer, Freiberufler oder Gewerbetreibender problemlos Geld zwischen deinen Konten verschieben kannst, wie es dir beliebt. Es entstehen keinerlei steuerliche Verpflichtungen. Sollte der Kontostand einmal nicht ausreichen, um Rechnungen zu bezahlen, überweise vorher Geld von deinem Privatkonto auf das Geschäftskonto und begleiche die Rechnungen von dort aus.

So vermeidest du das Chaos, das entstehen könnte, wenn du Rechnungen von einem anderen Konto bezahlst oder die IBAN auf deinen Rechnungen anders ist und das Geld auf dein Privatkonto fließt.

Buchhaltungssoftware

www.steuerfit.tv/buchhaltungssoftware

Es gibt viele verschiedene Buchhaltungsprogramme, mit denen du deine laufende Buchhaltung erledigen kannst. Die Auswahl der richtigen Software ist ziemlich wichtig, da sie dir erheblich Nerven und Zeit sparen kann. Es ist sehr mühsam, das Buchhaltungssystem zu wechseln, daher solltest du dir vor der Entscheidung für eine Buchhaltungssoftware gut überlegen, ob sie die richtigen Funktionen für dich hat. Oft stellt sich dabei die Frage, welche Kriterien und Funktionen eigentlich wichtig sind. Wenn ich auf die Websites von Buchhaltungsprogrammen gehe, klingt immer alles supertoll, aber nicht jede Software kann die beste sein. Deshalb möchte ich in diesem Kapitel auf die wichtigsten Punkte eingehen, die du überprüfen solltest, bevor du dich entscheidest.

Auswertungsformate

Der erste Punkt, auf den du achten solltest, ist das Auswertungsformat. Die Buchhaltung machst du nicht aus Spaß oder Langeweile, sondern weil du am Ende ein Ergebnis benötigst. Der Gesetzgeber unterscheidet zwei Arten von Ergebnissen: die Einnahmenüberschussrechnung und die Bilanzierung. Beide haben ihre eigenen gesetzlich vorgeschriebenen Formate. Wenn du eine Einnahmenüberschussrechnung erstellst, musst du sicherstellen, dass das Buchhaltungsprogramm das richtige, gesetzlich vorgeschriebene Format ausgibt.

Es gibt Buchhaltungsprogramme, die bunte Balken und eigene Reports anzeigen, die jedoch nicht den gesetzlichen Formaten entsprechen. Solche Auswertungen sehen vielleicht schöner aus, aber sie helfen dir nicht weiter. Du kannst dem Finanzamt ja keine bunten Balken schicken.

Achte also darauf, dass die Software das offizielle EÜR-Format unterstützt, um am Jahresende nicht unnötig viel Aufwand zu haben, wenn du die Zahlen in die Steuererklärung übertragen musst.

Der richtige Funktionsumfang

Außerdem ist es wichtig, sich über die eigenen steuerlichen Verpflichtungen im Klaren zu sein. Du zahlst nicht nur Steuern, sondern musst auch regelmäßig steuerliche Meldungen abgeben.

Viele Selbstständige müssen nicht nur einmal jährlich Steuererklärungen abgeben, sie haben auch unterjährig zusätzliche Verpflichtungen wie die Abgabe einer Umsatzsteuer-Voranmeldung oder einer zusammenfassenden Meldung. Idealerweise kannst du diese Meldungen direkt aus der Software übermitteln.

HINWEIS:

Es gibt einen Unterschied zwischen der laufenden Buchhaltung und den Steuererklärungen. Viele Buchhaltungsprogramme ermöglichen es dir nicht, die Einkommensteuererklärung oder Umsatzsteuererklärung direkt in der Buchhaltungssoftware zu erstellen. Dies ist grundsätzlich kein Problem, wenn es Schnittstellen gibt, mit denen du die Buchhaltungsdaten an andere Softwarelösungen übertragen kannst.

Datenexport

Ein besonderes Augenmerk sollte auf die verfügbaren Datenformate für den Export gelegt werden. Wenn du beispielsweise deine Buchhaltungsdaten im ELSTER-Format exportieren kannst, kannst du direkt mit der Online-Plattform des Finanzamts arbeiten. Du kannst also deine Steuererklärungen selbst erstellen, ohne eine andere kostenpflichtige Software buchen zu müssen.

Wenn du mit einem Steuerberater zusammenarbeitest, ist es wichtig, dass die Buchhaltungsdaten in einem geeigneten Format exportiert werden können, damit der Steuerberater sie weiterverarbeiten kann. DATEV ist ein bekanntes Software-Unternehmen und Marktführer bei Kanzlei-Software, daher arbeiten die meisten Steuerberater mit DATEV. Selbst wenn dein Steuerberater nicht mit DATEV arbeitet, sollte er in der Lage sein, das Dateiformat zu verarbeiten, da es der Standard bei den meisten Steuerberatern ist.

Wenn weder das ELSTER- noch das DATEV-Format verfügbar sind, könnte es hilfreich sein, wenn der Steuerberater direkten Zugriff auf deine Software hat, um die Daten selbst abrufen zu können. Du solltest also prüfen, ob es bei der Software einen separaten Steuerberater-Zugang gibt.

Schnittstellen

Ein weiterer Aspekt, den du beachten solltest, wenn du ein Buchhaltungsprogramm auswählst, sind die Schnittstellen: Wie bekommst du die Buchhaltungsdaten überhaupt aus dem System, um sie anderweitig weiterzuverarbeiten? Das ist eine absolut wichtige Frage. Und wie kommen die Daten in das Buchhaltungsprogramm rein? Klar, du könntest alles per Hand abtippen, aber ganz ehrlich, das ist nicht die Art und Weise, wie man heute Buchhaltung machen sollte. Das ist viel zu arbeitsaufwendig und fehleranfällig.

Du hast bestimmt schon verschiedene Shopsysteme, Zeiterfassungssysteme, Warenmanagementsysteme und vielleicht sogar eine Projektsoftware im Einsatz. In diesen Systemen hast du Daten, die für die Buchhaltung relevant sind, und vielleicht werden in diesen Programmen sogar Rechnungen automatisch erzeugt. Es wäre doch so einfach, wenn es eine direkte Schnittstelle gäbe, die automatisch Daten aus diesen Vorsystemen in die Buchhaltung überträgt.

GoBD

Ein weiterer wichtiger Punkt, auf den du unbedingt achten solltest, der aber leider oft vernachlässigt wird, sind die GoBD. Der Gesetzgeber schreibt vor, wie du deine Buchhaltung organisieren musst, und dafür gibt es die GoBD. Ab Seite 45 findest du ein Kapitel nur zu diesem Thema.

Nach den GoBD muss eine Buchhaltungssoftware bestimmten rechtlichen Anforderungen entsprechen, ansonsten könnte das Finanzamt deine Buchhaltung verwerfen. Das bedeutet, dass du die ganze Zeit Buchhaltung gemacht hast, aber das Finanzamt glaubt dir einfach nicht, dass die Zahlen echt sind. Das ist sehr ärgerlich und finanziell schnell existenzbedrohend. Deshalb ist es wichtig, darauf zu achten, dass die Buchhaltungssoftware, die du verwendest, GoBD-konform ist.

Du kannst das natürlich nicht selbst überprüfen, aber es gibt Wirtschaftsprüfungsgesellschaften, die Buchhaltungssoftware testen und Zertifikate ausstellen. Ein solches Zertifikat gibt dir Sicherheit. Wichtig: Ein solches Software-Zertifikat ist nicht gesetzlich vorgeschrieben. Es kann also auch Buchhaltungsprogramme geben, die kein Zertifikat haben, aber dennoch den GoBD entsprechen.

Kontenabruf

Jedes Buchhaltungsprogramm sollte eine Kontoanbindung haben. Insbesondere für dich als Selbstständiger, der eine Einnahmenüberschussrechnung erstellt, ist dies äußerst wichtig.

Die Einnahmenüberschussrechnung basiert auf dem sogenannten Zufluss-Abfluss-Prinzip, bei dem es entscheidend ist, ob das Geld gerade ein- oder ausgeht. Daher ist eine gute und ordentliche Kontoführung bereits 50 % der Buchhaltung. Achte daher immer darauf, dass dein Buchhaltungsprogramm die Kontobewegungen automatisch importiert und idealerweise schon kategorisiert.

Inhaltlicher Support

Ein weiterer Punkt, auf den du achten solltest, ist der inhaltliche Support. Hier möchte ich etwas näher darauf eingehen: Buchhaltungssoftware und Steuersoftware unterliegen in Deutschland keiner Zertifizierungspflicht. Das kann ein großes Problem sein. Es ist nämlich sehr schwierig und aufwendig, sich in Deutschland als Steuerberater bezeichnen zu dürfen. Dafür benötigt man umfangreiches Wissen und muss eine anspruchsvolle Prüfung ablegen. Dieser Prozess ist sehr teuer und zeitaufwendig.

Anders verhält es sich bei Steuersoftware, Steuer-Apps und Buchhaltungsprogrammen. Hier gibt es keine gesetzlichen Anforderungen. Das bedeutet, dass jeder ein minderwertiges oder fehlerhaftes Tool entwickeln kann und es als Buchhaltungsprogramm vermarkten darf, ohne dabei rechtliche Konsequenzen befürchten zu müssen. Leider führt dies immer wieder dazu, dass Buchhaltungsprogramme von Personen entwickelt werden, die nur oberflächliches Wissen über Buchhaltung und Steuern besitzen.

Aus diesem Grund müssen zwei verschiedene Arten von Support unterschieden werden: der Produktsupport und der fachliche Support. Der Produktsupport kann dir bei Fragen zur Bedienung der Software helfen und bestimmte Funktionen erklären. Ein Software-Unternehmen darf dir jedoch keine inhaltlichen Fragen zur Buchhaltung oder zur Steuererklärung beantworten. Das ist in Deutschland ausschließlich Steuerberatern oder Steuerberatungsgesellschaften erlaubt.

Bei der Auswahl eines Buchhaltungsprogramms ist es daher wichtig zu überprüfen, wie gut der inhaltliche Support ist. Dieser muss nicht zwangsläufig von einer Person am Telefon oder in einem Online-Meeting bereitgestellt werden. Es kann auch ausreichen, wenn du mit einem Fachexperten chatten kannst oder über die Software einen Steuerberater findest, mit dem du dich unabhängig abstimmen kannst. Alternativ kann ein guter inhaltlicher Support-Bereich mit Texten, Videos und Vorlagen angeboten werden.

Ich möchte dich an dieser Stelle nur dafür sensibilisieren, dass es wichtig ist, zwischen Produktsupport und fachlichem Support bei der Auswahl einer Buchhaltungs- und Steuersoftware zu unterscheiden. Du solltest sicherstellen, dass die Software auch inhaltliche Unterstützung bieten kann.

Erstes Jahr Selbstständigkeit

Herzlichen Glückwunsch! Wenn du bis hierhin gekommen bist, hast du deine Selbstständigkeit erfolgreich angemeldet und ein starkes Fundament gelegt, mit dem du alle bürokratischen Herausforderungen meistern kannst.

Aber dir werden in den ersten Wochen und Monaten einige Situationen begegnen, die für dich neu sind und bei denen du dich unsicher fühlst. Deshalb besprechen wir in den folgenden Kapiteln das erste Jahr. Wie geht es nach der Gründung eigentlich weiter? Was sind deine laufenden Verpflichtungen? Worauf musst du achten und wo liegen Stolperfallen verborgen? Diese Fragen werden wir auf den nächsten Seiten beantworten.

Kosten vor der Gründung

www.steuerfit.tv/kosten-vor-gruendung

Eine Frage, die Gründer oft stellen, ist, ob Kosten, die vor der eigentlichen Gründung entstanden sind, als Betriebsausgaben abgesetzt werden können. Vielleicht hast du an einem Seminar teilgenommen oder mit einem Anwalt oder Steuerberater gesprochen, wodurch dir Kosten entstanden sind. Jetzt bist du selbstständig, aber die Kosten fielen vor der Gründung an. Da stellt sich natürlich die Frage, ob du diese Kosten jetzt überhaupt noch absetzen kannst.

Leider gibt es keine einfache Ja- oder Nein-Antwort auf diese Frage. Deshalb schauen wir uns in diesem Kapitel das ganze Thema etwas genauer an. Diese Ausgaben heißen vorweggenommene Betriebsausgaben.

Um vorweggenommene Betriebsausgaben absetzen zu können, benötigst du einen wirtschaftlichen Zusammenhang zu deiner Gründung. Ein grobes Brainstorming allein mit der Absicht, sich irgendwann vielleicht einmal mit irgendetwas selbstständig zu machen, reicht leider nicht aus. Wenn du aber bereits eine konkrete Idee hast und mit Gründungsberatern, Steuerberatern und Rechtsanwälten sprichst oder sogar schon Geschäftsräume anmietest, weil du weißt, dass du selbstständig tätig werden möchtest und nun die Möglichkeit hast, die perfekten Geschäftsräume zu mieten, dann kannst du die Kosten, die vor der eigentlichen Gründung angefallen sind, absetzen. Das machst du in der Einnahmenüberschussrechnung, also ganz normal in der Buchhaltung. Das bedeutet, dass das Datum der steuerlichen Registrierung nicht zwingend der Anfang deiner Buchhaltung sein muss. Du kannst die Buchhaltung tatsächlich auch vorher schon starten und diese Kosten dort absetzen.

Voraussetzung dafür sind zwei Dinge:

Erst mal musst du nachweisen, dass du diese Kosten tatsächlich hattest. Den Nachweis brauchst du nämlich bei allen Betriebsausgaben.

Zweitens musst du die wirtschaftliche Zusammengehörigkeit nachweisen können. Das ist in den meisten Fällen allerdings ziemlich einfach. In der Regel gibt es Gespräche, die später zu Projekten, Kunden- oder Lieferantenbeziehungen führen. Wenn der wirtschaftliche Zusammenhang nicht offensichtlich ist, solltest du jedoch in der Lage sein, dies zu erklären, falls das Finanzamt nachfragt.

Steuerliche Behandlung von vorweggenommenen Betriebsausgaben

Wie es häufig bei Selbstständigen der Fall ist, wird das Ganze ein bisschen komplizierter, wenn man die Details betrachtet. Schauen wir uns einfach mal die steuerliche Behandlung bei den einzelnen Steuerarten genauer an.

Bei der Einkommensteuer hast du die Möglichkeit, vorweggenommene Betriebsausgaben in deine Buchhaltung einzubeziehen. Das Beste daran ist, dass du dies sogar für das Vorjahr tun kannst! Angenommen, du gründest im März 2024, aber hattest bereits im November 2023 Kosten, dann kannst du eine Anlage für das Jahr 2023 einreichen und diese Kosten in deiner Steuererklärung berücksichtigen. Du kannst Kosten bis zu drei Jahre vor der eigentlichen Gründung geltend machen. Allerdings solltest du bedenken, dass das Finanzamt möglicherweise Fragen stellt, warum du noch nicht offiziell selbstständig bist. Wenn man schon konkrete Pläne hat, legt man in der Regel innerhalb von drei Jahren mit seiner Selbstständigkeit los. Sei auf diese Frage einfach vorbereitet und erkläre ihnen die Situation.

Vorweggenommene Ausgaben kannst du auch bei der Umsatzsteuer geltend machen. Das bedeutet, du kannst dir auch die dir in Rechnung gestellte Umsatzsteuer vom Finanzamt zurückholen. Eine Umsatzsteuer-Voranmeldung kannst du allerdings erst machen, wenn du eine Steuernummer hast. Das heißt, du kannst dir die Umsatzsteuer erst zurückerstatten lassen, sobald du dich steuerlich registriert hast. Der Ablauf ist folgendermaßen: Du füllst den Fragebogen zur steuerlichen Erfassung aus, bekommst dann eine Steuernummer und mit dieser Steuernummer kannst du Umsatzsteuer-Voranmeldungen abgeben.

Bei der Gewerbesteuer ist es leider nicht möglich, vorweggenommene Betriebsausgaben zu berücksichtigen. Und dadurch wird das Ganze auch ein bisschen kompliziert, da du normalerweise nur eine Buchhaltung hast, die als Grundlage für deine Kalkulation der Einkommensteuer, Umsatzsteuer und Gewerbesteuer dient. Die Kosten, die jedoch vor der Gründung anfallen, kannst du nur bei der Einkommensteuer und Umsatzsteuer geltend machen, nicht aber bei der Gewerbesteuer. Das bedeutet, dass du diese vorweggenommenen Betriebsausgaben separat dokumentieren musst, da du diese Kosten bei der Erstellung der Gewerbesteuererklärung wieder aus der Buchhaltung herausnehmen musst. Dadurch erhöht sich dein Gewinn und somit auch deine Gewerbesteuerbelastung.

Warum ist das so? Das liegt ein wenig am Charakter der Steuer. Bei der Einkommensteuer wird dein gesamtes Einkommen besteuert und dabei gelten natürlich auch Kosten, die vorher angefallen sind. Bei der Einkommensteuer liegt der Fokus auf deiner individuellen persönlichen Einkommenssituation. Bei der Gewerbesteuer hingegen geht es um den Gewerbebetrieb als Objekt. Hier zahlt der Gewerbebetrieb die Steuern. Du bist zwar nur eine Person, aber für Steuerzwecke wirst du tatsächlich als mehrere Personen betrachtet. Du hast einen Gewerbebetrieb und dieser Gewerbebetrieb kann keine Kosten absetzen, die entstanden sind, bevor das Konstrukt des Gewerbes überhaupt existierte. Das mag etwas theoretisch klingen, aber das ist der Grund, warum du tatsächlich keine Betriebsausgaben bei der Gewerbesteuer absetzen kannst, wenn diese Kosten vor der Existenz des Gewerbes angefallen sind.

Wie geht man damit am besten um? Ich empfehle dir, frühzeitig über deine Selbstständigkeit nachzudenken und dein Gewerbe so früh wie möglich anzumelden. Sobald du dein Gewerbe angemeldet hast, kannst du alle Betriebsausgaben absetzen. Es spricht absolut nichts dagegen, deine Selbstständigkeit anzumelden und langsam zu starten. Du musst nicht sofort Umsätze generieren, aber die Gewerbeanmeldung sichert dir die Möglichkeit, die Kosten steuermindernd anzusetzen.

Steuertermine

www.steuerfit.tv/steuertermine

Als Selbstständige haben wir fortlaufend mit Steuern und Buchhaltung zu tun. Es gibt ständig Deadlines, Fristen und Termine, an die wir uns halten müssen. In diesem Kapitel bekommst du einen kompakten Überblick über die wichtigen Fristen, die du als Selbstständiger unbedingt kennen solltest.

Steuererklärungen

Wenn du selbstständig bist, musst du im Gegensatz zu Angestellten entweder zwei oder drei Steuererklärungen abgeben – je nachdem, ob du Gewerbesteuer zahlen musst.

Die gute Nachricht ist, dass all diese Steuererklärungen am gleichen Tag fällig sind. Du musst dir also keine unterschiedlichen Fristen merken. Standardmäßig gilt immer der 31. Juli des Folgejahres. Das bedeutet, dass du alle drei bzw. zwei Steuererklärungen bis zum 31.07. des Folgejahres abgegeben haben musst.

HINWEIS:

Aktuell gibt es aufgrund der Corona-Pandemie noch Fristverlängerungen. Die Pandemie hat bei vielen Unternehmen, bei Steuerberatern und auch beim Finanzamt zu einem großen Rückstand geführt. Daher wurden für einige Jahre Fristverlängerungen gewährt. Ab dem Jahr 2026 sollte aber alles wieder im normalen Rhythmus laufen.

Wenn du jedoch einfach den 31.07. im Kopf behältst und deine Steuererklärungen bis dahin fertigstellst und ans Finanzamt übermittelst, bist du immer auf der sicheren Seite. Das Finanzamt wird dich nicht bestrafen, weil du eine Steuererklärung drei Monate vor der Deadline abgegeben hast. Aber wenn du sie zu spät abgibst, können Zwangsgelder und Verspätungszuschläge anfallen. Es können auch Säumniszuschläge erhoben werden, wenn du zu spät zahlst, und ab einem bestimmten Zeitpunkt werden Steuernachzahlungen sogar verzinst. Das bedeutet, dass zusätzliche Kosten und Ärger auf dich zukommen, wenn du dich nicht an diese Fristen hältst.

Übrigens gibt es neben der Corona-Verlängerung auch eine andere Verlängerung, die du unbedingt kennen solltest, wenn du einen Steuerberater hast. Steuerberater müssen die Steuererklärungen nämlich nicht bis Ende Juli des Folgejahres abgeben, sondern bis Ende Februar des übernächsten Jahres. Das bedeutet, dass sie nicht sieben Monate Zeit haben, sondern vierzehn Monate, um alle Steuererklärungen zu erledigen. Also mach dir keine Sorgen, wenn dein Steuerberater sich noch nicht im August oder September bei dir meldet.

Verlängerte Abgabefristen aufgrund der Corona-Pandemie:

	Steuerjahr 2022	Steuerjahr 2023	Steuerjahr 2024
Abgabefrist	2. Oktober 2023 (statt 31. Juli 2023)	2. September 2024 (statt 31. Juli 2024)	31. Juli 2025
Abgabefrist für Steuerberater	31. Juli 2024 (statt 29. Februar 2024)	2. Juni 2025 (statt 28. Februar 2025)	30. April 2026 (statt 28. Februar 2026)

Wenn du es nicht schaffst, deine Steuererklärungen in der vorgegebenen Frist zu erledigen, hast du die Möglichkeit, Fristverlängerungen zu beantragen. Wenn du zum Beispiel einen längeren Auslandsaufenthalt, einen

Umzug oder eine Krankheit hast, kannst du dich beim Finanzamt melden und um eine Verlängerung der Frist bitten. Die Finanzämter sind in der Regel bei Jahressteuererklärungen sehr entgegenkommend und gewähren dir ein, zwei oder sogar drei Monate mehr Bearbeitungszeit für deine Steuererklärungen. Allerdings nur, wenn du dich sonst an die Fristen gehalten hast. Bevor du also einfach eine Frist ignorierst und deine Steuererklärung einen Monat später abgibst, frage lieber vorher nach und beantrage eine Fristverlängerung. Die Wahrscheinlichkeit, dass du sie bekommst, ist relativ hoch.

Unterjährige Termine

Neben der jährlichen Deadline gibt es das ganze Jahr über eine Reihe von Terminen und Fristen, die du kennen solltest. Jede einzelne Steuerart hat ihre eigenen unterjährigen Termine.

Umsatzsteuer-Voranmeldung

Fangen wir mit der Umsatzsteuer an. Unterjährig müssen alle umsatzsteuerpflichtigen Unternehmer Umsatzsteuer-Voranmeldungen abgeben. Zumindest, wenn sie im letzten Jahr mehr als 2.000 € Umsatzsteuer gezahlt haben. Das heißt, wenn du Kleinunternehmer bist oder deine Umsatzsteuer-Zahllast im letzten Jahr unter 2.000 € lag, dann musst du keine Umsatzsteuer-Voranmeldungen abgeben. Es reicht, wenn du einmal im Jahr eine Umsatzsteuererklärung abgibst, für die dann der 31.07. gilt.

Diese Umsatzsteuer-Voranmeldungen musst du entweder monatlich oder quartalsweise abgeben. Das Finanzamt teilt dir die Frequenz immer schriftlich mit, du brauchst die Grenzen also nicht selbst im Blick zu behalten. Die Frequenz hat nichts damit zu tun, ob das Finanzamt dich mag oder ob du besonders zuverlässig bist. Sie richtet sich nach der Umsatzsteuer-Zahllast im vergangenen Jahr.

Wenn diese über 7.500 € lag, dann musst du eine monatliche Umsatzsteuer-Voranmeldung machen. Und wenn sie unter 7.500 € und über 2.000 € lag, dann reicht eine quartalsweise Umsatzsteuer-Voranmeldung.

Die Voranmeldung musst du dann immer 10 Tage nach dem Voranmeldezeitraum abgeben. Also 10 Tage nach einem Monat oder 10 Tage nach einem Kalenderquartal. Das heißt beispielsweise, die Umsatzsteuer-Voranmeldung für das zweite Quartal, was ja am 30.06. endet, muss bis zum 10.07. abgegeben werden.

Und bei der Umsatzsteuer ist das so, dass du nicht nur deine Voranmeldung machen musst. Du musst gleichzeitig auch schon das Geld überweisen. Du solltest also nicht auf einen Umsatzsteuerbescheid warten, um dann zu bezahlen.

Zusammenfassend: Für die Umsatzsteuer-Voranmeldung gilt immer der 10. Das bedeutet, wenn du monatliche Umsatzsteuer-Voranmeldungen machst, musst du am 10. Februar, 10. März, 10. April usw. immer eine Umsatzsteuer-Voranmeldung machen. Und wenn du quartalsweise deine Umsatzsteuer-Voranmeldungen machst, dann machst du das entsprechend am 10. April, 10. Juli, 10. Oktober und 10. Januar.

Dauerfristverlängerung

www.steuerfit.tv/dauerfristverlaengerung

Übrigens kannst du die Frist für deine Umsatzsteuer-Voranmeldungen verlängern, und zwar wie ein Abo. Das bedeutet, du kannst einen Antrag stellen und dadurch die Abgabetermine für alle deine Umsatzsteuer-Voranmeldungen verlängern. Diese Verlängerung nennt sich Dauerfristverlängerung. Du musst den Antrag grundsätzlich elektronisch stellen und er gilt für das laufende und die folgenden Kalenderjahre. Eine einmalige Antragstellung reicht aus und du musst keine Begründung angeben.

Für Selbstständige, die monatlich Umsatzsteuer-Voranmeldungen einreichen müssen, muss der Antrag bis spätestens 10. Februar des laufenden Jahres eingereicht werden, um für dieses Jahr wirksam zu sein. Bei vierteljährlicher Abgabe muss der Antrag bis spätestens 10. April eingereicht werden.

Eine Besonderheit ist die erforderliche Sondervorauszahlung für Monatszahler: Diese beträgt jährlich 1/11 der Summe der Umsatzsteuervorauszahlungen des vorangegangenen Kalenderjahres und muss ebenfalls bis zum

10. Februar des laufenden Jahres angemeldet und bezahlt werden. In der Umsatzsteuer-Voranmeldung für Dezember wird diese Sondervorauszahlung dann als Erstattung angerechnet.

Es könnte sein, dass das Finanzamt den Antrag auf Dauerfristverlängerung ablehnt, besonders wenn es Anhaltspunkte gibt, dass die Fristverlängerung den Steueranspruch des Staates gefährden könnte. Das könnte zum Beispiel der Fall sein, wenn gerade Ermittlungen der Steuerfahndung laufen, es Verurteilungen in Steuerstrafverfahren gab oder in der Vergangenheit steuerliche Pflichten versäumt wurden.

Die Dauerfristverlängerung bewirkt, dass du deine Umsatzsteuer-Voranmeldungen erst einen Monat später beim Finanzamt abgeben musst. Du hast also immer einen Monat und 10 Tage Zeit, um deine Voranmeldungen abzugeben.

Zusammenfassende Meldung

Bei der Umsatzsteuer gibt es noch eine weitere Meldung, die oft vergessen wird, aber von vielen erledigt werden muss. Es handelt sich um die zusammenfassende Meldung. Wenn du Dienstleistungen oder Produkte ins EU-Ausland verkaufst – zum Beispiel, wenn du ein österreichisches Unternehmen berätst oder YouTube-Videos erstellst und im Partnerprogramm von YouTube bist –, dann hast du eine Geschäftsbeziehung mit einem Unternehmen in einem anderen EU-Land, wie zum Beispiel Google in Irland. In diesem Fall verkaufst du eine Dienstleistung, also eine sonstige Leistung, an ein Unternehmen in einem anderen EU-Land.

Auf diese Umsätze musst du keine Umsatzsteuer zahlen. Allerdings musst du sie regelmäßig dem Bundeszentralamt für Steuern melden. Diese Meldung hat den Zweck, grenzüberschreitende Steuerhinterziehung zu verhindern. Keine Sorge, du musst aufgrund dieser Meldung kein Geld bezahlen. Es handelt sich lediglich um eine rein informative Meldung.

Es ist wichtig, diese Meldung fristgerecht abzugeben, da dir bei Nichtbeachtung Strafgelder drohen können. In den meisten Fällen wird die zusammenfassende Meldung einmal pro Quartal abgegeben und du hast dafür 25 Tage Zeit. Das heißt, die Abgabetermine sind am 25. April, 25. Juli, 25. Oktober und 25. Januar.

Einkommensteuer-Vorauszahlungen

Und damit kommen wir von der ziemlich komplizierten Umsatzsteuer zu der recht einfachen Einkommensteuer. Du musst nicht nur einmal im Jahr deine Einkommensteuer bezahlen, sondern auch unterjährig. Genauer gesagt, viermal im Jahr, also einmal pro Quartal, musst du eine Einkommensteuervorauszahlung leisten.

WICHTIGER HINWEIS:

Das Finanzamt erinnert dich normalerweise nicht daran, daher solltest du selbst im Auge behalten, wann diese Zahlungen fällig sind, und sie ans Finanzamt überweisen. Wenn du diese Fristen regelmäßig vergisst und das Finanzamt dir jedes Mal eine Mahnung schicken muss, kann das zu Problemen führen. Zum Beispiel, wenn du eine Fristverlängerung beantragen möchtest oder Fragen hast, musst du dich mit einem verärgerten Sachbearbeiter auseinandersetzen.

Deshalb solltest du dir unbedingt die folgenden Termine im Kalender notieren: 10. März, 10. Juni, 10. September und 10. Dezember. An diesen Terminen überweist du eigenständig die entsprechenden Vorauszahlungen an das Finanzamt.

Wie viel du zahlen musst, steht in deinem letzten Einkommensteuerbescheid. Dort gibt es normalerweise eine Tabelle mit den Vorauszahlungen und den jeweiligen Beträgen. Beachte auch, dass in den meisten Fällen nicht nur die Einkommensteuer, sondern auch die Kirchensteuer und der Solidaritätszuschlag fällig sind.

Wenn du noch keine Aufforderung für Vorauszahlungen erhalten hast, könnte es daran liegen, dass noch keine festgesetzt wurden. Du musst nämlich nur dann Vorauszahlungen leisten, wenn du insgesamt über 400 € Einkommensteuer in einem Jahr zahlen musst. Wenn du dich zum Beispiel gerade selbstständig machst, kann es sein, dass du vorerst keine Vorauszahlungen leisten musst. In diesem Fall kannst du dir die Termine natürlich merken, da du sie in den kommenden Jahren benötigen wirst. Aber vorerst musst du kein Geld aktiv überweisen.

Gewerbesteuer-Vorauszahlungen

Die Gewerbesteuer funktioniert sehr ähnlich wie die Einkommensteuer. Das bedeutet, auch bei der Gewerbesteuer gibt es vier Termine für Vorauszahlungen, an denen du den festgesetzten Betrag an die Gemeinde oder das Finanzamt überweisen solltest.

Wenn noch keine Vorauszahlungen festgelegt wurden, bist du höchstwahrscheinlich entweder Freiberufler und zahlst keine Gewerbesteuer oder dein Gewinn liegt unter dem Freibetrag. Als Gewerbetreibender hast du einen Freibetrag von 24.500 € (Gewinn). Das bedeutet, wenn dein Gewinn aus deinem Gewerbebetrieb unter 24.500 € liegt, zahlst du keine Gewerbesteuer und musst entsprechend keine Vorauszahlungen leisten.

Die Termine, die du dir im Kalender notieren solltest, unterscheiden sich von denen der Einkommensteuer. Für die Gewerbesteuer sind sie der 15. Februar, 15. Mai, 15. August und 15. November.

Weitere Steuerfristen

Natürlich kann es sein, dass du auch noch andere Termine hast, die du beachten solltest. Es gibt auch noch andere Steuerarten, wie zum Beispiel die Lohnsteuer, die Grundsteuer oder die Kfz-Steuer. Oder vielleicht betreibst du internationalen Warenhandel und musst dich mit dem One-Stop-Shop-Prinzip befassen.

Das kann jeweils auch recht kompliziert sein, aber da es immer nur einen Bruchteil der Selbstständigen betrifft, möchte ich das an dieser Stelle ausklammern.

Lastschrift

Ich verstehe absolut, dass diese vielen Termine wirklich nervig sein können. Du kannst dir viel Stress ersparen, wenn du dem Finanzamt ein Lastschriftmandat erteilst. Dadurch bucht das Finanzamt das Geld einfach von deinem Konto ab. Meiner Erfahrung nach oft ein bis zwei Wochen zu spät, aber mit einem Lastschriftmandat hältst du automatisch alle Zahlungsfristen ein.

Das bedeutet, du hast während des Jahres nichts mit der Gewerbesteuer oder der Einkommensteuer zu tun. Du musst nur die Umsatzsteuer-Voranmeldungen und zusammenfassende Meldungen abgeben.

Was passiert, wenn der Steuertermin an einem Wochenende ist?

Wenn eine Steuerfrist auf einen Samstag, Sonntag oder einen gesetzlichen Feiertag fällt, endet die Frist nicht an diesem Tag, sondern erst am darauffolgenden Werktag. Dies gilt sowohl für die Abgabefristen der Steuererklärung als auch für andere steuerliche Fristen.

Beispielsweise wenn die reguläre Abgabefrist für die Steuererklärung 2022 ursprünglich der 30. September 2023 ist, aber dieser Tag auf einen Samstag fällt, verschiebt sich die Frist auf den nächsten Werktag, also den 02. Oktober 2023. Diese Regelung ermöglicht es Steuerzahlenden, ihre Erklärungen rechtzeitig einzureichen, selbst wenn die eigentliche Frist auf einen Tag fällt, an dem die Finanzämter geschlossen sind.

Wie viel sollte ich für die Steuer zur Seite legen?

www.steuerfit.tv/steuerruecklage

Viele Gründer fragen sich, wie viel Geld man für die Steuer beiseitelegen sollte, um auf der sicheren Seite zu sein. Das ist eine der häufigsten Fragen, die ich von Selbstständigen höre. Die Antwort ist nicht so einfach. Wenn du im Internet recherchierst oder in Social-Media-Gruppen unterwegs bist, wirst du verschiedene Empfehlungen hören. Eine oft gehörte Empfehlung ist es, einfach 50 % zur Seite zu legen. Aber ist das wirklich immer die beste Lösung?

Ganz ehrlich: Ich bin über fünfzehn Jahre selbstständig und es war sehr oft schwierig, 50 % meines Einkommens zur Seite zu legen, besonders in den ersten Jahren. Jeder Euro war wertvoll für mich. Es ist unrealistisch und in der Praxis nicht besonders sinnvoll, so viel Geld zur Seite zu legen. Schließlich kannst du deine Steuerrücklagen nicht reinvestieren, um deine Selbstständigkeit auszubauen. Und du solltest auch ein Dach über dem Kopf und einen vollen Kühlschrank haben.

Ein weiterer Ratschlag, den man oft hört: 30 %. Viele empfehlen diese Zahl, da der durchschnittliche Steuersatz in Deutschland bei 30 % liegt. Das bedeutet, dass wir im Durchschnitt 30 % unserer Einkünfte an Steuern zahlen. Das mag für den Durchschnitt in Ordnung sein, aber wenn du nicht zufällig im Durchschnitt liegst, sind auch die 30 % falsch.

Wichtig vorab: In Deutschland gibt es verschiedene Steuerarten, wie wir inzwischen wissen. Da hätten wir die Umsatzsteuer, die sich nach deinem Umsatz richtet, und dann die Steuern, die auf deinem Gewinn basieren. Das sind die Einkommensteuer und eventuell auch die Gewerbesteuer.

Die Umsatzsteuer lässt sich relativ einfach berechnen. Das erledigst du im Rahmen der laufenden Umsatzsteuer-Voranmeldungen. Dabei kalkulierst du, wie viel Umsatzsteuer du zahlen musst und zahlst sie direkt ans Finanzamt. Diese Umsatzsteuerbeträge gibst du auch auf deinen Rechnungen an. Das bedeutet, du solltest sie ohnehin bereits in deine Kalkulation einbezogen haben. Die Umsatzsteuer ist für dich rechnerisch einfach nur ein durchlaufender Posten und hat nichts mit deinem Gewinn zu tun.

Die Frage ist also, wie viel du von deinem Nettoertrag bzw. deinem Nettogewinn beiseitelegen solltest. Dafür ist es wichtig zu wissen, was dein persönlicher Durchschnittssteuersatz ist. Es geht also nicht um den Grenzsteuersatz, sondern um den Durchschnittssteuersatz. Im Kapitel über die Einkommensteuer ab Seite 20 habe ich dir den Unterschied erklärt.

Nun stellt sich die Frage: Wie findest du deinen Durchschnittssteuersatz heraus und wie viel solltest du entsprechend zurücklegen? Das Finanzministerium bietet einen Steuerrechner an, der ähnlich wie ein Brutto-Netto-Rechner für Selbstständige funktioniert. Mit diesem Rechner kannst du deinen Durchschnittssteuersatz ermitteln.

www.steuerfit.tv/bmf-steuerrechner

Hier einfach mal ein paar Beispiele, damit du ein Gefühl für die Höhe der Steuer bekommst. Am besten rechnest du deinen Steuersatz aber selbst einmal aus.

Einkommen	Steuerbetrag	Durchschnittssteuersatz
10.000 €	0 €	0 %
20.000 €	1.956,00 €	9,78 %
30.000 €	4.700,00 €	15,67 %
40.000 €	7.828,00 €	19,57 %
50.000 €	11.343,00 €	22,69 %
60.000 €	15.242,00 €	25,40 %
70.000 €	19.427,00 €	27,75 %
80.000 €	23.627,00 €	29,53 %
90.000 €	27.827,00 €	30,92 %
100.000 €	32.027,00 €	32,03 %
110.000 €	36.227,00 €	32,93 %
120.000 €	40.427,00 €	33,69 %
130.000 €	44.627,00 €	34,33 %
140.000 €	48.827,00 €	34,88 %
150.000 €	53.027,00 €	35,35 %
200.000 €	74.027,00 €	37,01 %
250.000 €	95.027,00 €	38,01 %
500.000 €	206.692,00 €	41,34 %
1.000.000 €	431.692,00 €	43,17 %

(Stand: Januar 2024)

Noch ein paar Anmerkungen zu dem Steuerrechner: Du musst hier dein zu versteuerndes Einkommen angeben. Das bedeutet, dass du nicht nur den Gewinn aus deiner Selbstständigkeit angeben solltest, sondern auch alle anderen steuerpflichtigen Einnahmen, wie z. B. Vermietungseinkünfte, Einkünfte aus einem Angestelltenverhältnis (Bruttogehalt) usw. Im Gegenzug kannst du allerdings auch alle Kosten abziehen, die du in deiner Einkommensteuererklärung als Ausgaben absetzen kannst, wie z. B. außergewöhnliche Belastungen oder die Sonderausgaben.

Den angegebenen Durchschnittssteuersatz solltest du dann regelmäßig, idealerweise monatlich, von deinem Gewinn berechnen und auf ein Steuerrücklagenkonto überweisen.

Dieser Rechner berücksichtigt übrigens nicht die weiteren Abgaben. Neben der Einkommensteuer musst du unter Umständen ja auch Solidaritätszuschlag und Kirchensteuer bezahlen. Und bei den Sozialversicherungen zumindest auch die Krankenversicherung, unter Umständen auch noch weitere Versicherungen, wie z. B. Rentenversicherung. Diese Prozentsätze müsstest du auf den angegebenen Durchschnittssteuersatz aufschlagen und einen entsprechend höheren Betrag zur Seite legen.

Die Gewerbesteuer kannst du in der Berechnung übrigens vernachlässigen, da du die gezahlte Gewerbesteuer in deiner Einkommensteuererklärung anrechnen kannst. Das bedeutet, dass du in fast allen Gemeinden als Gewerbetreibender keine höhere Steuerlast hast als Freiberufler, die nur Einkommensteuer bezahlen. Zum Thema Anrechenbarkeit der Gewerbesteuer auf die Einkommensteuer findest du im Kapitel über die Gewerbesteuer ab Seite 26 weitere Informationen.

Die monatliche oder quartalsweise Berechnung deiner Steuerrücklagen kannst du natürlich ganz einfach mit Excel machen. Ich möchte hier an dieser Stelle aber schon einmal eine kleine Empfehlung aussprechen: Ich habe in den letzten Jahren Kontist mit aufgebaut. Kontist ist ein Geschäftskonto für Selbstständige, das bei jeder Transaktion den entsprechenden Steuerbetrag zur Seite legt. Du siehst neben deinem normalen Kontostand auch immer, wie viel Geld auf dem Konto eigentlich wirklich dir gehört und wie viel du für die Umsatzsteuer und die Einkommensteuer zur Seite legen solltest. Es ist also ein intelligentes Bankkonto, mit dem du jederzeit auf der sicheren Seite bist.

Weitere Tool-Empfehlungen und Discounts findest du im Kapitel „Steuerapps" ab Seite 261 in diesem Buch.

Die größte Steuerfalle: Nachträgliche Vorauszahlungen

www.steuerfit.tv/nachtraegliche-vorauszahlung

Mehr als 80 % aller Gründungen scheitern innerhalb von drei Jahren, einige Quellen gehen sogar von bis zu 90 % aus. Hauptursachen für das Scheitern sind unter anderem ein Mangel an Kapital, fehlende Nachfrage, mangelnde

Erfahrung in wichtigen Geschäftsbereichen, starker Wettbewerb, unzureichendes Marktverständnis, Probleme in der Teamführung und Management sowie unpassendes Marketing.

Das ist wirklich unglaublich: Wenn du es schaffst, nach drei Jahren immer noch selbstständig zu sein, dann gehörst du bereits zu den Top 10 % aller Gründer.

Aber neben all den genannten Problemen gibt es einen weiteren Grund. Und zwar einen Grund, der dafür sorgt, dass insbesondere erfolgreiche Gründer ihre Selbstständigkeit aufgeben müssen. Es ist die erste große Steuernachzahlung, die meist zwei bis vier Jahre nach der Gründung ansteht. Im deutschen Steuerrecht gibt es eine unglaublich gründerunfreundliche Regelung, die für zigtausend Insolvenzen verantwortlich ist. Es ist wahrscheinlich die gefährlichste Steuerfalle für Gründer überhaupt. In diesem Kapitel werden wir uns genauer damit befassen, wie es zu diesem Problem kommt. Ich hoffe, dass du dieses Buch innerhalb der ersten drei Jahre deiner Selbstständigkeit liest, bevor es dich eventuell auch betrifft.

Als Angestellter ist das Leben relativ einfach. Du bekommst ein Bruttogehalt (zum Beispiel 5.000 €), aber der Arbeitgeber überweist dir nur den Nettobetrag (Beispiel: 3.000 €), und du kannst das Geld einfach ausgeben. Am Ende des Monats gibt es dann wieder neues Gehalt. Du darfst also das gesamte erhaltene Geld bis auf den letzten Cent ausgeben. Auch wenn das nicht immer sinnvoll ist, gefährdest du mit einem solchen Verhalten nicht gleich deine Existenz.

Als Selbstständiger ist das ganz anders. Wenn du als Selbstständiger monatlich 5.000 € verdienst, erhältst du nicht 3.000 € auf dein Konto, auch nicht 5.000 €, sondern etwa 6.000 €. Das liegt daran, dass du zusätzlich zu den 5.000 € Umsatzsteuer in Höhe von 19 % erhältst. Das sind 950 €, also insgesamt 5.950 € auf deinem Konto. Trotzdem solltest du nur 3.000 € ausgeben.

Diese Umstellung kann besonders für Gründer eine große Herausforderung und auch ein Risiko sein. Denn als Selbstständiger musst du deine Steuern proaktiv selbst zahlen. Du musst selbst eine laufende Buchhaltung und mehrere Steuererklärungen pro Jahr erstellen und das Geld für die Steuer selbstständig zur Seite legen.

Achtung, Chaos!

Es ist wirklich wichtig, dass du genau aufpasst, welche Steuern du gerade zahlst. Denn zu verschiedenen Terminen werden eine Vielzahl von Steuern fällig. Du könntest dein Leben einfacher machen, indem du dem Finanzamt ein SEPA-Lastschriftmandat erteilst und das Finanzamt die Steuern einfach abbucht.

Es geht jedoch nie darum, WANN du die Steuern zahlst, sondern FÜR WELCHEN Zeitraum du sie zahlst. Es kann durchaus sein, dass du am 10. Juli 2024 die Umsatzsteuer für das zweite Quartal zahlst. Oder du zahlst die Umsatzsteuer für Juni oder mit Dauerfristverlängerung für Mai. Es könnte auch die Abschlusszahlung für die Einkommensteuer für 2023 oder die Abschlusszahlung für die Gewerbesteuer für das Jahr 2022 sein. Es könnte sogar alles zusammenkommen. Vielleicht ist eine Zahlung eine Steuererstattung und eine andere eine Steuernachzahlung, die einfach miteinander verrechnet werden. Das bedeutet, du kannst dich nicht darauf verlassen, dass du die Steuern bezahlt hast, nur weil ein bestimmter Betrag von deinem Konto abgebucht wurde. Es geht immer darum, welche Art von Steuer du für welchen Zeitraum gerade bezahlt hast.

Wenn du keinen genauen Überblick darüber hast, kann es leicht passieren, dass du eine Vorauszahlung für ein Quartal oder eine Abschlusszahlung vergisst. Deshalb ist es unglaublich wichtig, dass du einen genauen Überblick darüber hast, welche Art von Steuer du bereits für welchen Zeitraum bezahlt hast.

Steuerzahlungen summieren sich

Wann macht man eigentlich seine Steuererklärung? Als Gründer hat man ja unglaublich viel zu tun: Kundenakquise, Leistungsprozesse im Griff behalten, Support leisten, Rechnungen schreiben … Die Liste ist endlos!

Normalerweise macht man als Gründer seine Steuererklärung nicht im Folgejahr. Das ist eher untypisch. Realistisch betrachtet dauert es eher bis zum übernächsten Jahr, manchmal sogar drei Jahre. Das Finanzamt ist da nicht so streng und erinnert einen gelegentlich daran, aber dann hat man noch ein paar Monate Zeit. Wenn man einen Steuerberater hat, hat dieser sowieso noch mal länger Zeit. Und durch Corona wurden die Fristen noch weiter verschoben.

Das heißt, die Steuererklärung für das Jahr 2023 wird von vielen Selbstständigen erst Ende 2025 oder Anfang 2026 gemacht. Also zwei bis zweieinhalb Jahre, nachdem das Jahr eigentlich schon vorbei ist.

Ich möchte jetzt nicht mit dem erhobenen Zeigefinger sagen, dass du deine Steuererklärung schneller machen musst. Das ist mir vollkommen egal. Aber durch das späte Erledigen der Steuererklärung ergibt sich für Gründer eine große existenzielle Gefahr.

Steuerzahlungen summieren sich, und das betrifft insbesondere Selbstständige, bei denen es wirklich gut läuft. Wenn du zu den Selbstständigen gehörst, bei denen es schlecht läuft oder die immer unterhalb der Kleinunternehmergrenze, im Grundfreibetrag oder unter dem Freibetrag der Gewerbesteuer liegen, musst du dir keine Gedanken machen, da zahlst du ja sowieso keine Steuern. Allerdings solltest du, wenn es für dich gut läuft, vorsichtig sein, da du in eine problematische Situation geraten könntest. Um das genauer zu verstehen, schauen wir uns am besten ein Beispiel an.

Beispiel: Wie sich Steuerzahlungen summieren

Angenommen, ich habe mich als Berater selbstständig gemacht. Das Ganze fand im Jahr 2020 statt. Ich habe mich zu diesem Zeitpunkt angemeldet, erste Kunden gewonnen usw.

Anfangs habe ich keine Steuererklärungen abgegeben. Doch dann hat das Finanzamt ein wenig mehr Druck gemacht. Also habe ich irgendwie mit einem Online-Tool meine Steuererklärung für 2020 gemacht und abgeschickt. Erledigt.

Ich hatte immer viel zu tun und meine Umsätze und Gewinne sind stetig gestiegen. Das Finanzamt wird nun immer ungeduldiger. Schließlich steht auch die Steuererklärung für 2021 noch aus. Und wir haben jetzt das Jahr 2024. Die Briefe vom Finanzamt werden langsam etwas bedrohlicher. Also denke ich mir, dass ich Hilfe brauche. Ich suche nach einem Steuerberater, sammle all meine Dokumente und lege sie bei Google Drive, Dropbox oder Ähnlichem ab. Dann schicke ich alles an meinen Steuerberater und bitte ihn freundlich, sich darum zu kümmern.

Und der Steuerberater ist wirklich fleißig. Er kümmert sich direkt um meine Buchhaltung und ermittelt meine Umsätze und Gewinne. Ehrlich gesagt hatte ich vorher keinen genauen Überblick. Aber jetzt bekomme ich vom Steuerberater folgende Zahlen:

Jahr	Umsatz	Gewinn
2020	15.000 €	10.000 €
2021	45.000 €	30.000 €
2022	70.000 €	50.000 €
2023	100.000 €	60.000 €

Da ich für das Jahr 2020 bereits Steuerbescheide erhalten habe, hat das Finanzamt auch schon Vorauszahlungen festgesetzt. Ich hatte 2020 einen Umsatz von 15.000 € und einen Gewinn von 10.000 €. Das bedeutet, dass ich noch unter die Kleinunternehmerregelung gefallen bin, da mein Umsatz unter 22.000 € lag. Daher musste ich auch keine Umsatzsteuer-Voranmeldungen abgeben. Darum war das Finanzamt übrigens auch so entspannt und hat mir nicht monatlich Briefe geschickt.

Mit dem Einkommen musste ich auch keine Einkommensteuer zahlen, da mein Gewinn von 10.000 € unter dem Grundfreibetrag lag. Und Gewerbesteuer war sowieso kein Thema. Mit 10.000 € lag ich deutlich unter dem Freibetrag für die Gewerbesteuer, also auch hier keine Steuer. Das war also die Situation für das Jahr 2020.

Jetzt sitze ich also gerade bei meinem Steuerberater. Er sagt zu mir: „Na, Melchior, 2021 ist an der Reihe und das Finanzamt hat dich schon ermahnt. Aber ehrlich gesagt sollten wir direkt auch 2022 angehen. Schließlich ist das auch schon eine ganze Weile her. Für 2023 haben wir tatsächlich noch etwas Zeit, da müssen wir heute noch nichts abgeben." Jetzt berechnet der Steuerberater auf Grundlage meiner Umsätze und Gewinne die entsprechende Steuerlast.

Jahr	Umsatzsteuer	Einkommensteuer	Gewerbesteuer	Gesamt
2020	0 €	0 €	0 €	0 €
2021	0 €	3.900 €	750 €	4.650 €
2022	8.000 €	9.400 €	3.600 €	21.000 €

Für das Jahr 2021 entfällt die Umsatzsteuer, da ich mich im Rahmen der Kleinunternehmerregelung befinde. Jedoch muss ich Einkommensteuer in Höhe von 3.900 € und Gewerbesteuer in Höhe von 750 € zahlen.

Für das Jahr 2022 müssen ebenfalls Steuererklärungen abgegeben werden. Hier kam für mich die erste unerwartete Überraschung bei der Umsatzsteuer. Da ich nicht bemerkt hatte, dass ich zum 01. Januar 2022 aus der Kleinunternehmerregelung herausgefallen bin, muss ich nun rückwirkend Umsatzsteuer für das Jahr 2022 zahlen, was ehrlicherweise ziemlich kostspielig ist.

Ich könnte versuchen, diese Umsatzsteuer von meinen Kunden zurückzufordern, aber es erscheint mir unseriös und ich möchte auch kein falsches Bild von mir vermitteln, wenn ich zwei Jahre später noch Steuerzahlungen nachfordere. Daher werde ich die zu zahlende Umsatzsteuer einfach aus meinem Gewinnen entnehmen und somit meinen Gewinn etwas reduzieren. Insgesamt belaufen sich die Umsatzsteuerzahlungen auf 8.000 €.

Für die Einkommensteuer ergibt sich eine Zahlung von 9.400 € und für die Gewerbesteuer 3.600 € im Jahr 2022. Mein Gewinn verdoppelt sich somit nicht einmal von 2021 auf 2022. Allerdings steigt meine Einkommensteuer von 3.900 € auf 9.400 € um mehr als das Doppelte. Auch die Gewerbesteuer steigt von 750 € auf 3.600 €, was prozentual eine beträchtliche Steigerung darstellt.

Wie kann das sein? Hierbei spielen zwei Faktoren eine Rolle: Zum einen gibt es die Grundfreibeträge, die ich nur einmal nutzen kann. Wenn sich also mein Gewinn verdoppelt, kann ich den Grundfreibetrag nicht erneut verwenden. Zum anderen haben wir bei der Einkommensteuer einen progressiven Steuertarif, bei dem mit steigendem Einkommen auch der Prozentsatz der Steuerzahlungen steigt. Dieses Phänomen wird auch als kalte Progression bezeichnet und trifft hier voll zu.

Somit haben wir die Steuererklärungen für 2021 und 2022 erledigt. Wir machen einen Strich darunter, rechnen alle Steuern zusammen und landen bei einer Steuerbelastung von 25.650 € bei einem aktuellen Jahreseinkommen von 60.000 €. Das kann schon existenzbedrohend sein, wenn man sich kein Geld zur Seite gelegt hat.

Aber jetzt kommt erst das große Problem auf mich zu. Es nennt sich nachträgliche Steuervorauszahlungen. Wenn ich jetzt meine Steuererklärungen abgebe, ist der letzte Steuerbescheid nicht mehr der aus dem Jahr 2020, sondern der aus dem Jahr 2022. Das Finanzamt legt also neue quartalsweise Vorauszahlungen fest und verlangt Umsatzsteuer-Vormeldungen von mir. Und das gilt nicht erst ab heute, sondern rückwirkend. Der letzte Steuerbescheid endet am 31. Dezember 2022. Das Finanzamt legt also rückwirkend Vorauszahlungen ab dem 01. Januar 2023 fest. Und es ist jetzt Anfang 2024.

Das bedeutet, dass ich nun nachträglich Vorauszahlungen für alle drei Steuerarten für ein ganzes Jahr leisten muss. Das ist eine ziemliche Herausforderung.

Die Umsatzsteuer ist besonders schmerzhaft, da ich die ganze Zeit Kleinunternehmerrechnungen geschrieben habe. Das bedeutet, dass ich jetzt alle Rechnungen korrigieren muss. Aufgrund meiner Steuerschuld muss ich auch monatliche Umsatzsteuer-Voranmeldungen abgeben. Das heißt, ich muss auf jeden Fall für das gesamte letzte Jahr, also für das Jahr 2023, monatliche Umsatzsteuer-Voranmeldungen einreichen. Wenn ich davon ausgehe, dass meine Kostenstruktur genauso war wie in den Jahren zuvor, muss ich insgesamt 11.400 € Umsatzsteuer für das letzte Jahr zahlen.

Für die Einkommensteuer werden auch neue Vorauszahlungen festgesetzt, und zwar in Höhe von 2.350 € pro Quartal. Das sind noch mal nachträgliche Vorauszahlungen von 9.400 €. Bei der Gewerbesteuer werden auch neue Vorauszahlungen festgesetzt, und zwar in Höhe von insgesamt 3.600 €.

Jahr	Umsatzsteuer	Einkommensteuer	Gewerbesteuer	Gesamt
2021	0 €	3.900 €	750 €	4.650 €
2022	8.000 €	9.400 €	3.600 €	21.000 €
2023	11.400 €	9.400 €	3.600 €	24.400 €

Das heißt, zu meiner Steuernachzahlung für das Jahr 2021 und 2022 in Höhe von 25.650 € kommen jetzt noch mal nachträgliche Vorauszahlungen nur für das Jahr 2023 in Höhe von 24.400 €.

Damit summieren sich meine Steuerschulden auf 50.050 €. Bei einem Jahreseinkommen von 60.000 €.

Die Steuerprogression drückt mich finanziell so richtig, richtig unter Wasser; und weil der Steuerberater natürlich meine finanzielle Situation kennt, sagt er mir: „Zahl mir bitte erst mal meine Rechnung. Sonst arbeite ich nicht weiter. Schließlich haben wir gerade die Buchhaltung für drei Jahre gemacht und Steuererklärungen für zwei Jahre. Das macht dann 5.000 €."

Fazit

Das Beispiel klingt extrem. Aber es geht vielen Selbstständigen genau so. Ich habe häufig Gespräche in der Steuerberatung geführt, bei denen nachträgliche Vorauszahlungen das Problem waren. Viele denken, wenn sie einen Steuerberater haben, kann ihnen das nicht passieren. Aber leider doch. In meinem Beispiel hatte ich einen Steuerberater, aber leider zu spät, denn Steuerberater haben eine längere Frist.

Das Problem ist, dass man glaubt, man könne ein Gefühl dafür entwickeln, wie viel man für Steuern beiseitelegen sollte. Aber ehrlich gesagt ist das Finanzmanagement nach Gefühl zum Scheitern verurteilt. Natürlich ist mein Beispiel extrem, aber den zugrundeliegenden Mechanismus kennen Millionen Selbstständige.

Deshalb mein dringender Appell: Verschaffe dir einen aktuellen Überblick über deine Steuersituation. Mir ist es egal, wann du deine Buchhaltung machst oder deine Steuererklärung einreichst. Aber bitte habe einen aktuellen Überblick darüber, wie viel Steuern du für welchen Zeitraum tatsächlich gezahlt hast und wie viel du eigentlich hättest zahlen müssen. Das alles ist überhaupt kein Problem, wenn du dieses Geld bereits beiseitegelegt hast.

Als Lösung empfehle ich eine einfache Buchhaltungsroutine, die dir dabei hilft, regelmäßig einen Überblick zu bekommen.

Routinen

www.steuerfit.tv/rountinen

Für Selbstständige ist die Buchhaltung oft eine lästige und sich wiederholende Aufgabe. Solche Aufgaben lassen sich am besten mit festen Routinen erledigen. Der Gesetzgeber macht dir zwar Vorgaben, wann du bestimmte

Meldungen abgeben musst, aber er lässt dir die Freiheit, wie du deine Buchhaltung organisierst und in welcher Frequenz du sie machst. In der Praxis haben sich Routinen als äußerst hilfreich erwiesen. Solche festen Termine mit dir selbst helfen dir, den Überblick zu behalten.

Meine empfohlene Buchhaltungsroutine besteht aus drei Teilen: Einer wöchentlichen Routine, einer monatlichen Routine und den jährlichen Aufgaben, die meistens im Zusammenhang mit der Steuererklärung stehen. Es ist wichtig, dass du regelmäßig Zeit für dich selbst reservierst, um diese Aufgaben zu erledigen. Du kannst diese Termine schon Wochen oder Monate im Voraus in deinen Kalender eintragen.

Wöchentliche Routine

Für den wöchentlichen Termin solltest du etwa ein bis zwei Stunden einplanen und idealerweise einen festen Termin pro Woche dafür reservieren. Ich selbst habe das über viele Jahre immer freitags nachmittags gemacht, zwischen 15 und 17 Uhr.

Aber was mache ich eigentlich während dieses Zeitblocks von ein bis zwei Stunden einmal pro Woche?

Rechnungen: Zunächst schreibe ich Rechnungen, vor allem für abgeschlossene Projekte. Das bedeutet, wenn ich einen bestimmten Auftrag erledigt habe, stelle ich eine Rechnung. Das erledige ich immer in diesem Zeitfenster und sonst gar nicht. Ich öffne mein Buchhaltungsprogramm nur in diesen zwei Stunden. Bei Aufträgen, die sich über mehrere Monate erstrecken, erstelle ich in der Regel monatliche Rechnungen. Diese Rechnungen schreibe ich immer am folgenden wöchentlichen Buchhaltungstag.

Mahnungen: Natürlich überprüfe ich auch, ob die fälligen Rechnungen bezahlt wurden. Falls nicht, empfehle ich dir, relativ schnell eine Mahnung zu verschicken.

Überweisungen: Was ich außerdem einmal pro Woche machen würde, sind Überweisungen. Ich würde Eingangsrechnungen nicht sofort überweisen, wenn du sie erhältst. Sammle diese Rechnungen erst mal. Einmal pro Woche ist dann Zahltag und du überweist alle offenen Rechnungen.

AN DIESER STELLE EIN WICHTIGER HINWEIS:

Bitte bezahle keine Rechnungen, die nicht ordnungsgemäß sind. Für deine Buchhaltung und den Vorsteuerabzug benötigst du immer eine ordnungsgemäße Rechnung, die dem deutschen Steuerrecht entspricht. Andernfalls kannst du keinen Vorsteuerabzug geltend machen. Das Problem ist, dass es relativ schwierig ist, nach der Bezahlung eine korrigierte Rechnung zu erhalten. Wenn du die Rechnung jedoch erst bezahlst, wenn du eine korrekte Rechnung erhalten hast, ist die Bereitschaft höher, dir schnellstmöglich die korrekte Rechnung zukommen zu lassen.

Unterlagen ablegen: Außerdem würde ich einmal pro Woche alle Unterlagen zusammensuchen und hochladen. Du kannst sie entweder in den Ordner für den Austausch der Belege mit dem Steuerberater hochladen oder in das Online-Buchhaltungsprogramm. Wenn du deine Buchhaltung selbst über eine Online-Lösung machst, lade einmal in der Woche alle Rechnungen hoch, die sich bis dahin angesammelt haben.

Natürlich gehört dazu auch, zu überprüfen, ob alle Unterlagen vollständig und korrekt sind. Dies gilt insbesondere für Rechnungen, die oft verloren gehen. Kassenbons, die du bar bezahlst, gehen besonders gerne verloren. Sie fliegen meistens so lange irgendwo herum, bis sie weg sind. Um das zu vermeiden, solltest du es zu deiner Routine machen, diese Belege zu sammeln und einmal pro Woche hochzuladen. Ein wichtiger Aspekt bei Kassenbons ist, dass sie oft auf Thermopapier gedruckt sind. Das Dumme an Thermopapier ist, dass es ausbleicht. Das bedeutet, wenn du einen Kassenbon aus Thermopapier ein Jahr lang aufbewahrst, kannst du ihn unter Umständen nach einem Jahr nicht mehr lesen. Daher empfehle ich dir, diesen Kassenbon relativ zeitnah einzuscannen, abzufotografieren oder auf andere Weise zu kopieren, damit du auch Monate oder Jahre später noch weißt, was du gekauft hast. Es ist sehr ärgerlich, wenn du bestimmte Betriebsausgaben nicht mehr geltend machen kannst, weil du den Kassenbon nicht mehr lesen kannst.

Briefe: Zudem würde ich dir in deinem wöchentlichen Termin empfehlen, alle Briefe zu bearbeiten. Vor allem die Briefe vom Finanzamt und anderen Behörden. Bei vielen dieser Briefe hast du eine Antwortfrist von einem Monat. Aber du bist immer auf der sicheren Seite, wenn du solche Anliegen wöchentlich erledigst.

Monatliche Routine

Neben dem wöchentlichen Termin ist es empfehlenswert, sich auch einen monatlichen Termin zu setzen. Dieser ist insbesondere wichtig für die Umsatzsteuer. Falls du deine Umsatzsteuer quartalsweise voranmelden musst, reicht es, wenn du diesen Termin einmal im Quartal einplanst.

Aus meiner Erfahrung benötigst du für diese Aufgaben etwa zwei bis vier Stunden, in denen du alles erledigst, was für die Umsatzsteuer relevant ist.

Belege und Konten buchen: Natürlich ist es wichtig, dass du alle Rechnungen, die du wöchentlich hochgeladen hast, erfasst. Das betrifft nicht nur deine eigenen Ausgangsrechnungen, sondern auch alle Eingangsrechnungen. Aber es reicht nicht nur, die Rechnungen zu erfassen – du solltest auch die Zahlungen im Auge behalten. Das bedeutet, dass du alle geschäftlichen Transaktionen – egal, ob über Bankkonten, PayPal-Konto oder Kasse – buchst.

Kfz-Versteuerung: Es gibt auch Geschäftsvorfälle und Situationen, die umsatzsteuerrelevante Auswirkungen haben, selbst wenn du weder eine Rechnung noch eine Transaktion hast. Es ist wichtig, dass du diese auch monatlich bzw. quartalsweise erfasst. Ein häufiges Beispiel hierfür ist die Versteuerung von deinem Firmenwagen. Wenn du einen Firmenwagen besitzt und ihn auch privat nutzt, musst du Umsatzsteuer auf die private Nutzung zahlen. Du kannst den Nutzungsanteil entweder mit der 1-%-Methode oder mit einem Fahrtenbuch ermitteln. Es ist wichtig, dass du diese Wertentnahme monatlich bzw. quartalsweise buchst, da du die darauf entfallende Umsatzsteuer auch in deiner Umsatzsteuer-Voranmeldung angeben musst.

Andere Leistungsentnahmen: Das gilt nicht nur für die Nutzung des Firmenwagens, sondern auch für andere Leistungsentnahmen. Angenommen, du hast einen Handyvertrag, der monatlich 100 € kostet, und du zahlst diese Summe einfach von deinem Geschäftskonto und buchst sie als Betriebsausgabe. Allerdings nutzt du diesen Handyvertrag auch zu 50 % privat. In diesem Fall musst du die Kosten aufteilen und einmal im Monat eine Leistungsentnahme von 50 € buchen. Eine andere Möglichkeit wäre, direkt bei der Erfassung nur 50 % als Betriebsausgabe zu verbuchen. Beide Varianten sind in Ordnung, aber wenn du zunächst alles als Betriebsausgabe buchst, musst du die 50 % Leistungsentnahme berücksichtigen und darauf auch Umsatzsteuer zahlen.

Sacheinnahmen: Eine weitere Sache, die du einmal im Monat beachten solltest, sind Sacheinnahmen. Das haben nicht alle Selbstständigen auf dem Schirm, aber wenn du für deine Arbeit mit Dienstleistungen oder Produkten bezahlt wirst, dann musst du das auch erfassen. Warum? Weil du auch auf Sacheinnahmen Umsatzsteuer zahlen musst.

Und wer hat solche Einnahmen normalerweise? Influencer, Content Creator und ähnliche Berufe. Das bedeutet, wenn du Produkte als Gegenleistung für deine Werbeleistung erhältst, dann musst du auch darauf Umsatzsteuer bezahlen. Und natürlich musst du diese Einnahmen einmal im Monat erfassen, um die Umsatzsteuer-Vormeldung korrekt abgeben zu können.

Privat bezahlte Kosten: Neben den Leistungsentnahmen gibt es auch die Leistungseinlagen. Nehmen wir zum Beispiel dein Arbeitszimmer zu Hause. Wenn du dein Arbeitszimmer anteilig als Betriebsausgabe absetzen kannst, gilt das auch für die Mietnebenkosten. Aber hier ist der Clou: Diese Mietnebenkosten enthalten auch Umsatzsteuer, die du in deiner Umsatzsteuer-Vormeldung geltend machen kannst. Deshalb ist es wichtig, dass du diese Kosten monatlich erfasst.

Umsatzsteuer-Voranmeldung: Und wenn du all das erledigt hast – Rechnungen, Zahlungen und andere Geschäftsvorfälle erfasst –, kannst du dich daran machen, die Umsatzsteuer-Vormeldung zu erstellen. Normalerweise hast du dafür 10 Tage Zeit nach Ablauf des Vormeldezeitraums. Das bedeutet, du hast entweder 10 Tage nach einem Monat oder 10 Tage nach einem Quartal Zeit.

Zusammenfassende Meldung: Außerdem ist es ratsam, regelmäßig zu überprüfen, ob du möglicherweise eine zusammenfassende Meldung abgeben musst. Dies kann der Fall sein, wenn du Geschäftsbeziehungen zu Unternehmen aus dem EU-Ausland hast. Der Vormeldezeitraum für die zusammenfassende Meldung ist in der Regel das Quartal.

Jährliche Routine

Mit deiner wöchentlichen und monatlichen Routine bist du das ganze Jahr über bestens organisiert und hast wahrscheinlich vielen Selbstständigen etwas voraus, wenn es um Ordnung und Struktur geht.

Aber du brauchst auch noch einen jährlichen Termin für deine Buchhaltung. Bisher hast du zwar eine Buchhaltung erstellt, aber du musst diese noch in eine Einnahmenüberschussrechnung und dann in die Anlage EÜR überführen. Dafür musst du noch einmal im Jahr ein paar Aufgaben erledigen, um deine Buchhaltung in das richtige Format zu bringen.

Wie lange das dauert, hängt natürlich davon ab, wie viel du zu erledigen hast. Aber normalerweise sollten drei bis vier Stunden locker ausreichen.

Verpflegungsmehraufwand: Wenn du länger als acht Stunden außer Haus warst, kannst du eine Pauschale für Verpflegungsmehraufwendungen als Betriebsausgaben einbuchen. Und das Beste daran ist, dass du für jeden einzelnen Tag eine Pauschale beanspruchen kannst. Deshalb ist es wichtig, deine Termine sorgfältig zu dokumentieren. Notiere genau, wann und wo du warst, und noch wichtiger, wann du länger als acht Stunden unterwegs warst. Dadurch kannst du für jeden Tag eine Pauschale in Anspruch nehmen. Mehr Informationen zu der Pauschale findest du im entsprechenden Kapitel ab Seite 95.

Homeoffice-Pauschale: Es gibt nicht nur eine Pauschale für die Tage, an denen du nicht zu Hause bist, sondern auch für die Tage, an denen du von zu Hause aus arbeitest. Hast du schon einmal darüber nachgedacht, dein Arbeitszimmer entsprechend abzusetzen? Wenn du ein separates Arbeitszimmer hast und der Schwerpunkt deiner Arbeit zu Hause ist, kannst du die tatsächlichen Kosten prozentual berücksichtigen. Falls nicht, gibt es die Möglichkeit, eine Homeoffice-Pauschale geltend zu machen. Das sind immerhin sechs Euro pro Tag! Und du kannst sie an bis zu 210 Tagen pro Jahr berücksichtigen. Das bedeutet, dass du maximal 1.260 € als Homeoffice-Pauschale in deiner Buchhaltung angeben kannst.

Geschenke: Ein weiterer wichtiger Punkt, den du jedes Jahr überprüfen solltest, sind die Geschenke an deine Geschäftspartner. Hierbei kannst du die

Anschaffungskosten als Betriebsausgabe absetzen, solange du pro Jahr nicht mehr als 50 € pro Geschäftspartner ausgibst. Es ist also wichtig, dass du das ganze Jahr über im Blick behältst, wie viele Geschenke du deinen Geschäftspartnern gemacht hast und welchen Wert sie hatten. Solltest du zum Beispiel zwei Geschenke im Wert von je 30 € machen, wird auch das erste Geschenk rückwirkend leider nicht mehr absetzbar sein. Aus diesem Grund ist es ratsam, eine Liste zu führen, in der du festhältst, wem du welche Geschenke gemacht hast.

Abschreibungen: Das Anlagevermögen umfasst die Vermögenswerte in deinem Unternehmen, die langfristig genutzt werden. Zum Beispiel dein Firmenfahrzeug. Dieses nutzt du hoffentlich nicht nur für eine einzige Fahrt oder im ersten Jahr, sondern es bleibt dauerhaft im Unternehmen.

Dieses Anlagevermögen musst du abschreiben. Das bedeutet, dass du die Anschaffungskosten über einen längeren Zeitraum verteilen musst, auch bekannt als Nutzungsdauer. Du hast also nur im ersten Jahr eine Rechnung und eine Überweisung für die Betriebsausgabe. In den folgenden Jahren hast du keine weiteren Transaktionen, aber du kannst diese Abschreibungen natürlich auch in den kommenden Jahren steuerlich berücksichtigen. Das solltest du bei deiner jährlichen Routine nicht vergessen.

Privatentnahmen: Es kann natürlich auch vorkommen, dass sich Änderungen beim Anlagevermögen ergeben, sei es durch Hinzufügen oder Entfernen von Gegenständen. Vielleicht hast du etwas betrieblich erworben, das du nun ausschließlich privat nutzt. Zum Beispiel hast du letztes Jahr ein Smartphone gekauft, aber benutzt es jetzt gar nicht mehr für deine Selbstständigkeit, sondern nur noch privat. In diesem Fall musst du das Smartphone aus dem Betriebsvermögen herausnehmen und dies in der Buchhaltung berücksichtigen.

Privateinlagen: Natürlich kann es auch vorkommen, dass du privat ein Smartphone gekauft hast, es aber tatsächlich nur für die Arbeit nutzt. In diesem Fall empfehle ich dir, das Smartphone als Privateinlage anzugeben. Dadurch kannst du es im Betriebsvermögen abschreiben und dadurch Steuern sparen. Das gilt natürlich auch für alle anderen Privateinlagen, wie zum Beispiel Schreibtische, Regale, Schreibtischstühle, Laptop usw.

Bewirtungskosten: Du kannst Bewirtungskosten nur zu einem Teil als Betriebsausgabe geltend machen, nämlich zu 70 %. Die verbleibenden 30 % dürfen nicht abgezogen werden. Das bedeutet, dass du immer 30 % der Bewirtungskosten als nicht abziehbare Betriebsausgaben berechnen musst. Zum Glück gibt es einige Buchhaltungsprogramme, die dies automatisch erledigen. Sie teilen die Bewirtungskosten auf in 30 % nicht abziehbar und 70 % abziehbar. Aber falls dein Buchhaltungsprogramm das nicht kann, empfehle ich dir, einmal im Jahr deine gesamten Bewirtungskosten zu überprüfen und dann 30 % davon als nicht abziehbare Betriebsausgaben umzubuchen.

Mit dieser jährlichen Routine hast du deine Buchhaltung zu einer sauberen Einnahmenüberschussrechnung gemacht. Die Werte aus dieser EÜR kannst du dann in die Anlage EÜR übertragen und sie mit den Steuererklärungen an das Finanzamt übermitteln.

Wahlrechte zum Jahreswechsel

www.steuerfit.tv/wahlrechte

Als Selbstständiger hast du ein paar steuerliche Wahlrechte, die du nur einmal im Jahr ausüben kannst. Der entscheidende Zeitpunkt ist immer der Jahreswechsel. Deshalb gibt es ein paar Dinge, die du unbedingt Ende Dezember überprüfen solltest, um weiterhin optimal aufgestellt zu sein. Wenn dir die Punkte erst im Februar einfallen, ist das sehr ärgerlich, da du dann zehn Monate bis zum Jahresende warten musst.

In diesem Kapitel geht es genau um diese steuerlichen Wahlrechte. Sie sind also nicht zwingend Teil deiner Buchhaltungsroutine, du solltest die folgenden Punkte aber unbedingt auf dem Schirm haben.

Firmenwagenversteuerung

Der erste Punkt ist die Versteuerung deines Firmenwagens. Wenn du ein Fahrzeug im Betriebsvermögen hast, musst du Steuern für die private Nutzung zahlen. Die Kosten für das Auto laufen über deine Buchhaltung, aber du musst Steuern für die private Nutzung zahlen. Um die private Nutzung zu berechnen, gibt es die 1-%-Methode und die Fahrtenbuch-Methode. Du darfst diese Methoden jedoch nur einmal im Jahr wechseln: zum Jahreswechsel. Deshalb solltest du jeden Dezember überprüfen, ob du immer noch die günstigere Methode verwendest.

Berechnung Privatanteil Kfz-Kosten 1%-Regel

Nutzungsjahr	2024	
Privatnutzung		
Bruttolistenpreis	50.000,00	EUR
Anschaffungsdatum	7/1/2023	
Anschaffungskosten mit VorSt-Abzug → 1	1	

Privatanteil 1% Regelung	693,00
Privatanteil Fahrtenbuch	895,34

Fragst du dich, wie du das herausfinden kannst? Ich habe hier ein praktisches Excel-Dokument für dich erstellt. Mit diesem Dokument kannst du ganz einfach deine Steuerbelastung berechnen. Du gibst einfach deine tatsächlichen Zahlen für das laufende Jahr ein und das Dokument zeigt dir, welche Besteuerungsmethode am besten für dich ist. Es kann durchaus sein, dass beispielsweise die 1-%-Methode jetzt günstiger ist, wenn deine privaten Fahrten deutlich zugenommen haben. Oder es kann auch andersherum sein: Wenn deine privaten Fahrten wesentlich weniger geworden sind, könnte die Fahrtenbuch-Methode vorteilhafter werden. Das alles kannst du ganz bequem mit dem Dokument herausfinden. Du findest es zusammen mit anderen Vorlagen, Checklisten und Dokumenten im Downloadordner dieses Buches.

Wenn du bisher noch kein Fahrtenbuch genutzt hast, weil dir das manuelle Führen zu lästig war, dann könnte ein elektronisches Fahrtenbuch die passende Lösung für dich sein. Im Kapitel „Elektronisches Fahrtenbuch“ (ab Seite 90) dieses Buches findest du meine persönliche Empfehlung.

Kleinunternehmerregelung

Ein weiterer Punkt, den du im Dezember unbedingt beachten solltest, ist die Kleinunternehmerregelung. Die Kleinunternehmerregelung ist eine Vereinfachungsregelung für die Umsatzsteuer. Sie ermöglicht es dir, keine Umsatzsteuer-Voranmeldung abzugeben und keine Umsatzsteuer zu zahlen.

Es ist wichtig, dass du jeden Dezember deine Umsätze überprüfst, um sicherzustellen, dass du diese Kleinunternehmerregelung weiterhin in Anspruch nehmen kannst. Du kannst diese Regelung nur nutzen, wenn du im Vorjahr einen Umsatz von weniger als 22.000 € hattest und im laufenden Jahr voraussichtlich weniger als 50.000 € Umsatz erzielst.

Die 50.000-€-Grenze ist in der Praxis ziemlich irrelevant. Das bedeutet, selbst wenn du in diesem Jahr tatsächlich einen Umsatz von 60.000 € oder 70.000 € erzielst, aber zu Beginn des Jahres davon ausgegangen bist, weniger als 50.000 € zu erreichen, ändert das nichts. Du bleibst das gesamte Jahr über Kleinunternehmer.

Wenn du jedoch zum Beispiel im Dezember deine Umsätze für dieses Jahr überprüfst und bei 25.000 € oder 30.000 € liegst, bist du in diesem Jahr zwar noch Kleinunternehmer, vorausgesetzt, du hattest im Vorjahr auch einen entsprechend geringen Umsatz. Aber du weißt bereits jetzt, dass du im kommenden Jahr kein Kleinunternehmer mehr sein wirst. Am 01. Januar schaust du dir nämlich an, wie viel Umsatz du im Vorjahr gemacht hast, und wenn dort 25.000 € steht, bist du kein Kleinunternehmer mehr. Ab dem 01. Januar musst du dann Umsatzsteuer ausweisen.

Es ist sehr ratsam, dies bereits am Ende eines jeden Jahres zu überprüfen. Es wäre sehr ärgerlich, wenn du erst im Laufe des Folgejahres feststellst, dass du theoretisch seit Januar Umsatzsteuer hättest ausweisen müssen. Dann bleibt dir nämlich nichts anderes übrig, als nachträglich alle deine Rechnungen eines Jahres zu korrigieren und rückwirkend Umsatzsteuer abzuführen.

Soll- und Ist-Versteuerung

Es gibt da noch einen weiteren Punkt, den viele Selbstständige nicht auf dem Schirm haben, der sich zum Jahreswechsel ändern kann. Es geht um den Unterschied zwischen Soll- und Ist-Versteuerung.

Aber was bedeutet das eigentlich? Gehen wir davon aus, dass du eine Rechnung über 10.000 € plus 19 % Umsatzsteuer schreibst. Da stellt sich die Frage: Wann musst du die 1.900 € Umsatzsteuer eigentlich an das Finanzamt überweisen?

Normalerweise musst du diese Steuer bezahlen, sobald du die Rechnung gestellt hast. Das ist kein Problem, wenn deine Kunden schnell zahlen. Aber es gibt Szenarien und Geschäftsmodelle, bei denen du möglicherweise erst nach Monaten oder sogar Jahren dein Geld bekommst. In solchen Fällen ist es natürlich ein großer Nachteil, wenn du die Umsatzsteuer schon abführen musst, obwohl du das Geld noch nicht auf dem Konto hast. Es wäre doch viel besser, wenn du die Umsatzsteuer erst dann zahlen müsstest, wenn du das Geld auch tatsächlich in der Tasche hast. Und das geht tatsächlich, vor allem für kleine Selbstständige. Das nennt man dann Ist-Versteuerung. Die andere (normale) Variante heißt Soll-Versteuerung.

Wichtig: Du kannst die Ist-Versteuerung nur wählen, wenn dein Umsatz in einem Jahr unter 800.000 € liegt. Wenn du also dieses Jahr einen Umsatz über 800.000 € hattest, musst du nächstes Jahr die Umsatzsteuer immer dann bezahlen, wenn du die Rechnung ausstellst, und nicht dann, wenn das Geld auf deinem Konto ist.

Hinweis: Freiberufler haben immer die Möglichkeit, die Umsatzsteuer erst zu zahlen, wenn sie das Geld erhalten haben (Ist-Versteuerung). Die 800.000-€-Grenze betrifft ausschließlich Gewerbetreibende.

Gewinnermittlungsmethode

Noch ein weiterer Punkt, der sich von Jahr zu Jahr ändern kann, ist die Methode, mit der du deine Gewinne ermittelst. Als Selbstständiger hast du entweder die Möglichkeit, eine Einnahmenüberschussrechnung oder eine Bilanz zu erstellen. Im Kapitel „Einfache oder doppelte Buchhaltung?" (ab Seite 39) gehe ich genauer darauf ein.

Es kann durchaus vorkommen, dass du in diesem Jahr eine Einnahmenüberschussrechnung erstellt hast, aber im nächsten Jahr eine Bilanz erstellen musst. Das hängt von deinen Umsätzen und Gewinnen ab. Auch das gilt nur für Gewerbetreibende. Als Freiberufler kannst du immer eine Einnahmenüberschussrechnung erstellen, unabhängig von deinem Gewinn und Umsatz.

Wenn du einen Gewerbebetrieb hast, ist das Ganze ein bisschen anders. Hier kommt eine Umsatzgrenze von 800.000 € ins Spiel, also die gleiche Grenze wie bei der Soll- und Ist-Versteuerung. Wenn du über 800.000 € Umsatz erzielst, musst du eine Bilanz erstellen. Das betrifft jedoch nicht allzu viele Selbstständige. Was viele Selbstständige eher betrifft, ist die Gewinngrenze. Denn es gibt es noch eine zweite Grenze, nämlich 80.000 € Gewinn pro Jahr. Wenn du als Gewerbetreibender mehr als 80.000 € Gewinn pro Jahr erzielst, musst du ebenfalls eine Bilanz erstellen.

In der Praxis läuft es jedoch so, dass das Finanzamt dir irgendwann einen Brief schickt und sagt: „Hey, bitte erstelle jetzt eine Bilanz." Du musst vorher noch nichts proaktiv tun. Du brauchst also nicht sofort zu reagieren, aber es ist wichtig, dass du weißt, was auf dich zukommt. Wenn du in diesem Jahr über 80.000 € Gewinn machst, weißt du, dass das Finanzamt in ein paar Wochen oder Monaten auf dich zukommen und eine Bilanz von dir verlangen wird. Du könntest dich also schon heute damit beschäftigen, eine geeignete Software zu suchen oder einen Steuerberater zu finden, der für dich eine Bilanz erstellt.

BWA lesen

www.steuerfit.tv/bwa

Einmal im Jahr steht die Steuererklärung an und darin gibt es die Anlage EÜR. Das ist super wichtig für die Steuerangelegenheiten. Aber im Alltag brauchst du manchmal auch aktuellere Zahlen, die in der sogenannten BWA zu finden sind. Die Abkürzung „BWA" steht für betriebswirtschaftliche Auswertung. Manchmal wird das Ganze auch als monatlicher Report bezeichnet oder es sind einfach deine Statistiken aus der Buchhaltung. Die BWA zeigt dir unterjährig, wie viel Geld du tatsächlich verdient hast.

Wenn du zum Beispiel einen Kredit beantragst, dich um eine Wohnung bewirbst, einen Leasingvertrag abschließen oder Elterngeld beantragen möchtest, musst du dein Einkommen auf irgendeine Weise nachweisen.

Angestellte können einfach ihre Gehaltsabrechnungen vorlegen. Als Selbstständiger hast du keine Gehaltsabrechnungen, aber du kannst eine BWA verwenden. Eine BWA ist zwar kein endgültiges Dokument wie eine Steuererklärung oder ein Steuerbescheid, aber sie dient als Einkommensnachweis im laufenden Jahr.

Außerdem ist eine BWA für dich hilfreich, um selbst einen Überblick über deine aktuelle finanzielle Situation zu bekommen. Hast du Veränderungen im Umsatz oder Gewinn? Gibt es bestimmte Kostenpositionen, die auffällig sind? Es ist sinnvoll, sich auch im Laufe des Jahres mit den eigenen Finanzen auseinanderzusetzen, um unternehmerische Entscheidungen zu treffen. In solchen Fällen kannst du immer auf eine BWA zurückgreifen.

Wichtig an dieser Stelle ist, dass eine BWA für die Außenkommunikation kein offizielles Dokument ist. Anders als ein Steuerbescheid, der rechtlich verpflichtend ist, gibt es keine fest vorgeschriebene Formatierung für eine BWA. Falls du jedoch unterjährig ein offizielleres Dokument benötigst, kannst du deinen Steuerberater um Rat fragen. Er kann deine BWA mit einem Stempel oder einer Unterschrift versehen, um die Richtigkeit der Zahlen von außen zu bestätigen. Manchmal ist das notwendig; vor allem Banken fragen häufig nach einer Bestätigung durch einen Steuerberater.

Um zu verstehen, wie man eine BWA richtig interpretiert und welche Zahlen tatsächlich wichtig sind, schauen wir uns am besten mal eine BWA gemeinsam an.

DATEV-BWA

Es gibt verschiedene Arten von BWA, und ich möchte dir zwei davon zeigen. Fangen wir mit der klassisch-typischen DATEV-BWA an, die in Deutschland am weitesten verbreitet ist. Die meisten Steuerberater verwenden DATEV, daher ist es das gängigste Format.

Hier sehen wir die klassische DATEV-Optik, also eine BWA von DATEV („Kurzfristige Erfolgsrechnung"). Es gibt eine Menge Spalten und Zeilen. Das kann anfangs ziemlich unübersichtlich wirken. Aber wenn man weiß, welches die entscheidenden Zahlen sind, ist das gar nicht mehr so kompliziert.

29098/55034/2016
Muster GmbH

Kanzlei-Rechnungswesen pro V.5.13
Kurzfristige Erfolgsrechnung März 2016
SKR 04 BWA-Nr. 1 BWA-Form DATEV-BWA Wareneinsatz K51

26.08.2016
Blatt 1

Bezeichnung	Mrz/2016	% Ges.-Leistg.	% Ges.-Kosten	% Pers.-Kosten	Auf-schlag	Jan/2016 - Mrz/2016	% Ges.-Leistg.	% Ges.-Kosten	% Pers.-Kosten	Auf-schlag
Umsatzerlöse	412.575,15	99,95				1.100.164,63	100,04			
Best.Verdg. FE/UE	222,25	0,05				-450,97	-0,04			
Akt.Eigenleistungen	0,00					0,00				
Gesamtleistung	412.797,40	100,00	254,69	367,53		1.099.713,66	100,00	204,60	302,00	
Mat./Wareneinkauf	177.825,59	43,08	109,72	158,33	100,00	503.196,62	45,76	93,62	138,19	100,00
Rohertrag	234.971,81	56,92	144,98	209,21	132,14	596.517,04	54,24	110,98	163,81	118,55
So. betr. Erlöse	294,12	0,07	0,18	0,26		882,36	0,08	0,16	0,24	
Betriebl. Rohertrag	235.265,93	56,99	145,16	209,47	132,30	597.399,40	54,32	111,14	164,06	118,72
Kostenarten:										
Personalkosten	112.316,53	27,21	69,30	100,00		364.141,58	33,11	67,75	100,00	
Raumkosten	15.414,89	3,73	9,51	13,72		46.826,52	4,26	8,71	12,86	
Betriebl. Steuern	568,00	0,14	0,35	0,51		2.110,00	0,19	0,39	0,58	
Versich./Beiträge	2.371,52	0,57	1,46	2,11		14.418,78	1,31	2,68	3,96	
Besondere Kosten	0,00					0,00				
Kfz-Kosten (o. St.)	7.525,15	1,82	4,64	6,70		32.404,07	2,95	6,03	8,90	
Werbe-/Reisekosten	4.497,19	1,09	2,77	4,00		11.915,39	1,08	2,22	3,27	
Kosten Warenabgabe	1.422,70	0,34	0,88	1,27		4.562,58	0,41	0,85	1,25	
Abschreibungen	6.124,62	1,48	3,78	5,45		18.998,51	1,73	3,53	5,22	
Reparatur/Instandh.	0,00					5.509,51	0,50	1,03	1,51	
Sonstige Kosten	11.835,26	2,87	7,30	10,54		36.611,92	3,33	6,81	10,05	
Gesamtkosten	162.075,86	39,26	100,00	144,30		537.498,86	48,88	100,00	147,61	
Betriebsergebnis	73.190,07	17,73				59.900,54	5,45			
Zinsaufwand	7.962,48	1,93				11.853,12	1,08			
Sonst. neutr. Aufw	0,00					400,00	0,04			
Neutraler Aufwand	7.962,48	1,93				12.253,12	1,11			
Zinserträge	61,51	0,01				61,51	0,01			
Sonst. neutr. Ertr	0,00					0,00				
Verr. kalk. Kosten	0,00					0,00				
Neutraler Ertrag	61,51	0,01				61,51	0,01			
Kontenkl. unbesetzt	0,00					0,00				
Ergebnis vor Steuern	65.289,10	15,82				47.708,93	4,34			
Steuern Eink.u.Ertr	13.550,00	3,28				26.910,00	2,45			
Vorläufiges Ergebnis	51.739,10	12,53				20.798,93	1,89			

Das vorläufige Ergebnis entspricht dem derzeitigen Stand der Buchführung. Abschluss-/Abgrenzungsbuchungen können es noch verändern.

Status 2016*FBX
Werte in: EUR

BWA-Spalten

In der ersten Spalte findest du die Bezeichnung, also worum es in der Position eigentlich geht. Die zweite Spalte zeigt den ausgewählten Zeitraum an, in diesem Fall ist es der März. Das bedeutet, dass wir uns nur die Zahlen für den März anschauen.

Danach folgen verschiedene Prozentsätze, die die verschiedenen Zeilen in Relation zueinander setzen. Das ist in den meisten Fällen nicht so wirklich interessant für dich.

Was aber spannender ist, sind die kumulierten Jahreszahlen von Januar bis März. Hier kannst du sehen, wie viel Umsatz oder Ausgaben du in der jeweiligen Position im gesamten Jahr hattest. Das ist so interessant, weil du den März mit dem Zeitraum von Januar bis März vergleichen kannst. So kannst du schnell erkennen, ob bestimmte Positionen in anderen Monaten stärker oder schwächer waren.

BWA-Zeilen

Lass uns jetzt die einzelnen Zeilen durchgehen. Hier stehen eine Menge Informationen, aber nicht alles ist wirklich relevant.

Die oberste Zeile zeigt deinen Umsatz an. Das ist interessant, denn er gibt Auskunft darüber, wie viel Geld du tatsächlich verdient hast. In diesem Fall sind es 412.575 €.

Dann gibt es noch andere Positionen wie Bestandsveränderungen für Erzeugnisse und Eigenleistungen. Das alles führt zu einer Gesamtleistung. Diese Zeile sollte bei dir in der Regel null sein, da es eher eine Position für größere Unternehmen ist.

Als Nächstes kannst du die direkt zurechenbaren Kosten abziehen. Schau dir dazu die nächste Zeile an, in der der Material- und Wareneinkauf aufgeführt ist. Wenn du beispielsweise im Versandhandel tätig bist, ist es einfacher, hohe Umsätze zu generieren als im Dienstleistungsbereich. Allerdings ist nur ein kleiner Teil davon tatsächlich dein Rohertrag; und den siehst du hier. In diesem Fall beträgt er ungefähr 235.000 €. Wenn man ein Handelsunternehmen mit einem Dienstleistungsunternehmen vergleicht, würde man eher auf den Rohertrag schauen und nicht auf die Umsatzerlöse.

In der nächsten Zeile findest du noch weitere betriebliche Erlöse, und dann erhältst du deinen gesamten betrieblichen Rohertrag.

In den nächsten Zeilen wird es interessant, denn hier geht es um deine Kostenarten. Dazu gehören Personalkosten, Raumkosten, betriebliche Steuern, Versicherungen, Beiträge, sonstige Kosten, Kfz-Kosten und vieles mehr. Hier sind sie alle übersichtlich aufgelistet.

Diese Kosten sind Teil deines Tagesgeschäfts und zeigen dir, wie deine gesamte Kostenstruktur aussieht. Wenn du diese Kosten zusammenrechnest, erhältst du deine Gesamtkosten. In diesem Fall belaufen sie sich auf etwa 162.000 €.

Wenn du den gesamten betrieblichen Rohertrag nimmst und davon die Gesamtkosten abziehst, erhältst du dein Betriebsergebnis. Das kann man als Gewinn deiner Selbstständigkeit bezeichnen.

In größeren Unternehmen gibt es noch ein Finanzergebnis, das darunter ausgerechnet wird. Hier werden deine Zinserträge und Zinsaufwendungen berücksichtigt. Diese Zeilen sollten in deiner BWA eine untergeordnete Rolle spielen.

Wenn du das Finanzergebnis und das Betriebsergebnis zusammenrechnest, erhältst du das Ergebnis vor Steuern – also deinen Gewinn. Das ist die entscheidende Kennzahl, die dir zeigt, wie erfolgreich dein Unternehmen ist.

Diese Zahl ist die Grundlage für die Einkommen- und Gewerbesteuererklärung. Und das ist auch die Zahl, mit der man verschiedene Unternehmen miteinander vergleichen würde.

Du wirst sicherlich feststellen, dass diese Art der BWA eher für größere Unternehmen geeignet ist. Die Zahlen von kleinen Unternehmen, Freiberuflern und Gewerbetreibenden können sich oft etwas verloren fühlen in diesem umfangreichen System. Der Grund dafür liegt darin, dass diese Form der BWA auf der Gewinn- und Verlustrechnung basiert, die für bilanzierende Unternehmen relevant ist. Selbstständige hingegen erstellen in der Regel eine Einnahmenüberschussrechnung.

BWA im EÜR-Format

Meiner Meinung nach ergibt es überhaupt keinen Sinn, während des Jahres eine BWA zu erstellen, die wie eine Gewinn- und Verlustrechnung aussieht,

ELSTER	Bezeichnung	Summe	Vorjahr
14	Umsatzsteuerpflichtige Betriebseinnahmen	52 655,71 €	37 947,72 €
15	Umsatzsteuerfreie, nicht umsatzsteuerbare Betriebseinnahmen sowie Betriebseinnahmen, für die der Leistungsempfänger die Umsatzsteuer nach §13b UStG schuldet	0,00 €	0,00 €
16	Vereinnahmte Umsatzsteuer sowie Umsatzsteuer auf unentgeltliche Wertabgaben	8 878,68 €	6 937,93 €
17	Vom Finanzamt erstattete und ggf. verrechnete Umsatzsteuer (Die Regelung zum 10-Tageszeitraum nach §11 Abs. 1Satz 2 EStG ist zu beachten.)	0,00 €	0,00 €
18	Veräußerung oder Entnahme von Anlagevermögen	10 000,00 €	0,00 €
19	Private Kfz-Nutzung	0,00 €	0,00 €
20	Sonstige Sach-, Nutzungs- und Leistungsentnahmen	0,00 €	0,00 €
22	**Summe Betriebseinnahmen**	**71 534,39 €**	**44 885,65 €**
26	Waren, Rohstoffe und Hilfsstoffe einschl. der Nebenkosten	2 548,44 €	947,00 €
27	Bezogene Fremdleistungen	11 877,35 €	7 389,00 €
28	Ausgaben für eigenes Personal (z. B. Gehälter, Löhne und Versicherungsbeiträge)	0,00 €	0,00 €
29	AfA auf unbewegliche Wirtschaftsgüter (Anlage AVEÜR beachten)	0,00 €	0,00 €
30	AfA auf immaterielle Wirtschaftsgüter (Anlage AVEÜR beachten)	0,00 €	0,00 €
31	AfA auf bewegliche Wirtschaftsgüter (Anlage AVEÜR beachten)	744,46 €	2 922,32 €
43	Aufwendungen für geringwertige Wirtschaftsgüter nach §6 Abs. 2 EStG	100,00 €	343,23 €
45	Restbuchwert der ausgeschiedenen Anlagegüter (Anlage AVEÜR beachten)	5 000,00 €	0,00 €
46	Miete/Pacht für Geschäftsräume und betrieblich genutzte Grundstücke	0,00 €	0,00 €
49	Aufwendungen für Telekommunikation (z. B. Telefon, Internet)	616,57 €	935,24 €
50	Übernachtungs- und Reisenebenkosten bei Geschäftsreisen des Steuerpflichtigen	0,00 €	94,40 €
51	Fortbildungskosten (ohne Reisekosten)	840,17 €	94,34 €
52	Kosten für Rechts- und Steuerberatung, Buchführung	498,66 €	938,23 €
53	Miete/Leasing für bewegliche Wirtschaftsgüter (ohne Kraftfahrzeuge)	0,00 €	0,00 €
54	Erhaltungsaufwendungen (z. B. Instandhaltung, Wartung, Reparatur; ohne solche für Gebäude und Kraftfahrzeuge)	0,00 €	0,00 €
55	Beiträge, Gebühren, Abgaben und Versicherungen (ohne solche für Gebäude und Kraftfahrzeuge)	311,00 €	23,64 €
56	Laufende EDV-Kosten (z. B. Beratung, Wartung, Reparatur)	0,00 €	0,00 €
57	Arbeitsmittel (z. B. Bürobedarf, Porto, Fachliteratur)	752,34 €	2 480,64 €
58	Kosten für Abfallbeseitigung und Entsorgung	0,00 €	0,00 €
59	Kosten für Verpackung und Transport	0,00 €	0,00 €
60	Werbekosten (z. B. Inserate, Werbespots, Plakate)	2 517,48 €	3 892,55 €
61	Schuldzinsen zur Finanzierung von Anschaffungs- und Herstellungskosten von Wirtschaftsgütern des Anlagevermögens (ohne häusliches Arbeitszimmer)	0,00 €	0,00 €
62	Übrige Schuldzinsen	0,00 €	0,00 €
63	Gezahlte Vorsteuerbeträge	4 427,05 €	4 932,64 €
64	An das Finanzamt gezahlte und ggf. verrechnete Umsatzsteuer (Die Regelung zum 10-Tageszeitraum nach §11 Abs. 2 Satz 2EStG ist zu beachten.)	1 612,71 €	1 764,81 €
66	Übrige unbeschränkt abziehbare Betriebsausgaben	2 253,99 €	489,34 €
67	Geschenke nicht abziehbar	0,00 €	0,00 €
67	Geschenke abziehbar	0,00 €	0,00 €
68	Bewirtungsaufwendungen nicht abziehbar (30% der Bewirtungskosten)	60,00 €	168,00 €
68	Bewirtungsaufwendungen abziehbar (70% der Bewirtungskosten)	140,00 €	392,00 €
69	Verpflegungsmehraufwendungen	0,00 €	0,00 €
70	Aufwendungen für ein häusliches Arbeitszimmer (einschl. AfA und Schuldzinsen)	0,00 €	0,00 €
81	Leasingkosten	0,00 €	0,00 €
82	Steuern, Versicherungen und Maut	0,00 €	0,00 €
83	Sonstige tatsächliche Fahrtkosten ohne AfA und Zinsen (z.B.Reparaturen, Wartungen, Treibstoff, Kosten für Flugstrecken, Kosten für öffentliche Verkehrsmittel)	857,36 €	438,35 €
84	Fahrtkosten für nicht zum Betriebsvermögen gehörende Fahrzeuge (Nutzungseinlage)	0,00 €	0,00 €
85	Fahrtkosten für Wege zwischen Wohnung und erster Betriebsstätte (pauschaliert oder tatsächlich)	0,00 €	0,00 €
86	Mindestens abziehbare Fahrtkosten für Wege zwischen Wohnung und erster Betriebsstätte (Entfernungspauschale)	0,00 €	0,00 €
88	**Summe Betriebsausgaben**	**35 157,58 €**	**28 245,73 €**
109	**Steuerpflichtiger Gewinn/Verlust**	**36 376,81 €**	**16 639,92 €**
125	Entnahmen einschl. Sach-, Leistungs- und Nutzungsentnahmen	35 678,32 €	13 943,64 €
126	Einlagen einschl. Sach-, Leistungs- und Nutzungseinlage	1 189,59 €	834,64 €

um dann am Jahresende eine Einnahmenüberschussrechnung zu erstellen. Aus diesem Grund empfehle ich dir, auch für die laufende Erfolgsrechnung, also die BWA, das Format der Einnahmenüberschussrechnung zu wählen. Das vereinfacht die Dinge und vermeidet unnötiges Hin- und Herrechnen zwischen den Formaten.

In dem Download-Ordner zu diesem Buch findest du eine Vorlage für eine BWA, die sich an der Struktur der Einnahmenüberschussrechnung orientiert. Du kannst sie gerne als Vorlage nutzen, um eine laufende BWA zu erstellen, wenn du Bedarf hast.

Natürlich schauen wir uns diese BWA genauer an. Ganz oben ist ein großer Block, der deine Betriebseinnahmen darstellt. Das ist der Umsatz, der umsatzsteuerpflichtige und umsatzsteuerfreie Betriebseinnahmen einschließt. Auch die vereinnahmte Umsatzsteuer ist in der EÜR ein Teil des Umsatzes.

Hier finden sich aber auch andere Elemente wie die private Kfz-Nutzung. Wenn du also einen Firmenwagen hast und ihn privat nutzt, gibt es eine Art fiktiven Umsatz, den du versteuern musst.

All diese Beträge werden zusammengerechnet und ergeben den Block „Summe Betriebseinnahmen“, der deine gesamten Betriebseinnahmen darstellt. In diesem Fall belaufen sie sich auf 71.534,39 €.

Darunter findest du eine Auflistung aller Kosten wie bei einer Einnahmenüberschussrechnung. Zum Beispiel die Kosten für Fremdleistungen in Höhe von 11.877,35 €, die Abschreibungen, Ausgaben für Telekommunikation und Übernachtungs- sowie Reisekosten. Alles ist detailliert aufgelistet und am Ende findest du die Gesamtsumme deiner Betriebsausgaben.

Ganz unten findest du den Gewinn für den entsprechenden Zeitraum. Das ist die Summe deiner Betriebseinnahmen, also 71.534,39 €, abzüglich der Betriebsausgaben in Höhe von 35.157,58 €. Das ergibt einen steuerpflichtigen Gewinn von 36.376,81 €, auf den du dann Steuern zahlst.

Der Vorteil dieser BWA ist, dass die Zahlen jetzt schlanker und leichter zu lesen sind. Außerdem folgt die BWA der gleichen Struktur wie die Anlage EÜR in der Einkommensteuererklärung. Das bedeutet, dass du theoretisch diese Zahlen einfach in deine Einkommensteuererklärung übertragen kannst, wenn das Jahr vorbei ist.

Ersten Mitarbeiter einstellen

www.steuerfit.tv/mitarbeiter

Wenn du selbstständig bist und so viel zu tun hast, dass du die Arbeit nicht mehr alleine schaffst, könnte es Zeit sein, einen Mitarbeiter einzustellen. In diesem Kapitel erfährst du, welche Schritte du unternehmen musst, um zum Arbeitgeber zu werden.

Ehrlicherweise ist der Prozess des Arbeitgeber-Werdens in Deutschland ein bürokratischer Albtraum. Ich selbst habe noch nie etwas so Kompliziertes gemacht wie die Registrierung als Arbeitgeber. Es sind unglaublich viele unterschiedliche Ämter und Behörden involviert, und man wird in der Regel alleingelassen. Es gibt nur wenige Informationen oder Anlaufstellen, die einem genau sagen, was zu tun ist.

1. Schritt: Mitarbeiter finden

Als Selbstständiger hast du eine Vielzahl von Aufgaben zu erledigen und du solltest zuerst überlegen, welche Aufgaben du eigentlich gerne abgeben möchtest. Das bedeutet, du musst über die Aufgaben und das Profil deines zukünftigen Mitarbeiters nachdenken. Wen suchst du genau?

Anschließend musst du diese Person finden. Das kannst du entweder durch Jobanzeigen oder durch dein Netzwerk tun. Vielleicht arbeitest du auch bereits mit Freelancern zusammen und könntest dir vorstellen, sie in Zukunft fest einzustellen. Du brauchst also eine grobe Vorstellung davon, welche Aufgaben erledigt werden sollen, und einen Kandidaten oder eine Kandidatin, der oder die diese Aufgaben in Zukunft übernehmen kann.

2. Schritt: Der Arbeitsvertrag

Als Nächstes brauchst du einen Arbeitsvertrag. Es gibt verschiedene Vorlagen im Internet, die du nutzen kannst. Besonders empfehlen kann ich dir die Webseiten der IHK. Dort findest du Arbeitsvertragsvorlagen, die du bedenkenlos verwenden kannst. Schließlich bezahlst du mit deinen IHK-Beiträgen dafür. Du musst also keinen individuellen Arbeitsvertrag von einem Anwalt erstellen lassen. Du kannst einfach eine Vorlage nehmen und sie nach deinen Bedürfnissen anpassen.

Danach musst du dich mit deinem Mitarbeiter zusammensetzen und die Rahmenbedingungen des Vertrages besprechen:

- Wie lange soll gearbeitet werden?
- Wo soll gearbeitet werden?
- Ist es eine Vollzeit- oder Teilzeitstelle?
- Welches Gehalt sollte der Mitarbeiter bekommen?
- Welche Tätigkeiten umfasst die Stelle?
- Wie viele Urlaubstage möchtest du gewähren?

Das sind alles wichtige Punkte, die im Arbeitsvertrag geregelt sein sollten. Wenn du eine Vorlage verwendest, musst du diese Informationen ergänzen. Es ist wichtig, dass ihr euch schriftlich einigt. Es wäre nicht das erste Mal, dass eine potentielle Zusammenarbeit daran scheitert, dass beide Parteien unterschiedliche Vorstellungen davon haben, was gerade besprochen wurde.

3. Schritt: Behördliche Anmeldungen

Im nächsten Schritt steht ein wahrer Behördenmarathon an. Es gibt eine ganze Reihe von Institutionen und Behörden, die informiert werden müssen und bei denen du Nummern beantragen musst.

Finanzamt: Beim Finanzamt muss das Signal für die Lohnsteuer freigeschaltet werden. Warum? Weil du zukünftig nicht nur Einkommenssteuer, Umsatzsteuer und gegebenenfalls Gewerbesteuer zahlst, sondern auch Lohnsteuer für deinen Mitarbeiter. Du musst als Arbeitgeber Lohnsteueranmeldungen erstellen und die Lohnsteuer abführen. Aber das funktioniert nicht einfach so, vorher muss das Signal für die Lohnsteuer freigeschaltet werden.

Normalerweise reicht dafür eine einfache E-Mail aus. Wenn du jedoch unsicher bist, kannst du einfach zum Hörer greifen und beim Finanzamt anrufen. Die Sachbearbeiter werden dir dann erklären, was du tun musst, damit das Lohnsteuersignal freigeschaltet wird. Es ist wichtig, dass du das machst, denn ohne dieses Signal kannst du keine monatlichen Gehaltsabrechnungen für deine Mitarbeiter erstellen.

Bundesagentur für Arbeit: Außerdem ist es wichtig, dass du dich bei der Bundesagentur für Arbeit als Arbeitgeber anmeldest. Selbst wenn du deinen Mitarbeiter nicht von dort bekommen hast, musst du diesen Schritt durchführen. Warum? Weil dir von der Bundesagentur für Arbeit eine Betriebsnummer zugewiesen wird. Diese Betriebsnummer wird benötigt, um Mitarbeiter in Deutschland beschäftigen zu können. Für weitere Mitarbeiter wird es dann einfacher, da du die Nummer nur einmalig benötigst.

Um dir den Prozess zu erleichtern, habe ich eine Schritt-für-Schritt-Anleitung erstellt. Das Video findest du hier: Betriebsnummer beantragen:

www.steuerfit.tv/betriebsnummer

Berufsgenossenschaft: Als Nächstes solltest du die Berufsgenossenschaft informieren. Die Berufsgenossenschaft ist die gesetzliche Unfallversicherung und du bist als Arbeitgeber Pflichtmitglied. Du erhältst dort eine Mitgliedsnummer, die du benötigst, um Mitarbeiter einzustellen.

In Deutschland gibt es verschiedene Berufsgenossenschaften, die je nach Wirtschaftssektor zuständig sind. Sie sind in der Regel nach Branchen gegliedert, wobei es bei Mischunternehmen zu Überschneidungen der Zuständigkeitsbereiche kommen kann. Die Zuordnung deines Unternehmens hängt hauptsächlich von deinem Kerngeschäft ab. Bei Unklarheiten über die Zuständigkeit kann der Dachverband Deutsche Gesetzliche Unfallversicherung e. V. (DGUV) weiterhelfen.

Einige Beispiele für Berufsgenossenschaften und ihre Zuständigkeiten sind:

Verwaltungs-Berufsgenossenschaft (VBG): Berufsgenossenschaft der Banken, Versicherungen, Verwaltungen, freien Berufe, Unternehmen der keramischen und Glas-Industrie sowie Unternehmen der Straßen-, U-Bahnen und Eisenbahnen.

Berufsgenossenschaft Nahrungsmittel und Gastgewerbe (BGN): Zuständig für das Beherbergungsgewerbe, Gaststätten, Nahrungsmittelherstellung usw.

Berufsgenossenschaft Handel und Warenlogistik: Umfasst den Groß- und Einzelhandel, Lagerlogistik usw.

Berufsgenossenschaft der Bauwirtschaft (BG BAU): Deckt Bereiche wie Hochbau, Tiefbau, Dacharbeiten, Malerarbeiten usw. ab.

Berufsgenossenschaft Holz und Metall: Betreut Unternehmen in der Holz- und Metallbranche.

Berufsgenossenschaft Energie Textil Elektro Medienerzeugnisse (BG ETEM): Für Betriebe in der Energieversorgung, Textilherstellung, Elektroindustrie, Medienerzeugung usw.

Berufsgenossenschaft für Gesundheitsdienst und Wohlfahrtspflege: Für Berufe im Gesundheitswesen und in der Wohlfahrtspflege.

Die Berufsgenossenschaften sind zuständig für Leistungen im Falle von Arbeitsunfällen oder Berufskrankheiten. Das heißt, es geht um eine finanzielle Absicherung deiner Mitarbeiter im Falle einer Berufskrankheit oder eines Arbeitsunfalls.

Obwohl die zuständige Berufsgenossenschaft informiert wird, wenn du dich als Arbeitgeber anmeldest, empfehle ich dir dennoch, proaktiv Kontakt mit ihr aufzunehmen. Es geht auch um Zeit – wenn du möchtest, dass dein Mitarbeiter so schnell wie möglich starten kann.

Weitere Anlaufstationen: Darüber hinaus ist es wichtig, auch andere Institutionen wie deine Berufshaftpflichtversicherung nicht zu vergessen. Eine Berufshaftpflichtversicherung sichert Vermögensschäden ab, die möglicherweise beim Kunden entstehen könnten. Dies gilt natürlich für deine derzeitige Tätigkeit. Wenn du jedoch Mitarbeiter einstellst, werden diese auch Aufgaben übernehmen und du möchtest mit Sicherheit, dass potenzielle Schäden, die durch ihre Arbeit entstehen, ebenfalls abgedeckt sind. Es ist ratsam, dies mit deiner Versicherung zu klären und zu prüfen, ob dies bereits der Fall ist. Falls nicht, musst du möglicherweise den Versicherungsschutz erweitern.

4. Schritt: Nummern zusammentragen

Der vierte Schritt ist eigentlich nicht wirklich ein eigenständiger Schritt, sondern eher das Ergebnis des dritten Schrittes. Am Ende dieses Behördenmarathons benötigst du nämlich eine ganze Reihe von Nummern, um überhaupt als Arbeitgeber tätig werden zu können:

- **Steuernummer**, unter der du auch die Lohnsteuer anmelden kannst
- **Betriebsnummer** von der Bundesagentur für Arbeit
- **Unternehmensnummer** von der Berufsgenossenschaft

Sobald du diese drei Nummern hast, kannst du die nächsten Schritte angehen.

5. Schritt: Versicherungsdetails von deinem Mitarbeiter

Nun benötigst du zusätzliche Informationen von deinem zukünftigen Arbeitnehmer. Diese Informationen kannst du natürlich auch schon vorher abfragen, aber du brauchst sie erst jetzt in diesem Schritt. Es geht hauptsächlich um die Sozialversicherungsnummer und die Zugehörigkeit zur Krankenkasse. Also, bei welcher Krankenkasse ist dein Mitarbeiter versichert?

Mit diesen Informationen und den Nummern, die du im vorherigen Schritt beantragt hast, kannst du eine Vielzahl von Informationen über deinen Mitarbeiter abrufen. Zum Beispiel die Lohnsteuermerkmale wie die Steuerklasse oder etwaige Freibeträge, die du in der monatlichen Gehaltsabrechnung berücksichtigen musst. Du musst ja monatlich Gehaltsabrechnungen für deinen Mitarbeiter erstellen und dafür ist es wichtig zu wissen, ob beispielsweise Kinderfreibeträge berücksichtigt werden sollten. Diese Informationen kannst du als Arbeitgeber mit einer entsprechenden Lohn-Software einfach abrufen.

Alle Sozialversicherungen zahlst du übrigens gebündelt an die Krankenkasse. Das heißt, die Krankenversicherung, die Pflegeversicherung, die Arbeitslosenversicherung, die Rentenversicherung usw. Das gesamte Geld für alle Versicherungsleistungen wird in einer Zahlung an die Krankenkasse geleistet und die kümmert sich dann darum, dass die Gelder richtig verteilt und den entsprechenden Töpfen zugeordnet werden. Als Arbeitgeber hast du nur Kontakt zur Krankenversicherung und überweist den gesamten Betrag an diese. Deshalb ist es natürlich wichtig zu wissen, bei welcher Krankenkasse dein Arbeitnehmer versichert ist.

6. Schritt: Schulung zur Arbeitssicherheit

Der nächste Schritt ist abhängig von deiner Branche. Nicht jeder muss ihn machen. Wenn du dich zum ersten Mal als Arbeitgeber bei der Berufsgenossenschaft anmeldest, also bei der gesetzlichen Unfallversicherung, kann es sein, dass du eine Schulung zur Arbeitssicherheit absolvieren musst. Das bedeutet, du lernst, was Arbeitssicherheit bedeutet, worauf du achten musst und welche Verpflichtungen du als Arbeitgeber hast.

Es kann sein, dass du nach der Anmeldung aufgefordert wirst, an einer solchen Schulung teilzunehmen. Das ist nicht immer der Fall und wenn du keine Aufforderung erhältst, musst du es auch nicht von dir aus initiieren. Wenn die Berufsgenossenschaft jedoch möchte, dass du diese Schulung besuchst, dann musst du auch daran teilnehmen.

7. Schritt: Laufende Gehaltsabrechnungen

Nach diesen Schritten bist du offiziell Arbeitgeber. Herzlichen Glückwunsch! Aber das bedeutet noch nicht, dass dein Job erledigt ist. Es geht erst los, denn du musst jetzt jeden Monat Gehaltsabrechnungen erstellen. Du musst sicherstellen, dass das Gehalt pünktlich an deine Mitarbeiter ausgezahlt wird, die Sozialversicherungen an die Krankenkasse gehen und die Lohnsteuer ans Finanzamt überwiesen wird.

Zusätzlich musst du immer auf dem neuesten rechtlichen Stand bleiben. Es gibt regelmäßige Änderungen im Arbeitsrecht, Sozialversicherungsrecht und Lohnsteuerrecht. Auch der Mindestlohn oder der Jugendarbeitsschutz können sich ändern. Als Arbeitgeber ist es wichtig, immer informiert zu bleiben.

Steuererklärungen

www.steuerfit.tv/steuererklaerungen

Als Angestellter musst du in vielen Fällen gar keine Steuererklärung abgeben. Anders sieht es aus, wenn du selbstständig bist. Als Selbstständiger musst du eine ganze Reihe von Steuererklärungen und Voranmeldungen abgeben. Aber welche genau? Und welche Steuererklärung kannst du im Zweifel weglassen? In diesem Kapitel beantworte ich diese Fragen.

Es ist nämlich wichtig zu beachten, dass es einen Unterschied gibt zwischen der Verpflichtung, Steuern zu zahlen, und der Verpflichtung, eine Steuererklärung abzugeben. Für Selbstständige gibt es verschiedene Freibeträge, Freigrenzen und Vereinfachungsregelungen, die zum Teil dazu führen, dass man keine Steuern zahlen muss. Das bedeutet jedoch nicht automatisch, dass du auf das Einreichen der Steuererklärung verzichten kannst. Lass uns genauer auf die Pflicht zur Steuererklärung eingehen.

Einkommensteuererklärung

Als Selbstständiger musst du unabhängig von deinem Umsatz oder Gewinn immer eine Einkommensteuererklärung einreichen. Auch dann, wenn du keinen Cent Umsatz gemacht oder Verluste erzielt hast. Es gibt keine Möglichkeit, wie du dich von dieser Verpflichtung befreien kannst.

Umsatzsteuererklärung

In Deutschland ist jeder Selbstständige, der Produkte oder Dienstleistungen gegen Bezahlung verkauft, in der Theorie umsatzsteuerpflichtig. Ja, auch Kleinunternehmer. Sie müssen diese Umsatzsteuer aber nicht abführen.

Das klingt äußerst klein kariert, war in der Vergangenheit aber tatsächlich der Grund, warum auch Kleinunternehmer eine Umsatzsteuererklärung abgeben mussten. Genau: Die Selbstständigen, die keine Umsatzsteuer ausweisen, keine Vorsteuer geltend machen, die keine Umsatzsteuer-Voranmeldungen machen, mussten einmal im Jahr trotzdem eine (mehr oder weniger) leere Umsatzsteuererklärung abgeben. Dass das etwas sinnlos ist und nicht nur die Selbstständigen sondern auch die Finanzämter unnötig belastet, hat der Gesetzgeber im März 2024 auch eingesehen und die Steuererklärungspflicht für Kleinunternehmer abgeschafft.

Wenn du schon eine Weile Selbstständig bist und die Kleinunternehmerregelung in Anspruch nimmst, musst du für das Jahr 2023 deine letzte Umsatzsteuererklärung abgeben. Wenn du erst im Jahr 2024 oder später gegründet hast, brauchst du dich als Kleinunternehmer nicht mehr damit beschäftigen.

Alle anderen Selbstständigen müssen natürlich auch weiterhin eine Umsatzsteuererklärung abgeben.

Gewerbesteuererklärung

Kommen wir zur Gewerbesteuer. Wenn du Freiberufler bist, habe ich gute Nachrichten für dich: Du musst dich nicht mit der Gewerbesteuer auseinandersetzen. Keine Gewerbesteuer, keine Gewerbesteuererklärung. Das ist ein klarer Vorteil und spart dir Arbeit und Zeit.

Aber wie sieht es aus, wenn du ein Gewerbetreibender bist? Hier wird es interessant. Zunächst einmal gibt es einen Freibetrag: Erst wenn dein Gewinn über 24.500€ liegt, musst du Gewerbesteuer zahlen. Doch wie sieht es mit der Gewerbesteuererklärung aus, wenn dein Gewinn unter dieser Grenze liegt? Die Antwort darauf findest du in § 25 der Gewerbesteuer-Durchführungsverordnung (GewStDV). Hier steht klar, dass nur Unternehmen mit einem Gewerbeertrag über 24.500 € eine Gewerbesteuererklärung abgeben müssen. Liegt dein Gewinn darunter, brauchst du keine Erklärung zu erstellen.

ABER VORSICHT:

Manchmal fordert das Finanzamt (oder die Gemeinde) auch bei geringeren Gewinnen eine Erklärung. Dies hängt oft von der jeweiligen Gemeinde ab, denn die Gewerbesteuer wird lokal erhoben und die Handhabung kann variieren. Und wenn eine Gewerbesteuererklärung explizit verlangt wird, musst du dieser Aufforderung nachkommen, unabhängig von der Höhe deines Gewinns.

NOCH EIN WICHTIGER HINWEIS:

Falls du Verluste erlitten hast, solltest du ebenfalls eine Gewerbesteuererklärung abgeben. Der Grund dafür ist, dass du diese Verluste mit Gewinnen in anderen Jahren verrechnen kannst. Eine solche Verrechnung ist jedoch nur möglich, wenn ein Gewerbesteuerbescheid vorliegt. Also, wenn du Verluste gemacht hast, ist es in deinem eigenen Interesse, eine Erklärung abzugeben.

Zusammengefasst: Wenn du Freiberufler bist, kannst du dich entspannt zurücklehnen. Als Gewerbetreibender musst du eine Gewerbesteuererklärung abgeben, wenn dein Gewinn über 24.500 € liegt oder das Finanzamt dies verlangt. Und denk daran, auch bei Verlusten kann eine Erklärung zu deinem Vorteil sein.

Steuerbescheid lesen

www.steuerfit.tv/steuerbescheid

Das Ausfüllen und Einreichen der Steuererklärung ist das eine – aber den anschließenden Steuerbescheid zu erhalten und zu verstehen, ist eine ganz andere Geschichte. Der Steuerbescheid enthält so viele Informationen und Zahlen, dass es oft schwierig ist, den Überblick zu behalten, besonders wenn man nicht regelmäßig damit vertraut ist.

Lass uns gemeinsam einen Blick auf einen Einkommensteuerbescheid werfen. Ich erkläre dir, welche Zahlen wichtig sind und worüber du eventuell hinwegsehen kannst.

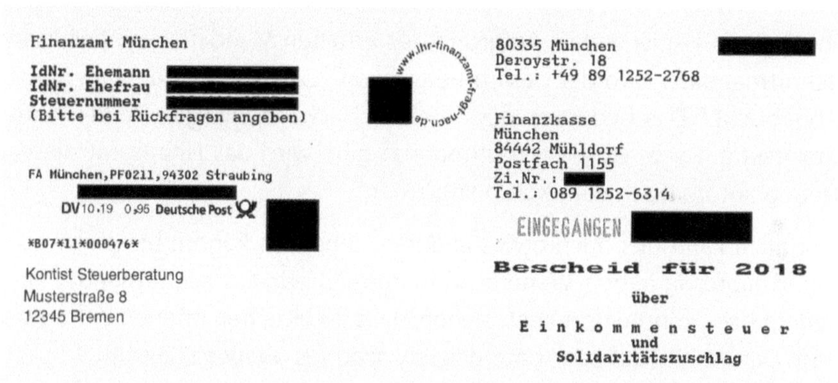

Finanzamt München

IdNr. Ehemann
IdNr. Ehefrau
Steuernummer
(Bitte bei Rückfragen angeben)

80335 München
Deroystr. 18
Tel.: +49 89 1252-2768

Finanzkasse
München
84442 Mühldorf
Postfach 1155
Zi.Nr.:
Tel.: 089 1252-6314

FA München,PF0211,94302 Straubing

DV 10.19 0,95 Deutsche Post

*B07*11*000476*

Kontist Steuerberatung
Musterstraße 8
12345 Bremen

EINGEGANGEN

Bescheid für 2018
über
Einkommensteuer
und
Solidaritätszuschlag

Wenn du deinen Steuerbescheid gerade vor dir liegen hast, dann sieht er wahrscheinlich ähnlich aus wie meiner, den ich hier eingefügt habe. Ganz oben findest du allgemeine Informationen wie deine Steuernummer, deine persönliche Steuer-ID und das zuständige Finanzamt mit Ansprechpartner und Telefonnummer.

Was wichtig ist: Oben rechts steht, um welchen Bescheid es sich handelt (Umsatzsteuer, Gewerbesteuer, Einkommensteuer usw.) und für welches Jahr er gilt. In meinem Fall steht da „Bescheid für 2018 über Einkommensteuer und Solidaritätszuschlag“. Das ist schon mal hilfreich zu wissen, um den Bescheid richtig abzulegen und ihn schnell wieder zu finden.

Bitte zahlen Sie spätestens am 14.11.2019	7.050,00*	262,67*

Aufgrund des erteilten Mandats wird der Gesamtbetrag von 7.312,67 €
(mit * gekennzeichnete Beträge) zum angegebenen Fälligkeitstag vom Konto mit der
IBAN durch Lastschrift eingezogen
(Gläubiger-ID / Mandatsreferenznummer).

V o r a u s z a h l u n g e n

Als Vorauszahlungen werden festgesetzt und sind zu entrichten:

Und hier ist der wichtigste Teil, nach dem du wahrscheinlich als Erstes suchst. Er befindet sich unter diesem ersten Abschnitt, also unter diesem Kästchen. Dort findest du die Informationen, die du suchst: Gibt es eine Rückerstattung oder musst du etwas bezahlen?

In diesem Beispiel steht: „Aufgrund des erteilten Mandats (also des Lastschriftmandats) wird der Gesamtbetrag von 7.312,67 € von deinem Konto abgebucht.“ Das bedeutet, dass es eine Nachzahlung gibt, leider keine Erstattung. Da es ein Lastschriftmandat gibt, wird das Finanzamt diesen Betrag automatisch vom Konto abbuchen.

Natürlich kann hier auch etwas anderes stehen. Es könnte beispielsweise eine Erstattung geben. Wenn du zum Beispiel kein Lastschriftmandat hinterlegt hast, könnte dort auch stehen, dass du bitte den offenen Betrag bis zum Datum XYZ auf das Konto des Finanzamtes überweisen sollst.

Es kann auch vorkommen, dass verschiedene Steuerarten miteinander verrechnet werden. Dies ist nur der Steuerbescheid für die Einkommensteuer und den Solidaritätszuschlag. Wenn du zum Beispiel eine Erstattung bei der Einkommensteuer hast, aber eine Nachzahlung bei der Umsatzsteuer, verrechnet das Finanzamt diese oft miteinander. Dann steht dort „Verrechnung mit der Umsatzsteuer“ oder etwas Ähnliches.

Der wichtige Teil steht also immer auf der ersten Seite. Dort erfährst du, was mit deiner Nachzahlung oder Erstattung passiert.

	Einkommen-steuer €	Solidaritäts-zuschlag €
Festgesetzt werden	19.322,00	934,67
A b r e c h n u n g (Stichtag 02.10.2019)		
bereits getilgt	12.272,00	672,00
mithin sind zu wenig entrichtet	7.050,00	262,67
Bitte zahlen Sie spätestens am 14.11.2019	7.050,00*	262,67*

Aber wie kommt das Finanzamt überhaupt auf diese Nachzahlung? Das steht genau darüber. Schau dir das Kästchen auf der rechten Seite an. Du siehst dort zwei Spalten: eine für die Einkommensteuer und eine für den Solidaritätszuschlag. Bei dir gibt es vielleicht sogar eine dritte Spalte für die Kirchensteuer. Normalerweise sind diese drei Steuerarten immer in einem Steuerbescheid enthalten.

In den jeweiligen Zeilen kannst du nachlesen, wie viel in jeder Kategorie berechnet wurde. In der ersten Zeile steht die festgesetzte Steuer für dieses Jahr – zum Beispiel 19.322,00 € für die Einkommensteuer und 934,67 € für den Solidaritätszuschlag. Das ist der Gesamtbetrag, der für das Jahr gezahlt werden muss.

Allerdings hast du wahrscheinlich schon im Laufe des Jahres Steuern vorausgezahlt. Als Selbstständiger zahlst du vierteljährlich deine Einkommensteuer voraus, und auch als Angestellter werden dir monatlich Lohnsteuerabzüge berechnet. Diese Vorauszahlungen werden dann mit dem Steuerbescheid verrechnet.

In dem gezeigten Fall siehst du zum Beispiel, dass bereits 12.272 € für die Einkommensteuer und 672 € für den Solidaritätszuschlag getilgt wurden. Hier siehst du also, dass die Person in dem Jahr offensichtlich nicht angestellt war – sonst würde es noch eine zusätzliche Zeile mit „Abzüge als Lohnsteuer von der Gehaltsabrechnung" geben.

In der nächsten Zeile werden dann die beiden Beträge miteinander verrechnet. Die Einkommensteuer von 19.322 € minus die bereits getilgten 12.272 € ergibt eine Nachzahlung von 7.050 €. Aber das ist noch nicht alles – dazu kommt noch der Solidaritätszuschlag von 262,67 €.

Zusammen ergibt das den Betrag, der nachgezahlt werden muss und den das Finanzamt in ein paar Tagen von dem Konto abbuchen wird.

Es kann natürlich auch sein, dass deine Vorauszahlungen höher sind als die festgesetzte Steuer. Wenn du also im Laufe des Jahres mehr gezahlt hast als nötig, erhältst du eine Steuererstattung.

V o r a u s z a h l u n g e n

Als Vorauszahlungen werden festgesetzt und sind zu entrichten:				
	10. März €	10. Juni €	10. September €	10. Dezember €
Einkommensteuer: 2019 2020 und weitere Jahre	 4.761,00	 4.761,00	 4.761,00	 10.168,00 4.761,00
Solidaritätszuschlag: 2019 2020 und weitere Jahre	 224,00	 224,00	 224,00	 412,00 224,00

Aufgrund des erteilten Mandats werden die Vorauszahlungen zum angegebenen Fälligkeitstag vom Konto mit der IBAN ███ durch Lastschrift eingezogen (Gläubiger-ID ███ / Mandatsreferenznummer ███).

Der nächste Abschnitt im Steuerbescheid ist ziemlich interessant. Dort findest du die Festsetzung der quartalsweisen Vorauszahlungen. Wenn du quartalsweise Einkommensteuer vorauszahlen musst, werden diese Vorauszahlungen in der Regel mit jedem Steuerbescheid neu angepasst. Wenn dieser Bereich auf deinem Steuerbescheid fehlt, gelten die Vorauszahlungen aus dem letzten Steuerbescheid.

Wenn du Steuern nachzahlen musst, erhöhen sich auch deine quartalsweisen Vorauszahlungen. Im umgekehrten Fall, wenn du weniger Steuern zahlen musstest und eine Erstattung bekommst, werden die quartalsweisen Vorauszahlungen normalerweise auch reduziert.

Schau dir diesen Bereich unbedingt an, denn das sind die Beträge, die du in Zukunft quartalsweise vorauszahlen musst.

Im vorliegenden Steuerbescheid ist klar zu erkennen, dass für das vierte Quartal 2019 die Vorauszahlung erheblich erhöht wurde. Das Finanzamt hat festgestellt, dass für 2018 etwa 7.300 € zu wenig gezahlt worden sind und möchte dieses Geld so früh wie möglich auch für die folgenden Jahre erhalten. Deshalb wurde die nächste Vorauszahlung so stark erhöht. Im Steuerbescheid sind auch die Vorauszahlungen für 2020 aufgeführt, die für jedes Quartal niedriger sind.

Das Finanzamt berechnet die Vorauszahlungen, indem es die Gesamtsteuer eines Jahres durch vier teilt. In diesem Fall sollen die Vorauszahlungen also für jedes Jahr insgesamt etwa 19.000 € betragen, der Steuerschuld für 2018. Da bereits in den ersten drei Quartalen von 2019 zu wenig gezahlt worden ist, ist die letzte Rate für 2019 entsprechend hoch und für 2020 sind alle Beträge wieder etwas niedriger, da die ca. 19.000 € auf vier Raten aufgeteilt werden können.

B e s t e u e r u n g s g r u n d l a g e n

Berechnung des zu versteuernden Einkommens

	Ehemann €	Ehefrau €	insgesamt €
Einkünfte aus selbständiger Arbeit			
aus freiberuflicher Tätigkeit	96.477		
Einkünfte	**96.477**		
Einkünfte aus nichtselbständiger Arbeit			
Bruttoarbeitslohn		5.000	
ab Arbeitnehmer-Pauschbetrag		1.000	
Einkünfte		**4.000**	
Summe der Einkünfte	**96.477**	**4.000**	**100.477**
Gesamtbetrag der Einkünfte	**96.477**	**4.000**	**100.477**

Wenn du die Berechnung genauer verstehen möchtest, fragst du dich vielleicht, wie das Finanzamt auf diese Steuerlast kommt. Schau dir dafür einfach den nächsten Block an, wo es um die „Berechnungsgrundlagen – Berechnung des zu versteuernden Einkommens" geht.

Dort werden drei oder vier Spalten gezeigt, in denen die verschiedenen Einkünfte berechnet werden. In der ersten Spalte wird erklärt, was genau berechnet wird. Dann siehst du den Betrag für den Ehemann und die Ehefrau, und schließlich werden die Einkünfte zusammengezählt. Bei dem gezeigten Beispiel handelt es sich also um einen Steuerbescheid von einem zusammenveranlagten Ehepaar.

Es gab offensichtlich unterschiedliche Einkommen in der Familie. Im ersten Block geht es um „Einkünfte aus selbstständiger Arbeit", genauer gesagt aus freiberuflicher Tätigkeit. Beim Ehemann sehen wir einen Gewinn von 96.477 €. Das ist das Geld, das er mit seiner freiberuflichen Tätigkeit verdient hat. Dieser Betrag wurde mit einer Einnahmenüberschussrechnung ermittelt.

Die Ehefrau hatte keine freiberufliche Tätigkeit, aber sie hatte ein anderes Einkommen. Hier steht „Einkünfte aus nichtselbstständiger Arbeit" und ein Betrag von 5.000 €. Das ist das Bruttoeinkommen, das die Ehefrau im Jahr verdient hat. Davon wird der Arbeitnehmer-Pauschbetrag abgezogen, der 1.000 € beträgt. Das führt zu einem Betrag von 4.000 €.

In der nächsten Zeile werden dann die Einkünfte zusammengezählt: 96.477 € plus 4.000 € ergibt insgesamt 100.477 €.

ab beschränkt abziehbare Sonderausgaben				
Summe der Altersvorsorgeaufwendungen		10.122		
davon 86 %		8.705		
ab Arbeitgeberanteil zur Rentenversicherung		465		
verbleiben		8.240	8.240	
Beiträge zur Krankenversicherung				
- Ehemann	4.848			
- Ehefrau	261			
Summe Krankenversicherungsbeiträge	5.109	5.109		
ab Kürzungsbetrag nach § 10 Abs. 1 Nr. 3 Buchstabe a Satz 4 EStG		10		
verbleiben		5.099		
Beiträge zur Pflegeversicherung				
- Ehemann	409			
- Ehefrau	39			
Summe Pflegeversicherungsbeiträge	448	448		
Summe der Beiträge nach § 10 Abs. 1 Nr. 3 EStG		5.547	5.547	
Summe der abziehbaren Vorsorgeaufwendungen			13.787	13.787
Sonderausgaben-Pauschbetrag				72
außergewöhnliche Belastungen			3.522	
-zumutbare Belastung			3.354	
Überbelastungsbetrag				168
Einkommen				**86.450**
ab Freibeträge für Kinder für das am ██████ geborene Kind				7.428
zu versteuerndes Einkommen				**79.022**

Im nächsten großen Abschnitt wird es leider ein bisschen unübersichtlich. Hier geht es um die privaten Ausgaben, die man steuerlich absetzen kann. Das betrifft nicht die betrieblichen Ausgaben, sondern die privaten Kosten, die steuerlich relevant sind. Zum Beispiel die Aufwendungen für die Altersvorsorge wie die Rentenversicherung. Die stehen in unserem Beispiel an erster Stelle: „Summe der Altersvorsorgeaufwendungen". Dann werden noch weitere Posten verrechnet, um festzustellen, was davon tatsächlich absetzbar ist. Das sind die sogenannten Vorsorgeaufwendungen, die in Höhe von 13.787 € angesetzt werden können. Das wird auch in der Berechnungsspalte ganz rechts vermerkt.

Dann gibt es noch ein paar außergewöhnliche Belastungen. Hierbei handelt es sich vor allem um Gesundheitskosten. Von den außergewöhnlichen Belastungen muss immer noch ein Anteil als „zumutbare Belastungen" abgezogen werden, was hier auch passiert ist. Am Ende bleiben nur 168 € übrig, die tatsächlich steuerlich abgesetzt werden können.

Das wird dann verrechnet und das Gesamteinkommen beträgt 86.450 €.

Es wird auch noch ein Kinderfreibetrag geltend gemacht, auf den ich hier nicht weiter eingehen möchte. Aber natürlich kann man Kinder auch steuerlich berücksichtigen.

Das Ergebnis ist das „zu versteuernde Einkommen". In diesem Beispiel beträgt es 79.022 € und auf diese Summe wird dann der individuelle Steuersatz angewendet.

		€
zu versteuern nach dem Splittingtarif	79.022	16.994
verbleiben dazu Kindergeld für das am	geborene Kind	16.994 2.328
	festzusetzende Einkommensteuer	19.322

Das Ergebnis ist dann die Steuerbelastung, nämlich 16.994 €. Da der Kinderfreibetrag günstiger war, muss an dieser Stelle das Kindergeld „zurückgezahlt" werden. Insgesamt ergibt sich somit eine Einkommensteuerschuld in Höhe von 19.322 €.

Von diesem Steuerbetrag werden dann jeweils der Solidaritätszuschlag und die Kirchensteuer berechnet.

E r l ä u t e r u n g e n z u r F e s t s e t z u n g

Der Höchstbetrag für sonstige Vorsorgeaufwendungen wurde bereits durch die Berücksichtigung Ihrer Beiträge zur Krankenversicherung (Basisabsicherung) und zur gesetzlichen Pflegeversicherung ausgeschöpft; ein darüber hinausgehender Abzug der weiteren sonstigen Vorsorgeaufwendungen ist daher nicht möglich (Neuregelung durch das Bürgerentlastungsgesetz Krankenversicherung vom 16.7.2009, Bundesgesetzblatt Teil I S. 1959).
Die Berechnung der zumutbaren Belastung erfolgte stufenweise entsprechend dem BFH-Urteil vom 19. Januar 2017 (VI R 75/14).

Unter diesem ganzen Block findest du weitere Erläuterungen zur Festsetzung. Hier erklärt das Finanzamt genau, was es gemacht hat. Besonders interessant für dich sind wahrscheinlich die ersten beiden Absätze. Dort beschreibt das Finanzamt, an welcher Stelle sie eventuell von deiner Einkommensteuererklärung abgewichen sind.

Es könnte sein, dass du eine Einkommensteuererklärung eingereicht und Kosten angegeben hast. Allerdings hat das Finanzamt möglicherweise bestimmte Positionen nicht anerkannt. Ein Beispiel: Du hast Spenden getätigt und wolltest sie in deiner Einkommensteuererklärung berücksichtigen. Aber das Finanzamt sagt, dass der Spendenbescheid nicht ausreicht und daher die Spende nicht steuerlich berücksichtigt werden kann. Diese Informationen werden im Steuerbescheid im ersten Absatz unter den Tabellen erläutert.

Schauen wir uns das bei unserem Beispiel genauer an. Im ersten Absatz steht: „Der Höchstbetrag für die sonstigen Vorsorgeaufwendungen wurde bereits durch die Berücksichtigung ihrer Beiträge zur Krankenversicherung (der Basisabsicherung) und zur gesetzlichen Pflegeversicherung ausgeschöpft; ein darüber hinausgehender …" Wenn man das liest, erkennt man, dass es sich nur um einen allgemeinen Bearbeitungshinweis handelt und nicht um eine konkrete Abweichung von den gemachten Angaben.

Das bedeutet, dass dieser Bescheid im Großen und Ganzen mit der Einkommensteuererklärung übereinstimmt. Es sollte keine großen Abweichungen geben.

Selbstständigkeit abmelden

www.steuerfit.tv/abmelden

Früher oder (hoffentlich) später fragt sich jeder, wie man eigentlich aufhört, selbstständig zu sein. Wenn du deine Selbstständigkeit startest, musst du sie auch irgendwann wieder abmelden. Auch bei der Abmeldung gibt es Unterschiede zwischen Freiberuflern und Gewerbetreibenden. Freiberufler benötigen keinen Gewerbeschein, sondern melden sich lediglich beim Finanzamt an. Das bedeutet, dass Freiberufler sich auch beim Abmelden nur beim Finanzamt abmelden müssen. Als Gewerbetreibender musst du dich sowohl beim Finanzamt als auch beim Gewerbeamt abmelden.

Abmelden beim Auswandern

Wenn du deine Selbstständigkeit in Deutschland beendest, um sie im Ausland fortzuführen, gibt es ein paar wichtige Dinge, die du beachten solltest. Der Wegzug aus Deutschland kann steuerlich sehr kompliziert sein, da es verschiedene gesetzliche Regelungen wie zum Beispiel das Außensteuergesetz und die Wegzugsbesteuerung gibt. Das Thema ist wirklich komplex, deshalb empfehle ich dir dringend, vor deinem Umzug ins Ausland mit einem Steuerberater zu sprechen. Der Wegzug kann sehr teuer werden, wenn du etwas falsch machst. Deswegen lohnt es sich auf jeden Fall, deinen individuellen Fall prüfen zu lassen.

Abmeldung beim Finanzamt

Den ersten Schritt bei der Abmeldung kannst du in der Regel bequem online erledigen. Beim Finanzamt reicht normalerweise eine einfache E-Mail oder ein Brief, in dem du deine Situation schilderst und mitteilst, wann genau du mit deiner Selbstständigkeit aufhören möchtest. Ein wichtiger Punkt in diesem Brief ist, dass du nicht nur mitteilst, dass du jetzt aufhörst, sondern auch darum bittest, deine Vorauszahlungen abzusenken. Das heißt, du möchtest keine Umsatzsteuer-Voranmeldungen mehr erstellen. Das wird normalerweise automatisch gemacht, aber ich habe schon oft erlebt, dass das Finanzamt das vergessen hat. Du solltest also direkt in der Nachricht an das Finanzamt darum bitten, die Vorauszahlungen (für Umsatzsteuer, Einkommensteuer und Gewerbesteuer) auf null zu setzen.

Nachdem das Finanzamt deine E-Mail erhalten hat, kann es sein, dass es dir noch mal Dokumente und Formulare zuschickt, in denen du bestimmte Angaben machen musst. Das Finanzamt möchte darin zum Beispiel wissen, ob du dauerhaft aufhörst oder vielleicht nur vorübergehend pausierst. Eine vorübergehende Pausierung kann Sinn ergeben, zum Beispiel wenn du in Elternzeit gehst und Elterngeld beziehen möchtest. Dann ist es meistens praktisch, für diesen Zeitraum die Selbstständigkeit zu pausieren. Es könnte auch sein, dass du deine Selbstständigkeit aufgibst, weil du dein Unternehmen verkaufst.

Abmeldung beim Gewerbeamt

Für die Gewerbeabmeldung bieten die meisten Gemeinden ein Online-Portal an, mit dem du den gesamten Vorgang bequem online erledigen kannst. Ich kann leider nicht für alle Gemeinden sprechen, da du dein Gewerbe bei deiner jeweiligen Gemeinde angemeldet hast. Daher hängt es davon ab, wo du wohnst und wo du dein Gewerbe betrieben hast. Leider sind nicht alle Gemeinden in Deutschland so digitalisiert. Ich lebe in Berlin und hier kannst du die Gewerbeabmeldung auf jeden Fall online erledigen. Wenn es kein Online-Portal gibt, führt kein Weg an einem Termin im Gewerbeamt vorbei.

Abos, Versicherungen, Lastschriften etc.

Ein weiterer wichtiger Punkt, den alle Selbstständigen beachten sollten, wenn sie mit ihrer Selbstständigkeit aufhören, ist einer, der leider oft vergessen wird: Denk daran, alle betrieblichen Abos zu kündigen und Lastschriften zurückzuziehen – auch die, die du vielleicht bei Kunden hast. Vergiss dabei auch nicht, die betrieblichen Versicherungen zu kündigen. Die werden oft nur einmal im Jahr, meistens im Januar, abgebucht. Nach der Gewerbeanmeldung solltest du idealerweise keine Betriebsausgaben mehr haben. Denn nach der Abmeldung kannst du diese Kosten nicht mehr berücksichtigen.

Buchhaltung beenden

Unter bestimmten Umständen könnte es sein, dass du zum Ende deiner Selbstständigkeit noch Firmenequipment besitzt. Das können zum Beispiel ein Smartphone, ein Schreibtisch und Ähnliches sein. Was machst du mit diesen Gegenständen, wenn du nicht mehr selbstständig bist? Eine Möglichkeit besteht darin, sie einfach zu verkaufen und den Erlös entsprechend in deiner Selbstständigkeit zu versteuern.

Wenn du dein Smartphone oder andere Gegenstände aber behalten möchtest, kannst du sie aus dem Betriebsvermögen nehmen und ins Privatvermögen überführen. Dabei gibt es einiges zu beachten, deswegen bin ich im Kapitel „Sacheinlagen und Sachentnahmen" (ab Seite 99) ausführlich darauf eingegangen. Bei jeder Entnahme musst du den Wert der Gegenstände ermitteln und einen Entnahmegewinn oder einen Entnahmeumsatz berechnen. Es besteht möglicherweise Einkommensteuerpflicht, Gewerbesteuerpflicht und auch Umsatzsteuerpflicht.

Eigentlich ist das auch logisch. Ein kurzes Beispiel dazu: Wenn du dir ein neues Smartphone kaufst und dann kurz darauf entscheidest, deine Selbstständigkeit aufzugeben. Dann hattest du in deinem Unternehmen den Vorteil eines Vorsteuerabzugs, was bedeutet, dass du nur den Nettopreis bezahlt hast. Aber wenn du das Smartphone jetzt privat nutzen möchtest, ist es nicht fair, dass du zuvor den Vorsteuerabzug hattest. Deshalb ist es recht gut nachvollziehbar, dass eine Entnahme in diesem Fall umsatzsteuerpflichtig ist.

Am Ende deiner Selbstständigkeit verlangt das Finanzamt von dir eine Aufgabe- oder eine Schlussbilanz. Und das tatsächlich auch, wenn du noch nie eine Bilanz erstellt hast. Das bedeutet, selbst wenn du deine Buchhaltung als Einnahmeüberschussrechnung machst, musst du am Ende eine Schlussbilanz erstellen. Die Voraussetzung dafür ist, dass alle offenen Forderungen beglichen sind, also sollten alle Rechnungen bezahlt sein.

In der Praxis verzichtet das Finanzamt jedoch häufig auf diese Bilanz, wenn du kein großes Firmenvermögen hast. Deshalb empfehle ich dir, bereits in deiner ersten E-Mail an das Finanzamt, in der du mitteilst, dass du deine Selbstständigkeit beendest, aufzulisten, welches Anlagevermögen du besitzt. Wenn darin nur ein Laptop und ein altes Smartphone enthalten sind, wird das Finanzamt in der Regel darauf verzichten, dass du diese Bilanz erstellen musst. Denn das ist mit zusätzlichem Aufwand verbunden und möglicherweise benötigst du die Hilfe eines Steuerberaters, was zusätzliche Kosten verursacht.

Diese Schlussbilanz oder Aufgabebilanz erstellst du, um den Veräußerungs- oder Aufgabegewinn zu ermitteln. Das bedeutet, du ermittelst den Gewinn, den du zumindest buchhalterisch mit der Beendigung deiner Selbstständigkeit erzielst. Dieser Wert ist ein fiktiver Gewinn, der entsteht, indem du das Anlagevermögen aus dem Unternehmen herausnimmst.

Berechnung Veräußerungserlös und Aufgabeerlös

Verkaufserlös
\+ Wert der in das Privatvermögen übertragenen Betriebsgüter
– Veräußerungskosten *(Beratungs-, Notar- & Marklergebühren)*
– nicht übernommene Verbindlichkeiten
– Buchwert des Betriebsvermögen

Veräußerungserlös/Aufgabeerlös

Verkaufserlös: Das ist der Preis, den du für dein Unternehmen bekommen hast. Wenn du deine Selbstständigkeit nicht verkaufst, sondern einfach nur beendest, ist diese Zahl immer null.

Wert der in das Privatvermögen übertragenen Betriebsgüter: Aktueller Wert des Anlagevermögens, das du in das Privatvermögen übernimmst.

Veräußerungskosten: Wenn du beim Verkauf deines Unternehmens oder bei der Entnahme Kosten hattest, kannst du diese Kosten abziehen. Normalerweise entstehen bei einer Entnahme keine Kosten.

Nicht übernommenen Verbindlichkeiten: Und dann kannst du auch die Verbindlichkeiten abziehen, die der Käufer nicht übernimmt. Wenn du einfach nur deine Selbstständigkeit aufgibst, hast du keinen Käufer, der die Verbindlichkeiten übernimmt oder nicht übernehmen kann. Das bedeutet in der Regel, dass du hier ebenfalls null einträgst.

Buchwert des Anlagevermögens: Zusätzlich ziehst du den Buchwert deines Anlagevermögens vom Veräußerungserlös ab. Das ist wichtig, um das Anlagevermögen aus der Buchhaltung raus zu bekommen.

Das Ergebnis ist dann der Veräußerungserlös bzw. der Aufgabeerlös.

Beispiel

Schreibtisch aktueller Wert	1.500 €
Kosten	0 €
nicht übernommene Verbindlichkeiten	0 €
Schreibtisch Buchwert	1.000 €
Veräußerungserlös/Aufgabeerlös	500 €
	→ *muss versteuert werden*

Lass uns das Ganze anhand eines Beispiels genauer anschauen. Nehmen wir mal an, ich höre mit meiner Selbstständigkeit auf. In meinem Betriebsvermögen habe ich jedoch noch einen Schreibtisch, der aktuell einen Buchwert (Anschaffungskosten abzüglich aller Abschreibungen) von 1.000 € hat.

Ich könnte genau einen solchen Schreibtisch heute für 1.500 € auf *kleinanzeigen.de* kaufen.

Da ich sonst nichts mehr in meinem Betriebsvermögen habe, nehme ich mir nur diesen Schreibtisch heraus.

Es ist wichtig, den aktuellen Wert zu nehmen, also 1.500 €. Das bedeutet, ich bekomme fiktive Einnahmen von 1.500 € für die Entnahme. Gibt es irgendwelche Kosten, die damit verbunden sind? Nein. Also 1.500 € minus 0 €. Gibt es irgendwelche unbezahlten Schulden? Nein, auch das nicht. Das bedeutet 1.500 € minus 0 € minus 0 €. Und wie hoch ist der Buchwert dieses Vermögensgegenstands? Wie bereits erwähnt beträgt der Buchwert dieses Schreibtisches noch 1.000 €.

Zusammengefasst ergibt sich eine Summe von 1.500 € minus 1.000 € (der Buchwert), ergibt 500 €. Das ist mein Veräußerungserlös. Und diese 500 € müsste ich bei Beendigung der Selbstständigkeit noch einmal versteuern.

Und genau in solchen einfachen Beispielen verzichtet das Finanzamt normalerweise darauf, dass ich eine umfangreiche Aufgabebilanz erstelle. Die Berechnung ist einfach genug, dass sich die Arbeit für eine Bilanz nicht lohnt. Das Finanzamt möchte zwar, dass ich die 500 € versteuere, aber ich muss nicht extra Aufwand betreiben.

Freibetrag für Betriebsaufgaben

Allerdings muss die Berechnung des Aufgabeerlöses nicht immer so einfach sein. Wenn du zum Beispiel Immobilien im Betriebsvermögen hast, kann der Entnahmegewinn sehr schnell hoch sein. Und da bei der Betriebsaufgabe gar keine echten Umsätze fließen, können solche fiktiven Erlöse finanziell richtig wehtun.

Um solche Belastungen zu reduzieren, gibt es einen Freibetrag für Betriebsaufgaben. Du darfst diesen Freibetrag allerdings nur ein einziges Mal in deinem Leben anwenden. Außerdem darfst du diesen Freibetrag nur anwenden, wenn du älter als 55 Jahre oder dauerhaft berufsunfähig bist.

Beispiel

Veräußerungserlös/Aufgabeerlös	175.000 €
Freibetrag	45.000 €
Obergrenze	136.000 €
übersteigender Betrag	39.000 €
gekürzter Freibetrag	6.000 €
steuerpflichtiger Veräußerungserlös	169.000 €

Der Freibetrag beträgt 45.000 €. Das ist der Betrag, den du abziehen kannst, wenn dein Gewinn unter 136.000 € liegt. Das bedeutet, wenn du weniger als 136.000 € Aufgabegewinn hast, kannst du 45.000 € davon abziehen und sparst dir entsprechend Steuern. Aber wenn dein Aufgabegewinn höher ist, reduziert sich dieser Freibetrag und du hast entsprechend weniger, was steuerfrei ist.

Deine letzte Umsatzsteuererklärung

Bei der Umsatzsteuer gibt es noch etwas, das du unbedingt beachten solltest. Normalerweise reichst du deine Umsatzsteuererklärung einmal im Jahr ein und hast bis zum 31.07. des Folgejahres Zeit dafür. Aber wenn du deine Selbstständigkeit beendest, gilt eine andere Regelung. Dann musst du deine Umsatzsteuererklärung direkt nach dem Ende deiner Selbstständigkeit abgeben, genauer gesagt innerhalb von vier Wochen. Das bedeutet, nachdem du aufgehört hast selbstständig zu sein, hast du genau vier Wochen Zeit, deine Umsatzsteuererklärung für das letzte Jahr deiner Selbstständigkeit zu machen. In dieser Zeit musst du auch den entsprechenden Umsatzsteuerbetrag zahlen oder bekommst möglicherweise sogar eine Erstattung.

Aufbewahrungsfristen

Wenn du all diese Schritte erledigt hast, hast du erfolgreich deine Selbstständigkeit abgemeldet. Übrigens kann ich dir empfehlen, dass du dein Geschäftskonto noch eine Weile offen lässt. Es könnte sein, dass du möglicherweise eine Steuererstattung bekommst oder dass du noch Steuern nachzahlen musst. Es könnte auch vorkommen, dass noch der ein oder andere Abo-Betrag abgebucht wird. Allerdings kannst du das günstigste Kontenmodell wählen, idealerweise die kostenlose Variante, und das Konto noch ein paar Monate, am besten bis zum Jahresende, weiterlaufen lassen, bevor du es schließt.

Außerdem solltest du deine Aufbewahrungspflichten beachten. In der Regel müssen Buchhaltungsunterlagen 10 Jahre oder sogar länger aufbewahrt werden. Die Beendigung der Selbstständigkeit beendet diese Verpflichtung nicht. Selbst wenn du nun mit deiner Selbstständigkeit aufhörst und diesen Lebensabschnitt abschließen möchtest, darfst du deine Unterlagen nicht wegwerfen. Das Finanzamt kann auch 2, 5 oder bis zu 10 Jahre nach Ende deiner Selbstständigkeit auf dich zukommen und die Buchhaltungsunterlagen einsehen wollen. Daher ist es sehr wichtig, dass du diese Unterlagen weiterhin aufbewahrst.

Krankenversicherung

Wichtig ist auch deine Krankenversicherung. Da kann ich dir leider nicht pauschal weiterhelfen. Aber du warst bis jetzt selbstständig und hattest eine Krankenversicherung als Selbstständiger. Das bedeutet, entweder warst du in einer privaten Krankenversicherung oder in einer gesetzlichen Krankenversicherung.

Jetzt musst du natürlich deine Krankenversicherung darüber informieren, dass du nicht mehr selbstständig bist. Je nachdem, wie du jetzt deinen Lebensunterhalt bestreitest, ob du im Ausland lebst, in Rente gehst, eine neue Selbstständigkeit beginnst oder angestellt bist, ändert sich natürlich auch dein Status in der Krankenversicherung. Daher empfehle ich dir dringend, deine Krankenversicherung frühzeitig in den gesamten Prozess einzubeziehen. Deine Krankenversicherung wird dir dann auch sagen, wie es in Zukunft weitergeht.

Steuern sparen

www.steuerfit.tv/steuern-sparen

Es kursieren viele Steuertipps da draußen. Du findest sie im Internet, in Social-Media-Gruppen und Büchern. Aber ehrlich gesagt sind viele davon Unsinn, wenn man sie genau betrachtet. Lass uns mal genauer anschauen, warum das so ist.

Viele dieser Tipps basieren darauf, dass du deine Ausgaben erhöhst. Der Gedanke dahinter ist, je mehr Ausgaben du hast, desto weniger Gewinn machst du und desto weniger Steuern musst du zahlen. Ja, es stimmt, dass du dadurch weniger Steuern zahlst. Aber um ehrlich zu sein, kann ich dir nicht wirklich empfehlen, dich an solche Tipps zu halten. Denn am Ende hast du das Geld nicht mehr.

Diese ganzen Steuertipps, die nur darauf abzielen, Ausgaben zu erhöhen, sind meiner Meinung nach keine guten Empfehlungen. Du solltest deine Selbstständigkeit nicht darauf ausrichten, möglichst wenig Steuern zu zahlen. Du solltest gut wirtschaften, möglichst viel verdienen und mit diesen gegebenen Faktoren möglichst wenig Steuern zahlen. Halte dich fern von Tipps, die zwar steuerlich Sinn ergeben, aber schlechte wirtschaftliche Entscheidungen sind. Deine Priorität sollte immer zuerst auf dem Geldverdienen liegen und nicht auf dem Steuersparen.

Außerdem gibt es eine Vielzahl von Steuertipps, die dir eine umfangreiche Restrukturierung deines Unternehmens empfehlen. Da gibt es Holdingstrukturen, Familienstiftungen oder irgendwelche Auslandsgesellschaften mit verschiedenen Niederlassungen auf der Welt. Ich selbst habe solche Konstrukte während meiner Arbeit bei KPMG mitentwickelt und sie ergeben unter bestimmten Voraussetzungen absolut Sinn.

Man kann seine Steuerlast wirklich signifikant senken. Große Konzerne zahlen häufig nur 10 – 15 % Steuern und nicht so viel wie einfache Selbstständige in Deutschland, die häufig 30 – 40 % Steuern zahlen.

Was bei all diesen Steuerstrategien aber gerne vergessen wird: Diese Konstrukte kosten Geld und zwar nicht nur einmalig, um sie aufzubauen, sondern auch im laufenden Betrieb. Und was hast du davon, dass du mit einer Steuerspar-Strategie 10.000 € Steuern weniger bezahlst, dafür aber einmalig 25.000 € zahlen musst und dann jedes Jahr 20.000 € an Steuerberater, Rechtsanwälte und Treuhänder zahlen musst?

Du begibst dich mit solchen Strategien immer auch in die Abhängigkeit von Beratern und unterliegst einem hohen Rechtsrisiko. Würdest du es persönlich mitbekommen, wenn sich die Steuergesetze auf Malta oder in Dubai ändern würden und dein Geschäftsmodell ab dem kommenden Jahr steuerlich anders behandelt werden müsste?

Ich möchte mich nicht grundsätzlich gegen solche Steuerstrategien aussprechen. Aber du solltest dir immer bewusst sein, dass du dir die Steuerersparnis erkaufst mit erhöhten Rechtskosten und einer hohen rechtlichen Unsicherheit.

Und das führt im Endergebnis dazu, dass solche Steuerstrategien in der Regel erst dann Sinn ergeben, wenn du deutlich mehr verdienst. Wenn du also ein Nettovermögen von 10.000.000 € hast oder ein jährliches Einkommen von 1.000.000 € hast, dann solltest du dich definitiv mit solchen Strategien beschäftigen. Höre dann aber lieber auf seriöse Berater und nicht auf irgendwelche Steuercoaches, die dir auf Instagram vorgeschlagen werden.

Einfache Steuertipps

Ich möchte dir an dieser Stelle im Buch einige ganz einfache, grundsätzliche Tipps an die Hand geben, die du in Deutschland auch selbst umsetzen kannst. Das heißt, die folgenden Steuertipps kannst du sogar als Kleinunternehmer in Deutschland anwenden, ohne dich in rechtliche Gefahren zu begeben. Du kannst die folgenden Tipps also als eine Art Grundhandwerk der Steueroptimierung ansehen.

Vorauszahlungen auf Krankenkasse

www.steuerfit.tv/vorschuss-krankenkasse

Eine Krankenversicherung ist wirklich unverzichtbar – und kann teuer sein. Gerade Privatversicherte müssen mit monatlichen Beiträgen von mehreren Hundert Euro rechnen. Aber es gibt Möglichkeiten, Geld zu sparen und gleichzeitig die Einkommensteuer zu senken. Zum Beispiel kannst du Krankenversicherungsbeiträge im Voraus bezahlen und dadurch Rabatte erhalten. Das kann eine spannende Option sein, um Kosten zu reduzieren. Egal, ob du gesetzlich oder privat versichert bist.

Wenn du privat versichert bist, kannst du deine Beiträge zur Krankenversicherung im Voraus bezahlen. Das Gleiche gilt, wenn du freiwillig gesetzlich versichert bist und die Beiträge selbst überweist, anstatt sie vom Arbeitgeber abziehen zu lassen. Und als Selbstständiger bist du immer freiwillig gesetzlich versichert, wenn du in der gesetzlichen Krankenversicherung bist.

In einigen Fällen ist es sogar möglich, Krankenversicherungsbeiträge bis zu 3 Jahre im Voraus zu bezahlen. Aber bevor du jetzt sofort Geld überweist, prüfe bitte zuerst bei deiner Krankenkasse, ob sie die Vorauszahlungen akzeptiert. Die genaue Höhe der Vorauszahlungen kann je nach Krankenkasse unterschiedlich sein. Daher ist es wichtig, dass du dich vorher einmal bei deiner Krankenkasse erkundigst.

Doch wie spart man durch Vorauszahlungen auf die Krankenkassenbeiträge Steuern? Das Wichtigste zuerst: Steuervorteile gibt es nur für die Basisbeiträge zur Kranken- und Pflegeversicherung. Dabei handelt es sich um die Pflichtleistungen der gesetzlichen Krankenversicherung. Zusatzleistungen wie das Einzelbettzimmer oder die Behandlung durch den Chefarzt sind davon leider nicht betroffen.

Um mehr Beiträge in einem Jahr absetzen zu können, erlaubt dir der Gesetzgeber, die jährlichen Kranken- und Pflegeversicherungsbeiträge sowie Vorauszahlungen bis zur dreifachen Höhe der regulären Beiträge in der

Einkommensteuererklärung anzugeben. Wichtig: Zahle nicht mehr als den dreifachen Jahresbetrag voraus, da diese Beiträge sonst erst in dem Jahr steuerlich berücksichtigt werden, für das sie geleistet wurden.

Bei der Basiskranken- und Pflegeversicherung kannst du die jährlichen Beiträge immer vollständig von der Steuer absetzen. Das Finanzamt begrenzt die Höhe der vorausgezahlten Beiträge erst ab dem dreifachen Jahresbetrag.

Neben der Basiskranken- und Pflegeversicherung kannst du unter Umständen auch weitere private Versicherungen absetzen. Zu diesen sonstigen Vorsorgeaufwendungen zählen Zusatzleistungen zur Krankenversicherung, Arbeitslosen-, Unfall-, Haftpflicht- und bestimmte Lebensversicherungen. Selbstständige können bis zu 2.800 € (Angestellte 1.900 €) geltend machen. Beachte jedoch, dass diese Aufwendungen nur berücksichtigt werden, wenn du den Höchstbetrag durch die Basiskrankenversicherung noch nicht erreicht hast.

Beispielrechnung

Um das Ganze deutlicher zu machen, möchte ich es einmal anhand eines Beispiels illustrieren: Ich bin privat krankenversichert und zahle jährlich 6.000 € für meine Basiskrankenversicherung. Außerdem habe ich noch ein paar andere Versicherungen, die theoretisch auch steuerlich absetzbar sind, insbesondere eine Unfallversicherung und eine Haftpflichtversicherung. Diese Versicherungsbeiträge belaufen sich auf 3.000 € pro Jahr. Da ich selbstständig bin, kann ich sonstige Vorsorgeaufwendungen bis zu 2.800 € steuerlich geltend machen, aber mindestens die Basisabsicherung von 6.000 €.

Das bedeutet, dass ich immer die vollen 6.000 € absetzen darf und nicht nur die 2.800 €. Leider kann ich meine Haftpflicht- und Unfallversicherung von 3.000 € steuerlich nicht mehr absetzen, da ich bereits über dem Höchstbetrag von 2.800 € liege.

Wenn ich also keine Vorauszahlung leiste, kann ich jedes Jahr einfach 6.000 € als sonstige Vorsorgeaufwendungen in meiner Steuererklärung angeben.

Eine interessante Überlegung könnte folgende sein: Was wäre, wenn ich nicht nur die Krankenversicherungsbeiträge für dieses Jahr zahle, sondern auch für das nächste Jahr? Das würde bedeuten, dass ich insgesamt

12.000 € in diesem Jahr an meine Krankenversicherung überweise, anstatt nur die üblichen 6.000 €. Dadurch könnte ich in meiner Steuererklärung für dieses Jahr insgesamt 12.000 € als Sonderausgabe geltend machen, was natürlich von Vorteil ist.

Aber der eigentliche Vorteil kommt erst im nächsten Jahr zum Tragen, wenn ich meine Einkommensteuererklärung mache und feststelle, dass ich bereits im Vorjahr meine Krankenversicherungszahlungen berücksichtigt habe. Für das Jahr habe ich dann keine Krankenversicherungskosten anzugeben. Aber ich kann meine Unfallversicherung und Haftpflichtversicherung in Höhe von 3.000 € pro Jahr absetzen, zumindest bis zu einem Betrag von 2.800 € als sonstige Vorsorgeaufwendungen.

Wenn wir uns nun beide Jahre zusammen ansehen, konnte ich im ersten Fall insgesamt 12.000 € absetzen, weil ich immer über dem Limit von 6.000 € lag und keine Vorauszahlung geleistet habe. Das bedeutet, dass ich maximal 6.000 € pro Jahr absetzen konnte.

Im zweiten Fall habe ich im ersten Jahr 12.000 € für die Krankenversicherung und im zweiten Jahr 2.800 € für andere Versicherungen abgesetzt. Insgesamt habe ich also 14.800 € abgesetzt und dabei steuerlich gesehen 2.800 € mehr geltend gemacht.

Je nach persönlichem Steuersatz kann das eine Steuerersparnis von bis zu 1.260 € sein.

Mit Verlusten Steuern sparen

www.steuerfit.tv/verluste

In der Gründungsphase sind unternehmerische Verluste eher die Regel. Große Investitionen oder ein Einbruch bei den Aufträgen und schon droht ein Verlust. Dieses Problem ist vielen Unternehmern bekannt. Als Gründer solltest du dich davon jedoch nicht von deinem Vorhaben abhalten lassen. Deine Selbstständigkeit beginnt, sobald du unternehmerisch tätig wirst, und nicht erst dann, wenn du Gewinne erzielst. Außerdem eröffnen sich dir als Existenzgründer Chancen, Steuern zu sparen. Du musst deine Verluste nur geschickt beim Finanzamt geltend machen.

Einkünfte sind nicht dasselbe wie Einnahmen. Deine Einnahmen umfassen alles, was du im betreffenden Kalenderjahr eingenommen hast. Als Selbstständiger bestehen deine Einnahmen wahrscheinlich hauptsächlich aus deinen Umsätzen. Aber deine Einkünfte sind der Betrag, der übrig bleibt, wenn du von den Einnahmen die Ausgaben abziehst.

Wie wir bereits wissen, unterscheidet das Einkommensteuergesetz sieben unterschiedliche Einkunftsarten:

- aus Gewerbebetrieb
- aus selbstständiger Arbeit
- aus nichtselbstständiger Arbeit
- aus Land- und Forstwirtschaft
- aus Vermietung und Verpachtung
- aus Kapitalvermögen
- sonstige Einkünfte

Du kannst Verluste aus einer Einkunftsart mit Gewinnen aus derselben oder anderen Einkunftsarten verrechnen. Das bedeutet, wenn du in einem Bereich Verluste machst, kannst du diese gegen Gewinne an anderer Stelle aufrechnen, um deine steuerliche Belastung zu verringern.

Ausnahmen bei Kapitaleinkünften: Für Kapitaleinkünfte gilt eine Besonderheit. Verluste aus Kapitalvermögen dürfen nur mit Gewinnen aus Kapitalvermögen verrechnet werden. Das bedeutet, du kannst beispielsweise Verluste aus Aktiengeschäften nicht mit Einkünften aus deiner Selbstständigkeit verrechnen.

Bei privaten Veräußerungsgeschäften (gehören zu den sonstigen Einkünften), oft als Spekulationsgeschäfte bezeichnet, gilt eine Frist von einem Jahr. Verluste aus solchen Geschäften können nur mit Gewinnen aus ähnlichen Geschäften verrechnet werden.

Man unterscheidet zwei unterschiedliche Arten von Verlustausgleichen:

Horizontaler Verlustausgleich

Bei einem horizontalen Verlustausgleich (auch interner Verlustausgleich) werden deine Verluste mit den Gewinnen aus derselben Einkunftsart verrechnet. Das erfolgt grundsätzlich unbegrenzt.

Vertikaler Verlustausgleich

Wenn nach dem horizontalen Verlustausgleich aus einer einzelnen Einkunftsart noch negative Einkünfte übrig bleiben, dann können diese mit den positiven Einkünften aus einer oder mehreren anderen Einkunftsarten verrechnet werde. Auch er ist grundsätzlich in unbeschränkter Höhe möglich.

Verlustvortrag und Verlustrücktrag

Der Verlustvortrag ermöglicht es dir, nicht ausgeglichene Verluste aus einem Steuerjahr in die Folgejahre zu übertragen und mit zukünftigen Gewinnen zu verrechnen. Dieser Vorgang ist zeitlich nicht beschränkt und wird so lange fortgeführt, bis der Verlust vollständig mit positiven Einkünften verrechnet worden ist. Um einen Verlustvortrag geltend zu machen, musst du im Hauptvordruck deiner Steuererklärung das Feld „Erklärung zur Feststellung eines verbleibenden Verlustvortrags" ankreuzen. Der Verlustvortrag wird vom Finanzamt in einem gesonderten Verlustfeststellungsbescheid festgestellt. Er ist so etwas wie eine zukünftige Steuergutschrift.

Der Verlustrücktrag hingegen ermöglicht es, nicht ausgeglichene Verluste eines Steuerjahres in das vorangegangene Jahr zurückzutragen und dort mit positiven Einkünften zu verrechnen. Grundsätzlich ist der Verlustrücktrag auf 1.000.000 € begrenzt, bei zusammen veranlagten Ehepaaren auf den doppelten Betrag. Der Vorteil am Verlustrücktrag ist, dass du sofort eine Steuererstattung bekommst.

Beispiel für einen Verlustrücktrag

Im Jahr 2023 hat dein Unternehmen insgesamt 20.000 € Verlust gemacht. Der Betrag ergibt sich aus deiner Einnahmenüberschussrechnung. Dabei hast du von deinen Betriebseinnahmen alle notwendigen Ausgaben abgezogen.

- Du trägst den Betrag in deine Einkommensteuererklärung ein.
- Das Finanzamt schaut sich deine Zahlen aus dem Vorjahr an und erkennt den Verlust an.

- Diesen Verlust verrechnet es mit deinem Einkommen aus dem Jahr 2022.
- Dein zu versteuerndes Einkommen betrug im Jahr 2022 20.000 €.
- Es mindert sich durch die Verlustverrechnung also auf 0 €.
- Für das Jahr 2022 erhältst du deine gezahlte Einkommensteuer zurück und zwar zuzüglich Zinsen.

Grundsätzlich ist der Verlustrücktrag und -vortrag also eine spannende Sache, um in anderen Jahren steuerfreies Einkommen zu haben. Allerdings kannst du dabei durchaus auch ein paar Fehler machen:

Das genannte Beispiel ist nämlich gar nicht so optimal. Ich habe den gesamten Verlust aus 2023 in das Jahr 2022 zurückgetragen. Damit habe ich zwar die gesamte Einkommensteuer für das Jahr 2022 zurückerhalten, aber man hat ja in jedem Jahr einen Grundfreibetrag von etwa 11.000 €, die immer steuerfrei sind. Und ich hatte im Jahr 2022 mit Sicherheit auch Sonderausgaben und außergewöhnliche Belastungen. Ich hätte also gar nicht den gesamten Verlust in Höhe von 20.000 € zurücktragen müssen, um die gezahlte Steuer zurückzuerhalten.

Je nach Höhe der Sonderausgaben und außergewöhnlichen Belastungen hätten eventuell 5.000 € gereicht. Das heißt, idealerweise hätte ich nur 5.000 € zurückgetragen und 15.000 € vorgetragen, damit ich sie in den folgenden Jahren verrechnen kann. Damit hätten wir schon einmal ein deutlich besseres Ergebnis und insgesamt eine höhere Steuerersparnis.

Jetzt könnte es aber auch theoretisch sein, dass ich bereits weiß, dass ich im Jahr 2024 viel mehr verdienen werde. Wenn mein zu erwartendes Einkommen im Jahr 2024 beispielsweise bei 100.000 € liegt, ist dadurch mein Steuersatz im Jahr 2024 viel höher als im Jahr 2022. Dann wäre es finanziell viel sinnvoller gewesen, den gesamten Verlust aus dem Jahr 2023 vorzutragen und gar nichts in das Jahr 2022 zurückzutragen.

Merke: Beim Verlustrücktrag hast du das Wahlrecht, entweder den Verlust vollständig oder nur teilweise in das Vorjahr zurückzutragen. Wenn du dich entscheidest, den Verlustrücktrag zu beschränken, kannst du den restlichen Betrag für den Verlustvortrag in die Folgejahre übernehmen. Es ist wichtig zu beachten, dass ohne spezifische Angaben in deiner Steuererklärung das Finanzamt standardmäßig einen Verlustrücktrag in voller

Höhe vornimmt und einen verbleibenden Verlust vorträgt. Um einen Verlustrücktrag zu beschränken oder komplett darauf zu verzichten, musst du dies explizit in deiner Steuererklärung angeben.

Achtung: Liebhaberei!

Verluste können steuerlich also sehr spannend sein. Du solltest aber unbedingt im Hinterkopf behalten, dass du Probleme bekommen wirst, wenn du nachhaltig nur Verluste machst.

Das Stichwort, das in diesem Kontext unbedingt fallen muss, ist das Wort Liebhaberei. Wenn du mit deiner Selbstständigkeit nur Verluste machst, erkennt dir das Finanzamt irgendwann deine Unternehmereigenschaft ab und verbietet dir, Betriebsausgaben abzusetzen. Mehr Details zum Thema Liebhaberei findest du in diesem Buch im Kapitel über die Einkommensteuer (ab Seite 23).

Zufluss-Abfluss-Prinzip nutzen

www.steuerfit.tv/zufluss-abfluss

Bei der Einnahmenüberschussrechnung gibt es eine besondere Regelung für die Buchung von Einnahmen und Ausgaben. Wenn du einem Kunden eine Rechnung stellst, buchst du die Einnahme nicht direkt am Tag der Rechnungsstellung. Die Buchung erfolgt erst, wenn das Geld tatsächlich auf deinem Konto eingegangen ist. Wenn der Kunde die Rechnung nicht bezahlt, wird auch keine Buchung in deiner Einnahmenüberschussrechnung vorgenommen. Umgekehrt gilt dasselbe. Wenn du eine Rechnung erhältst und diese nicht bezahlst, zum Beispiel weil du mit der erbrachten Leistung unzufrieden warst, kannst du diese Rechnung auch nicht als Ausgabe in deiner Einnahmenüberschussrechnung verbuchen.

Dieses Prinzip nennt sich das Zufluss-Abfluss-Prinzip und du kannst es aktiv nutzen, um deine Gewinne zu optimieren und Einfluss auf deine Steuerbelastung zu nehmen.

Keine unnötige Erhöhung von Ausgaben produzieren

Von einer steuerlichen Perspektive aus betrachtet, kann es sinnvoll sein, die Ausgaben zu erhöhen. Aber du solltest auch bedenken, dass dadurch dein persönliches Einkommen reduziert wird. Jede Ausgabe bedeutet einen Geldverlust, der dann nicht mehr für den Lebensunterhalt oder andere wichtige Dinge zur Verfügung steht. Also, aus betriebswirtschaftlicher Sicht ist es nicht gerade empfehlenswert, die Ausgaben nur wegen Steuern in die Höhe zu treiben.

Das Zufluss-Abfluss-Prinzip sinnvoll nutzen

Wenn du eine Einnahmenüberschussrechnung erstellst, kannst du das Prinzip des Zuflusses und Abflusses von Geldern nutzen, um Steuern zu sparen. Du als Selbstständiger kannst ja über den Zeitpunkt des Zuflusses oder des Abflusses bestimmen oder ihn zumindest maßgeblich beeinflussen.

Lass uns einfach mal beide Seiten betrachten – die Einnahmen und die Ausgaben.

Angenommen, du arbeitest an einem Projekt von Oktober bis November und möchtest im November eine Rechnung stellen. Natürlich könntest du die Rechnung sofort im November stellen und das Risiko eingehen, dass sie noch in diesem Jahr bezahlt wird. In diesem Fall müsstest du die Einnahmen auch in diesem Jahr versteuern. Aber wenn du das Geld nicht dringend brauchst, könntest du in Betracht ziehen, die Rechnung nicht Mitte November, sondern vielleicht erst Ende Dezember zu stellen. Indem du die Rechnung zum Beispiel am 31.12. erstellst, stellst du sicher, dass du das Geld erst im Januar des nächsten Jahres erhältst.

Dadurch musst du die Einnahmen nicht mehr im laufenden Jahr versteuern, sondern erst im nächsten Jahr. Auf diese Weise kannst du bewusst deine Einnahmen reduzieren und dadurch weniger Steuern zahlen.

Du kannst dies auch gerne mit deinen Kunden besprechen. Viele Kunden haben nichts dagegen, da größere Unternehmen, wie Kapitalgesellschaften oder GmbHs, ohnehin eine Bilanz erstellen und eine andere Rechnungslegung haben. Das bedeutet, es hat für sie keinen Nachteil, wenn du die Rechnung einfach später stellst.

Du kannst das Gleiche auch auf der Ausgabenseite tun, indem du darüber nachdenkst, wie du möglicherweise Kosten, die eigentlich erst nächstes Jahr anfallen würden, schon in dieses Jahr vorziehen könntest. Wenn du im November oder Dezember dein Bankkonto anschaust und feststellst, dass dort noch etwas Geld übrig ist, das du im Moment nicht benötigst, und du gerne Steuern sparen möchtest, könntest du darüber nachdenken, wie du Zahlungen, von denen du weißt, dass du sie sowieso nächstes Jahr tätigen musst, früher leisten kannst.

Ich möchte dir ein ganz konkretes Beispiel von mir geben: Ich habe einmal mit einer virtuellen Assistentin zusammengearbeitet und wir hatten eine Vereinbarung über ein bestimmtes monatliches Stundenkontingent. Sie hat mir beim Vertrieb geholfen und ich habe eine festgelegte Anzahl von Stunden von ihr abgenommen. Normalerweise hat sie am Ende des Monats die Stunden abgerechnet.

Am Jahresende habe ich auf mein Bankkonto geschaut und gesehen, dass der Kontostand recht hoch war. Ich hätte also noch Investitionen tätigen können, aber ich hatte keine Lust, unnötige Ausgaben zu tätigen, nur um Steuern zu sparen. Also habe ich mit meiner virtuellen Assistentin gesprochen und fragte sie, ob es möglich wäre, dass sie mir bereits eine Vorabrechnung für die Stunden des nächsten Quartals stellt. Anstatt monatlich 1.000 € zu zahlen, schlug ich vor, dass sie mir eine Rechnung über 3.000 € für die nächsten drei Monate ausstellt. Dadurch hätte ich quasi ein Stundenkontingent erworben, das ich dann in den nächsten Monaten nutzen könnte.

Sie war damit einverstanden und hat mir eine Rechnung über 3.000 € ausgestellt. Das hatte den Vorteil, dass ich im alten Jahr weniger Steuern zahlen musste, da ich diese Kosten schon als Betriebsausgaben buchen konnte.

Übrigens, diese Vorgehensweise kannst du auch bei anderen Verträgen anwenden.

Wenn du möchtest, kannst du im Coworking-Space nachfragen, ob du einen Mietvorschuss zahlen kannst. Eine andere Möglichkeit ist es, bei verschiedenen Software-Tools, Internetanbietern und Telefonverträgen zu überlegen, ob du das Zahlungsintervall auf jährlich umstellen kannst. Dadurch entstehen im November und Dezember zusätzliche Kosten, die du steuerlich geltend machen kannst, ohne unnötige Ausgaben zu generieren.

Investitionsabzugsbetrag

www.steuerfit.tv/iab

Der Investitionsabzugsbetrag wurde vom Gesetzgeber als Ersatz für die Ansparabschreibung eingeführt. Dieser Investitionsabzugsbetrag gibt dir die Möglichkeit, deinen Gewinn durch Bildung einer Rücklage zu mindern, bevor du die Anschaffung eines Wirtschaftsguts bezahlst.

Auf diese Weise kannst du im Jahr der Inanspruchnahme deine Steuerbelastung verringern. Wenn du das Wirtschaftsgut später anschaffst, musst du die Rücklage wieder gewinnerhöhend auflösen. Im Endeffekt führt der Investitionsabzugsbetrag also nicht zu einer direkten Steuerminderung, sondern zu einer Verschiebung der Steuerzahlung, genau wie es bei dem Ausnutzen des Zufluss-Abfluss-Prinzips der Fall ist.

Wann kannst du den Investitionsabzug in Anspruch nehmen?

Der Gesetzgeber hat den Investitionsabzugsbetrag eingeführt, um kleineren und mittleren Unternehmen die Möglichkeit zu geben, den Aufwand für eine Investition schon vor der Anschaffung gewinnmindernd geltend machen zu können.

Um den Investitionsabzugsbetrag nutzen zu können, darf dein Gewinn nicht über 200.000 € liegen.

Damit du von der Rücklage profitieren kannst, musst du aber noch weitere Voraussetzungen erfüllen. Hierzu zählt, dass du den Gegenstand, für den du den Investitionsabzugsbetrag bildest, zu mindestens 90 % betrieblich nutzen musst. Kaufst du z. B. einen Laptop, mit dem du nur ab und zu eine Rechnung schreibst und den du sonst privat verwendest, kannst du die Rücklage nicht bilden.

Weiter fordert der Gesetzgeber, dass du das Investitionsgut innerhalb der nächsten drei Jahre anschaffst. Der Investitionszeitraum beginnt nach dem Jahr, in dem du die Rücklage gebildet hast.

Außerdem ist es wichtig, dass es sich bei dem Gegenstand um ein bewegliches Wirtschaftsgut handelt. Der Investitionsabzugsbetrag kann z. B. für die Anschaffung eines Firmenwagens, eines Laptops oder deine Büroausstattung gebildet werden.

Die Art, wie du einen Gewinn ermittelst, ist für die Inanspruchnahme des Investitionsabzugsbetrages übrigens nicht relevant. Ob du eine Einnahmenüberschussrechnung oder Bilanz erstellst, ist vollkommen egal.

Wie hoch ist der Investitionsabzugsbetrag?

Der Investitionsabzugsbetrag darf maximal 50 % der geplanten Anschaffungskosten betragen. Falls du mehrere Investitionen planst, kannst du für jede Investition einen Investitionsabzugsbetrag bilden. Alle Investitionsabzugsbeträge zusammen dürfen nicht höher als 200.000 € sein.

Beispiel

Um den Effekt deutlich zu machen, könnte ein Beispiel ganz hilfreich sein.

Du planst für das folgende Jahr, dir einen Firmen-Pkw, einen Laptop und einen Drucker anzuschaffen. Der Pkw hat einen Bruttopreis von 35.700 €. Der Laptop kostet insgesamt 1.190 €. Bei den Druckern hast du dich für ein Modell entschieden, das insgesamt 952 € kostet.

Rechnest du aus den Bruttoverkaufspreisen die Umsatzsteuer heraus, erhältst du die folgenden Nettoanschaffungskosten:

- Pkw: 30.000 €
- Laptop: 1.000 €
- Drucker: 800 €

Von den geplanten Anschaffungskosten kannst du jeweils 50 % als Investitionsabzugsbetrag bilden. Damit erhältst du das folgende Ergebnis:

- Rücklage für den Pkw: 15.000 €
- Rücklage für den Laptop: 500 €
- Rücklage für den Drucker: 400 €

Du kannst also Investitionsabzugsbeträge in einer Höhe von bis zu 15.900 € bilden.

Um die Rücklage zu berücksichtigen, reichst du sie außerhalb der Gewinnermittlung ein. In deiner Einkommensteuererklärung gibt es ein entsprechendes Formular dafür. Hierbei ist es wichtig, dass du so detaillierte Informationen wie möglich angibst. Du teilst dem Finanzamt mit, für welches Wirtschaftsgut du den Investitionsabzugsbetrag bildest, gibst den voraussichtlichen Anschaffungspreis an und machst auch Angaben zur Höhe des Investitionsabzugsbetrags.

Vorteile des Investitionsabzugsbetrags

Durch den Investitionsabzugsbetrag kannst du 50 % der Anschaffungskosten schon vor der eigentlichen Anschaffung berücksichtigen. Und das bis zu 3 Jahre vorher!

Das bedeutet, wenn du beispielsweise 2026 ein Auto anschaffen möchtest, kannst du die Kosten schon 2024 in der Steuererklärung berücksichtigen und entsprechend weniger Steuern zahlen. Wenn du hohe Anschaffungen planst, ist der Investitionsabzugsbetrag die wahrscheinlich beste Methode, um mit wenig Aufwand deine Steuerlast zu senken.

Jahr der Anschaffung

Hast du das Wirtschaftsgut innerhalb des Investitionszeitraums angeschafft, musst du den Investitionsabzugsbetrag wieder gewinnerhöhend auflösen. Hierzu kürzt du die Anschaffungskosten um den Betrag, den du als Rücklage gebildet hast. Damit vermindert sich die Bemessungsgrundlage für deine zukünftigen Abschreibungen auf das angeschaffte Wirtschaftsgut.

Bei der Auflösung sind drei unterschiedliche Szenarien denkbar:

- **Der tatsächliche Aufwand entspricht den geplanten Anschaffungskosten:** Stimmt der Aufwand der Investition mit den geplanten Anschaffungskosten überein, entsteht für dich im Ergebnis weder ein Steuervorteil noch ein Steuernachteil. Du kürzt die tatsächlichen Anschaffungskosten um den Investitionsabzugsbetrag und verminderst damit die Anschaffungskosten, die du in deinem Anlagevermögen hast. Die zukünftigen Abschreibungen fallen betragsmäßig geringer aus.
- **Der tatsächliche Aufwand liegt unter den geplanten Anschaffungskosten:** Wenn der tatsächliche Aufwand unter den geplanten Anschaf-

fungskosten liegt, wurde der Investitionsabzugsbetrag zu hoch gebildet. Dieser muss aber in der bestehenden Höhe aufgelöst werden. Das bedeutet, dass du im Endergebnis einen höheren Gewinn hast und Steuern nachzahlen musst.

- **Der tatsächliche Aufwand liegt über den geplanten Anschaffungskosten:** Hast du die geplanten Anschaffungskosten niedriger geplant – z. B. weil du dich bei der Investition für ein anderes Wirtschaftsgut entschieden hast –, wurde der Investitionsabzugsbetrag zu niedrig gebildet. Hier führt die Auflösung einfach zu etwas höheren Abschreibungen beim angeschafften Wirtschaftsgut.

Wirtschaftsgut wird nicht angeschafft

Wenn du später von deinen Plänen abweichst und eine geplante Anschaffung doch nicht machst, musst du den Investitionsabzugsbetrag rückwirkend auflösen. Dadurch erhöht sich dein Gewinn und damit auch deine Steuerbelastung. Du musst also die Steuerersparnis aus dem Jahr der Bildung zurückzahlen.

Sonderabschreibung

www.steuerfit.tv/sonderabschreibung

Abschreibungen können manchmal echt ärgerlich sein. Nehmen wir an, du zahlst 30.000 € für ein Auto im Jahr der Anschaffung, aber du kannst nur 5.000 € steuerlich geltend machen, da das Auto über sechs Jahre abgeschrieben werden muss. Du hast also 30.000 € weniger auf dem Konto, kannst aber nur 5.000 € steuerlich berücksichtigen.

Für Selbstständige und kleine Unternehmen gibt es eine weitere interessante Möglichkeit: die sogenannte „Sonderabschreibung“. Mit ihr kannst du bis zu 40 % zusätzlich abschreiben und steuerlich geltend machen. Das bedeutet, dass du beispielsweise bei einem 30.000 € teuren Auto noch mal zusätzlich 12.000 € abschreiben könntest. Anschließend müsstest du nur noch den Rest über die betriebsgewöhnliche Nutzungsdauer abschreiben, also in diesem Fall 18.000 €. Das ist steuerlich natürlich sehr attraktiv und ermöglicht dir, schon im ersten Jahr deutlich mehr Steuern zu sparen.

Du hast die Möglichkeit, die Sonderabschreibung über einen Zeitraum von bis zu fünf Jahren zu verteilen. Das Beste daran ist, dass du selbst entscheiden kannst, in welchen Jahren du wie viel davon nutzen möchtest. Diese Regelung ist besonders dann sinnvoll, wenn du in einem Jahr ein höheres Einkommen erzielst, da du in diesem Jahr dann auch einen höheren Steuersatz hast. Und wenn dein Einkommen mal niedriger ist, kannst du einfach weniger von den Sonderabschreibungen in Anspruch nehmen.

Voraussetzungen für die Sonderabschreibung

Es gibt Voraussetzungen, die du erfüllen musst, und Voraussetzungen, die dein Wirtschaftsgut, also deine Anschaffung, erfüllen muss. Es ist wichtig, diese Bedingungen zu beachten, damit das Finanzamt deine Abschreibungen anerkennt.

Deine Voraussetzungen: Im letzten Jahr darfst du nicht mehr als 200.000 € Gewinn erzielt haben. Das bedeutet, wenn du beispielsweise als Freiberufler tätig bist und im Jahr 2024 eine Anschaffung planst, darfst du im Jahr 2023, also im Vorjahr, nicht mehr als 200.000 € Gewinn erzielt haben. Aber was ist, wenn du gerade dabei bist, zu gründen? Vielleicht fragst du dich: „Und wie ist das eigentlich mit mir? Ich habe ja gar kein Vorjahr." Richtig, das hast du nicht. Und deshalb hast du auch unter 200.000 € Gewinn erzielt. Das ist die gute Nachricht: Als Gründer liegst du immer unter dieser Gewinngrenze und kannst daher immer von der Sonderabschreibung profitieren.

Voraussetzung für die Anschaffung: Die Voraussetzungen, die das Wirtschaftsgut erfüllen muss, sind eigentlich relativ einfach. Es sollte eine Anschaffung für dein Betriebsvermögen sein, also für dein Unternehmen. Die betriebliche Nutzung sollte über 90 % für dieses Wirtschaftsgut liegen. Du musst in der Lage sein, dies nachzuweisen, und genau das kann manchmal ein bisschen schwierig sein. Deshalb ist es wichtig, dass du die Nutzung genau dokumentierst.

Beispiel

Lass uns doch einfach mal anhand eines Beispiels schauen, wie groß der steuerliche Vorteil für dich sein kann, wenn du die Sonderabschreibung nutzt. Nehmen wir das Auto als Beispiel, das ich schon erwähnt habe.

Stell dir vor, du kaufst dir ein Auto für 30.000 € und verzichtest dabei auf die Sonderabschreibung. In diesem Fall müsstest du diese 30.000 € über einen Zeitraum von sechs Jahren verteilen. Das bedeutet, dass du jedes Jahr 5.000 € als Betriebsausgabe berücksichtigen und im ersten Jahr 5.000 € steuermindernd geltend machen könntest.

Wenn du nun aber alle Voraussetzungen erfüllst und die Sonderabschreibung nutzt, kannst du zuerst 40 %, also 12.000 €, als Sonderabschreibung abziehen. Der Restwert des Autos beträgt dann nach der Sonderabschreibung 18.000 €, den du über sechs Jahre verteilen müsstest. Das entspricht 3.000 € pro Jahr.

Zusammen ergibt das im ersten Jahr eine Sonderabschreibung von 12.000 € und eine gewöhnliche Abschreibung von 3.000 €, insgesamt also 15.000 €, die du steuerlich geltend machen kannst.

15.000 € sind das Dreifache von 5.000 €. Das bedeutet, dass du durch die Sonderabschreibung im Jahr der Anschaffung einen dreimal so hohen Betrag von der Steuer absetzen kannst.

Gegenstände ins Betriebsvermögen einlegen

www.steuerfit.tv/einlage

Eine wirklich interessante Möglichkeit, um Steuern zu sparen, sind Privateinlagen in das Betriebsvermögen. Natürlich gibt es hierbei gewisse Grenzen, aber aus meiner Erfahrung heraus nutzen fast alle Selbstständigen auch Dinge aus ihrem Privatvermögen für ihre Selbstständigkeit. Entweder weil sie diese bereits vor ihrer Selbstständigkeit besaßen oder weil sie sie privat gekauft haben und später gemerkt haben, dass sie sie für ihre Selbstständigkeit besser nutzen können.

Das Interessante daran ist, dass du, wenn du diese Gegenstände in dein Betriebsvermögen aufnimmst, sie dort abschreiben kannst. Dadurch hast du buchhalterische Betriebsausgaben und kannst deinen Gewinn sowie deine Steuerlast verringern, ohne tatsächlich Kosten zu haben.

Übrigens, du musst nicht unbedingt deine privaten Einlagen komplett für geschäftliche Zwecke verwenden. Im Jahr der Einlage reicht es aus, wenn du den Gegenstand zu 50 % betrieblich nutzt. In den darauffolgenden Jahren sollte der Anteil dann mehr als 10 % betragen.

HINWEIS:

Du erhältst die Vorsteuer für die Gegenstände leider nicht zurück.

Mögliche Privateinlagen

Hier sind einige Beispiele für Gegenstände, die du in Betracht ziehen kannst, um sie ins Betriebsvermögen einzulegen:

- Telefon/Smartphone/Handy
- Laptop/Computer
- Schreibtisch und andere Büromöbel oder Zubehör
- Regal
- Kamera
- Auto
- Kaffeemaschine (z. B. für einen Warteraum)

Aber natürlich sind auch weitere Dinge möglich. Beobachte dich selbst einfach einmal sehr aufmerksam. Welche Gegenstände nutzt du für deine Arbeit und welche davon sind nicht im Betriebsvermögen?

Zu welchem Wert die Gegenstände eingelegt werden

Die große Herausforderung bei Privateinlagen ist die Wertermittlung. Du kannst mit dieser Methode Abschreibungsbeträge erstellen, ohne tatsächlich Kosten tragen zu müssen. Aber klar, der Gesetzgeber möchte nicht, dass du jetzt deinen Schreibtischstuhl mit 1.000.000 € bewertest, bevor du ihn ins Betriebsvermögen einlegst und dort abschreibst. Schön wär's, dann könntest du deinen Gewinn komplett auf null rechnen.

Natürlich gibt es Regelungen, die festlegen, wie du den Wert deiner Einlage ermitteln musst. Die Wertermittlung eines eingelegten Gegenstandes erfolgt in der Regel auf zwei verschiedene Arten:

Variante 1: Maximal 3 Jahre zwischen Anschaffung und Einlage

Wenn du vor höchstens drei Jahren einen privaten Gegenstand erworben hast, ist es wichtig, den korrekten Einlagewert vom ursprünglichen Kaufpreis zu berechnen. Du kannst den Kaufpreis durch entsprechende Rechnungen belegen. Dabei musst du die bisherige Abschreibung abziehen, selbst wenn du bisher noch keine Abschreibung geltend gemacht hast. Das Ergebnis dieser Berechnung entspricht dem Einlagewert.

Beispiel

Du hast vor einem Jahr einen Laptop privat gekauft und möchtest ihn jetzt in dein Betriebsvermögen einbringen. Der Laptop hatte damals einen Wert von 1.200 € inklusive Mehrwertsteuer. Da Laptops über einen Zeitraum von drei Jahren abgeschrieben werden, rechnest du ein Jahr nach dem Kauf folgendermaßen:

Anschaffungswert:	1.800 €
fiktive Abschreibung:	– 400 €
Einlagewert:	800 €

Du nimmst den Laptop also mit 800 € im Betriebsvermögen auf und kannst ihn dann dort steuermindernd abschreiben.

Variante 2: Mehr als 3 Jahre zwischen Kauf und Einlage

Wenn zwischen dem Kauf und dem Einlagedatum mehr als drei Jahre liegen, kannst du den Wert schätzen. Es ist wichtig, dass diese Schätzung sehr realistisch erfolgt und verschiedene Kriterien berücksichtigt werden: die Beschaffenheit des Gegenstandes, ob er repariert wurde und ob er voll funktionsfähig ist. Selbst kleine Mängel sollten in Betracht gezogen werden.

Es ist ratsam, deine Schätzungen dennoch zu belegen, um mögliche Diskussionen mit dem Finanzamt zu vermeiden. Eine Möglichkeit, den Wert deines Privatgegenstandes für die Einlage zu ermitteln, besteht darin, ähnliche oder gleiche Gegenstände auf Verkaufsplattformen wie eBay zu suchen.

Dort kannst du in etwa herausfinden, was der Gegenstand noch wert ist. Wenn du dein Auto in das Unternehmen einbringst, werden vor allem die aktuellen Gebrauchtwagenpreise aus der Schwacke-Liste akzeptiert. Für kleinere Gegenstände reicht es aus, einen Screenshot ähnlicher Angebote bei eBay oder Kleinanzeigen vorzulegen.

Beispiel

Du hast am 1. Januar 2024 angefangen, freiberuflich tätig zu sein. Du nutzt einen Schreibtisch, den du bereits im Januar 2013 von einer Privatperson gebraucht erworben hast, für deine Arbeit. Damals hast du dafür 1.300 € bezahlt. Jetzt gehört dieser Schreibtisch zu deinem Betriebsvermögen. Du fragst dich vielleicht, ob du diesen Schreibtisch noch steuerlich geltend machen kannst. Die Antwort ist Ja.

Das funktioniert wie folgt:

- Büromöbel sind gemäß der Afa-Tabelle über 13 Jahre abzuschreiben.
- Im Falle dieses Beispiels wurde der Schreibtisch vor 11 Jahren angeschafft. Demnach kann er noch über zwei weitere Jahre abgeschrieben werden.
- Hätte dieser Schreibtisch bereits zu deinem Betriebsvermögen gehört, hätte er zu Beginn des Jahres 2024 nur noch einen Buchwert von 200 €.

Aber das kann man noch besser machen: Schau einfach im Gebrauchtmöbelgeschäft oder online nach ähnlichen Schreibtischen wie dem deinen. Wenn du feststellst, dass ein solcher gebrauchter Schreibtisch noch einen Wert von 400 € hat, setzt du diesen Wert als Zeitwert fest. Da dieser Wert unterhalb der Grenze für geringwertige Wirtschaftsgüter liegt, wirken sich die 400 € sofort in voller Höhe steuersparend für dich aus. Der aktuelle Wert von 400 € wird als Ausgabe anerkannt. Tatsächlich hast du jedoch keinen Cent investiert.

Als Gründer hast du einen Vorteil: Du kannst die Nutzung deiner privaten Gegenstände im Betrieb von Anfang an gut planen und später problemlos umsetzen. Hier ist ein Tipp: Erstelle eine Exceltabelle mit all deinen Privatgegenständen, die du jetzt geschäftlich nutzt. Schreib auch den ungefähren Zeitwert dazu, vielleicht sogar für die kommenden Jahre.

Angehörige anstellen

www.steuerfit.tv/familie-anstellen

Wusstest du, dass du als Selbstständiger Steuern sparen kannst, wenn du deinen Ehepartner als Minijobber einstellst? In diesem Kapitel erfährst du, wie das genau funktioniert und wann es sinnvoll sein kann.

Lass mich dir ein konkretes Beispiel geben: Meine Frau und ich sind beide selbstständig und wir unterstützen uns gegenseitig bei verschiedenen Aufgaben wie der Buchhaltung, dem Erstellen von Angeboten oder dem Korrekturlesen von diesem Buch. Das ist etwas, das viele Ehepaare oder zusammenlebende Partner machen, um sich zu unterstützen.

Normalerweise würde man jemanden, der solche Büroarbeiten erledigt, natürlich bezahlen und anstellen. Aber in einer Ehe oder Familie macht man das normalerweise nicht. Das kann aber durchaus sinnvoll sein, denn wenn du zum Beispiel deinen Ehepartner anstellst, erhält dieser ein eigenes Einkommen und du kannst die Gehaltskosten als Betriebsausgaben in deiner Buchhaltung verbuchen.

Wenn die Lohnnebenkosten für diese Anstellung niedriger sind als dein Steuersatz, kannst du unterm Strich Steuern sparen. Das Ganze kann also ziemlich interessant sein, insbesondere für Minijobverhältnisse. Früher nannte man diese Arbeitsverhältnisse 450-€-Job, aber seit Januar 2024 geht es sogar bis 538 €.

Bei Minijobverhältnissen gibt es nur pauschale Abzüge. Das bedeutet, dass es kein voll sozialversicherungspflichtiges Anstellungsverhältnis ist, sondern du zahlst pauschale Abgaben an die Bundesknappschaft. Die genaue Höhe variiert ein wenig je nach Versicherungsstatus und den Angaben, die du machst. Aber im Grunde kannst du dir merken, dass bei einem Minijobverhältnis Lohnnebenkosten in Höhe von ungefähr 25 – 35 % anfallen.

Gesamtabgaben an die Minijob-Zentrale

163,28 €

Details zu den Abgaben ×

Prozent	Beitragsgruppe	Abgaben	Beträge in €
13,00	6000	zur Krankenversicherung	67,60
15,00	0500	zur Rentenversicherung	78,00
1,10	U1	Umlage 1	5,72
0,24	U2	Umlage 2	1,25
0,06	INSGU	Insolvenzgeldumlage	0,31
2,00	ST	einheitliche Pauschsteuer	10,40

Summe der Abgaben des Arbeitgebers (pro Monat)	**163,28**
Arbeitnehmeranteil bei Zahlung des vollen Beitrages zur Rentenversicherung (vom Lohn einzubehalten)	**0,00**
Gesamtabgaben an die Minijob-Zentrale (vom Arbeitgeber zu zahlen)	**163,28**

Hier kannst du die Lohnnebenkosten für Minijobber berechnen:

www.steuerfit.tv/minijob-rechner

Um herauszufinden, ob das gesamte Modell als Steuersparmodell für dich funktioniert, gibt es zwei wichtige Dinge, die du überprüfen solltest:

- **Steuersatz**: Erstens solltest du deinen individuellen Steuersatz berücksichtigen, also wie viel Steuern du auf dein Einkommen zahlst.
- **Lohnnebenkosten**: Zweitens solltest du die Lohnnebenkosten des Minijobs berechnen.

Du sparst Steuern, wenn die Lohnnebenkosten prozentual niedriger sind als dein individueller Steuersatz.

Hier ist etwas wirklich wichtig, und ich möchte unbedingt darauf hinweisen: Das Ganze ist kein Steuersparmodell, bei dem du krampfhaft versuchst, ein paar Euro Steuern zu sparen. Es ist nur sinnvoll, wenn es den tatsächlichen Gegebenheiten entspricht. Wenn dein Ehepartner dich tatsächlich in deiner Selbstständigkeit unterstützt und du bisher noch kein Gehalt gezahlt hast, könnte es jetzt eine gute Idee sein, einen ordentlichen Vertrag aufzusetzen und ein Gehalt zu zahlen.

Wichtig: Ihr braucht einen Vertrag, und es muss tatsächlich ein Gehalt gezahlt werden. Das bedeutet, dass alle Bedingungen für dieses Arbeitsverhältnis genauso ausgehandelt werden müssen, wie du es auch mit einem fremden Dritten tun würdest.

Beispiel

Um das Ganze besser zu verdeutlichen, möchte ich ein Beispiel geben. Nehmen wir hypothetisch an, ich bin selbstständig und meine Frau unterstützt mich in meiner Selbstständigkeit. Sie hat das schon immer getan. Aber jetzt denke ich darüber nach, sie angemessen zu entlohnen und sie offiziell anzustellen. Ich habe mir überlegt, ich zahle ihr 520 € im Monat, was im Rahmen eines Minijobs liegt. Das bedeutet, wir erstellen einen Arbeitsvertrag und ich überweise ihr ein Gehalt.

Natürlich entfallen, wie bei jedem Arbeitsverhältnis, auch auf diesen Minijob Lohnnebenkosten. In meinem Beispiel sind das 31,4 % oder anders ausgedrückt: pro Monat 163,28 €. Das bedeutet, dass ich pro Monat Gesamtkosten von 520,00 € plus diesen 163,28 € habe. Diese Gesamtkosten trage ich monatlich und kann sie daher auch als Betriebsausgabe in meiner Buchhaltung berücksichtigen, und zwar in Höhe von 683,28 €. Wenn ich das auf das ganze Jahr hochrechne, ergibt sich ein Betrag von 8.199,36 €, den ich steuerlich geltend machen kann.

Nehmen wir mal an, mein persönlicher Steuersatz beträgt 40 %. Das bedeutet, wenn ich diese Kosten aktuell nicht hätte, wäre mein Gewinn um diesen Betrag höher und darauf müsste ich dann Steuern zahlen. Wenn mein Steuersatz bei 40 % liegt, wäre meine theoretische Steuerlast 40 % von 8.199,36 €, also 3.279,74 €. Das heißt, ich müsste ungefähr 3.300 € an Steuern zahlen, wenn ich diese Lohnkosten nicht hätte.

Beispiel

mit Minijob		ohne Minijob	
	pro Monat		
Gehalt Partner/in:	**520 €**		
Lohnnebenkosten: *→ an Bundesknappschaft*	**163,28 € (31,4 %)**	**persönlicher Steuersatz:**	**40%**
Gesamtkosten:	**683,28 €**		
	pro Jahr		pro Jahr
Gesamtkosten: *→ Betriebskosten (gewinnmindernd)*	**8.199,36 €**	**Gewinn:**	**8.199,36 €**
davon Nettogehalt:	6.240 €		
übrige Kosten	**1.959,36 €**	**theoretische Steuerlast:**	**3.279,74 €**

1.320, 38 €

Steuerersparnis pro Jahr durch Minijob

Jetzt habe ich allerdings dieses Arbeitgeberverhältnis, das heißt, ich überweise meiner Frau regelmäßig Geld. Sie kann das Geld behalten und die Auszahlung ist brutto gleich netto. Das bedeutet, sie hat als Arbeitnehmerin keine Abzüge und muss dieses Einkommen auch nicht mehr in der gemeinsamen Steuererklärung angeben und versteuern. Das heißt, von meinen gesamten Lohnkosten in Höhe von 8.199,36 € sind 6.240,00 € die Nettogehaltskosten, also das Geld, das meine Frau bekommt. Die Lohnnebenkosten, die an die Knappschaften gehen, betragen 31,4 % davon; das sind 1.959,36 €. Das sind die Kosten, die ich tatsächlich habe.

Und wenn wir diese beiden Werte vergleichen, meine theoretische Steuerlast und die Lohnnebenkosten von diesem Minijob, sehe ich, dass ich durch diesen Minijob wirklich weniger Ausgaben habe, und zwar 1.320,38 €. Das sind über 100 € pro Monat, die ich durch diese Anstellung unterm Strich spare. Oder besser gesagt: Nicht ich spare das, sondern wir als Familie mit unserem Familieneinkommen.

Was bei einem Anstellungsverhältnis auch ziemlich nett ist, ist die Tatsache, dass ich meiner Frau natürlich auch Firmenequipment zur Verfügung stellen kann. Natürlich kann ich ihr einen Arbeitslaptop oder ein Arbeitssmartphone geben, damit sie ihre Arbeit erledigen kann. Und ich kann das Firmenequipment, das ich meinen Mitarbeitern – in diesem Fall meiner Frau – gebe, ganz normal als Betriebsausgabe verbuchen und vielleicht sogar Vorsteuer geltend machen.

Privater Darlehensvertrag

www.steuerfit.tv/privates-darlehen

Wusstest du, dass du Steuern sparen kannst, wenn du finanzielle Unterstützung von deinen Eltern oder Großeltern erhältst? Gerade zu Beginn deiner Selbstständigkeit ist ein erhöhter Kapitalbedarf nicht ungewöhnlich. Zu Anfang benötigt man oft zusätzliches Geld für Werbung, Investitionen und andere Anschaffungen.

Es gibt verschiedene Möglichkeiten, um an dieses Geld zu kommen. Man kann beispielsweise zur Bank gehen und einen Kredit beantragen, den man dann mit Zinsen zurückzahlt. Eine andere Option ist, finanzielle Unterstützung von der Familie zu erhalten. Dies ist recht häufig der Fall. Deine Eltern oder Großeltern könnten dir einfach Geld schenken, mit dem du deine Selbstständigkeit startest. Diese finanzielle Unterstützung kann dir helfen, deine Existenz aufzubauen.

Aus steuerlicher Sicht kann es aber Sinn ergeben, wenn deine Eltern dir das Geld nicht als Geschenk geben, sondern als Darlehen zur Verfügung stellen und du dafür Zinsen zahlst. Diese Zinsen sind bei dir als Betriebsausgaben anzusehen, da sie betrieblich veranlasst sind. Das bedeutet, du kannst die Kosten für die Zinsen komplett in deiner Buchhaltung steuermindernd geltend machen und musst diesen Aufwand dann nicht mehr versteuern.

Auf Seiten deiner Eltern werden diese Zinsen als Zinseinnahmen betrachtet und unterliegen der Steuerpflicht. Allerdings ist es oft so, besonders wenn deine Eltern oder Großeltern bereits im Rentenalter sind, dass der Steuersatz bei ihnen niedriger ist. Möglicherweise liegen sie sogar unter dem Grundfreibetrag von 11.604 € (Stand 2024). Dadurch entfällt für deine Eltern die Steuerpflicht für diese Zinsen, du kannst sie jedoch vollständig steuermindernd geltend machen. Wenn man die Familie als Ganzes betrachtet, zahlt ihr so also weniger Steuern.

Beispiel

Schauen wir uns das Ganze anhand eines Beispiels an. Du stehst gerade am Anfang deiner Selbstständigkeit. Du willst starten und brauchst Geld, das du von deinen Großeltern bekommst – und zwar 100.000 €. Ihr habt einen Darlehensvertrag aufgesetzt, in dem geregelt ist, dass du 5 % Zinsen zahlst. Das bedeutet, dass du jedes Jahr 5.000 € Zinsen an deine Großeltern zahlst. Diese 5.000 € kannst du als Betriebsausgaben in deiner Buchhaltung angeben und dadurch weniger Steuern zahlen. Angenommen, dein Steuersatz beträgt 40 %. Durch diese 5.000 € Kosten sparst du also insgesamt 2.000 € an Steuern.

Auf der Seite deiner Großeltern sind die 5.000 € steuerpflichtige Einnahmen. Aber keine Sorge, wenn deine Großeltern im Rentenalter sind oder sonst keine weiteren Einnahmen haben und innerhalb des Grundfreibetrags bleiben, müssen sie auf diesen Betrag keine Steuern zahlen. Das bedeutet, du sparst 2.000 € und deine Großeltern müssen keine zusätzlichen Steuern zahlen. Es ist jedoch wichtig zu beachten, dass du die individuelle Steuersituation deiner Eltern oder Großeltern berücksichtigst. Wenn ihr persönlicher Steuersatz höher ist als deiner, könnte es sogar sein, dass ihr durch dieses Konstrukt unterm Strich mehr Steuern zahlen müsstet.

Übrigens: Wenn deine Eltern oder Großeltern verheiratet sind, verdoppelt sich der Grundfreibetrag. Das bedeutet, dass sie ungefähr 23.000 € steuerfrei verdienen dürfen.

WICHTIG:

Die Darlehensverträge müssen genauso gestaltet sein, wie du sie auch mit einem fremden Dritten vereinbaren würdest. Gerade was die Zinshöhe und die Sicherheiten betrifft, muss dieser Darlehensvertrag wirklich so sein, wie du ihn auch mit jedem anderen abschließen würdest.

Setup: Wie kann ich das alles umsetzen?

Kontensystem

www.steuerfit.tv/kontensystem

Als Selbstständiger kann die finanzielle Situation ziemlich kompliziert sein. Du hast kein konstantes Einkommen wie Angestellte. Deshalb ist es unglaublich wichtig, Klarheit und Ordnung zu halten. In diesem Kapitel schauen wir uns ein Mehrkontenmodell an, das dir helfen kann, deine Finanzen richtig zu organisieren.

Ein Mehrkontenmodell ist generell eine gute Lösung. Es gibt unzählige Ideen und Konzepte dazu. Man findet viele Bücher, Videos auf YouTube, Blogs und so weiter, die vorschlagen, zwei Konten, fünf Konten oder sogar acht Konten zu verwenden. Ich möchte dir in diesem Kapitel einfach ein Modell zeigen und vorstellen, mit dem ich persönlich gute Erfahrungen gemacht habe. Es ist auch etwas, das ich regelmäßig unseren Mandanten empfehle und das in der Praxis gut funktioniert.

Vorteile eines Mehrkontenmodells

Lass uns zu Beginn einmal genauer betrachten, warum es überhaupt von Vorteil ist, mehr als nur ein Konto zu verwenden.

Klarheit und Struktur: Besonders als Selbstständiger benötigen wir klare Regeln, um unser Finanzmanagement im Griff zu behalten. Mit einem durchdachten Kontensystem behalten wir dauerhaft den Überblick und müssen uns keine Sorgen machen, finanziell unangenehm überrascht zu werden.

Anlagevermögen: Der zweite Vorteil betrifft Investitionen, insbesondere langfristige Anschaffungen. Es gibt bestimmte Dinge, die wir nicht nur einmalig kaufen, sondern alle paar Jahre wieder benötigen. Zum Beispiel kaufe ich alle zwei bis drei Jahre einen neuen Laptop. Auch wenn diese Kosten nicht monatlich anfallen, hilft es mir sehr, einen kleinen Betrag pro Monat für einen neuen Laptop zurückzulegen. So werde ich nicht überrascht, wenn ich nach drei Jahren wieder einen Laptop kaufen muss. Ein Laptop ist sicherlich keine enorme Ausgabe, aber das gleiche Prinzip gilt natürlich auch für größere Anschaffungen wie zum Beispiel einen Firmenwagen. Es handelt sich um Ausgaben, von denen wir wissen, dass sie kommen werden, aber nicht genau wissen, wann.

Vermögensaufbau: Der dritte große Vorteil betrifft den Vermögensaufbau und die Altersvorsorge. Viele Selbstständige sind nicht in der gesetzlichen Rentenversicherung versichert und müssen sich daher selbst darum kümmern, finanziell für die Zukunft abgesichert zu sein. Was bei Angestellten der Arbeitgeber und die gesetzliche Rentenversicherung übernehmen, liegt in der Verantwortung der Selbstständigen. Es ist daher äußerst wichtig, dass wir Geld beiseitelegen, um auch in Zukunft finanziell gut abgesichert zu sein.

Nachteile eines Mehrkontenmodells

Es gibt jedoch auch ein paar Nachteile bei zu ausgefallenen Mehrkontenmodellen. Wie überall gibt es einfach Menschen, die es auf die Spitze treiben und am Ende mit 26 Konten für jede Kleinigkeit dastehen.

Zeitaufwand: Ein Mehrkontenmodell erfordert Arbeit und ich persönlich bin von Natur aus eher faul. Ich möchte Klarheit und Struktur, aber nicht um jeden Preis. Ehrlich gesagt habe ich keine Lust, mich jeden Monat hinzusetzen und zig Überweisungen zwischen all meinen Konten vorzunehmen. Das bedeutet, ich brauche eine pragmatische und einfache Lösung.

Kosten: Und ehrlich gesagt wird ein Mehrkontenmodell auch irgendwann zu einer Kostenfrage. Es gibt zwar einige kostenlose Bankkonten, aber nicht mehr so viele wie früher. Aufgrund steigender Kosten, Inflation und anderer Faktoren werden Bankkonten generell immer teurer. Das heißt, wenn ich jetzt für meine Selbstständigkeit zwölf Konten eröffnen muss, um mein System aufrechtzuerhalten, stellt sich die Frage, ob es das wirklich wert ist. Denn ehrlich gesagt möchte ich nicht zwölf Mal Kontoführungsgebühren zahlen.

Mein persönliches Mehrkontenmodell

Lass mich dir ein Modell vorstellen, das ich persönlich nutze und das sich bewährt hat. Meine Frau, einige Familienangehörige und Freunde nutzen es bereits und auch unsere Mandanten erhalten immer wieder Empfehlungen dafür. Natürlich kannst du dieses Modell an deine eigenen Bedürfnisse anpassen, denn jeder hat unterschiedliche Rahmenbedingungen und Lebensumstände. Es gibt nicht das eine richtige Mehrkontenmodell, das für alle passt.

Wichtig zu beachten ist, dass ich hier speziell über Vollzeit-Selbstständige spreche. Wenn du als Angestellter arbeitest, hast du andere Herausforderungen und benötigst möglicherweise keine komplexe Lösung wie diese.

Mehrkontenmodell für Selbstständige

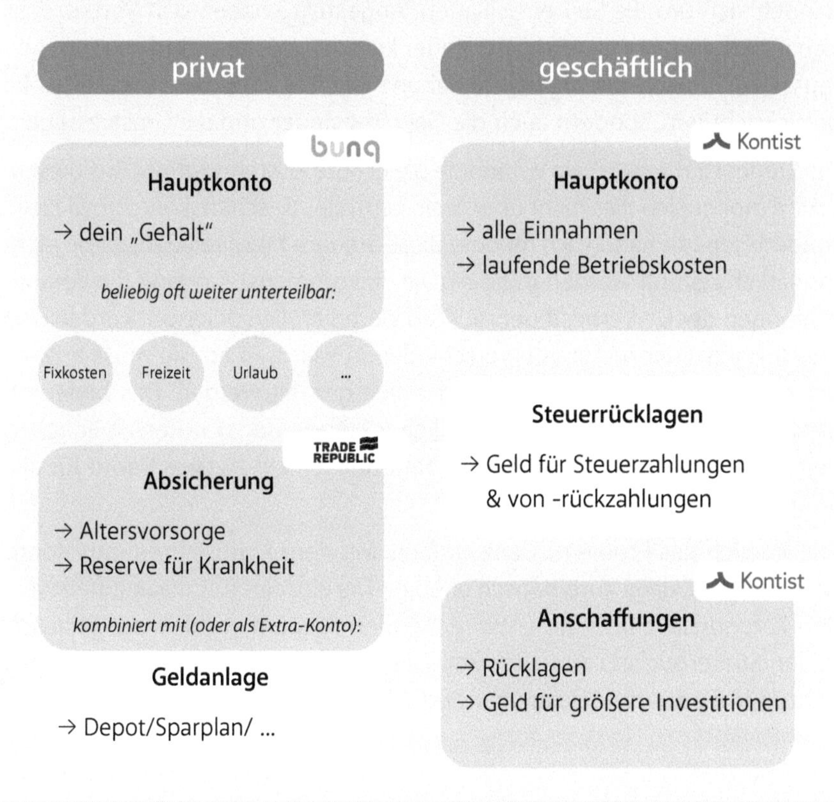

Haupt-Geschäftskonto

Das wichtigste Konto überhaupt ist das Zentrum deiner Finanzen. Es ist das Geldeingangskonto, auf dem deine Rechnungen eingehen. Du schreibst die IBAN von diesem Konto auf deine Rechnungen und zahlst von dort aus deine laufenden Kosten. Das umfasst beispielsweise Mietkosten für dein Büro, Dienstleistergebühren und Reisekosten.

Es ist also das eine Konto, auf das du dich verlassen können musst. Ich persönlich nutze dafür das Kontist-Geschäftskonto, genauer gesagt das Kontist-Premium-Konto.

Konto für Steuerrücklagen

Es gibt jedoch eine zentrale und äußerst wichtige Ausgabe, die schnell gefährlich werden kann; und hier kommt das zweite Konto ins Spiel. Es handelt sich um die Steuerrücklagen. Angestellte haben den Vorteil, dass sich ihr Arbeitgeber um die Lohnsteuer kümmert. Selbstständige hingegen müssen dies selbst erledigen und haben nicht nur die Einkommensteuer zu berücksichtigen, sondern auch die Gewerbesteuer und die Umsatzsteuer.

Die Steuer ist für viele Selbstständige die größte Kostenposition. Aus diesem Grund möchte ich dies nicht über mein zentrales Geschäftskonto abwickeln, sondern separat halten. Ich möchte diese Steuern beiseitelegen, da sie nicht monatlich bezahlt werden müssen. Die Einkommensteuer und die Vorauszahlungen der Gewerbesteuer müssen vierteljährlich geleistet werden und die Umsatzsteuer hängt von verschiedenen Faktoren ab, sie muss entweder monatlich, vierteljährlich oder jährlich gezahlt werden. Das bedeutet, dass die Zahlungen in unterschiedlicher Höhe und zu unterschiedlichen Zeiten erfolgen. Aus diesem Grund benötige ich ein zweites Konto für alle Steuerrücklagen.

Wie löse ich das Problem? Ganz einfach: Mit dem Kontist-Premium-Konto wird diese Rücklage automatisch erledigt. Die einzelnen Transaktionen werden kategorisiert und die entsprechenden Steuern werden automatisch in den Steuerbuckets zurückgelegt. Das bedeutet, dass ich kein separates Konto für die Steuerrücklage benötige.

Konto für geschäftliche Anschaffungen

Das dritte Konto ist auch ein Geschäftskonto, das speziell für Anschaffungen gedacht ist – genau wie ich bereits erwähnt habe. Es gibt bestimmte Anschaffungen, von denen du weißt, dass du sie in Zukunft tätigen wirst. Diese finden jedoch nicht monatlich statt, sondern vielleicht nur einmal im Jahr oder alle paar Jahre. Es könnte sogar sein, dass du manche Dinge noch viel seltener anschaffen musst. Nehmen wir zum Beispiel einen Firmenwagen – den kaufst du nicht monatlich, sondern vielleicht alle fünf oder sogar zehn Jahre.

Trotzdem ist es sinnvoll, monatlich einen kleinen Betrag beiseitezulegen für den Fall, dass du eine solche Anschaffung tätigen musst. Auf diese Weise hast du bereits Geld auf diesem Rücklagenkonto, wenn es schließlich so weit ist. Das heißt, dieses Geschäftskonto dient als Rücklage für Anschaffungen, von denen du weißt, dass du sie definitiv tätigen wirst.

Um ehrlich zu sein, habe ich persönlich dieses Konto in der Praxis nicht mehr so häufig genutzt, da ich nicht viele Sachanlagen besitze. Ich habe lediglich einen Laptop und ein Smartphone im Betriebsvermögen, und diese kaufe ich normalerweise einmal im Jahr. Das sind keine überraschenden Ausgaben für mich.

Aber ich kann dir dennoch empfehlen, dass du, falls du größere Investitionen tätigst – wie beispielsweise ein Auto oder Maschinen für dein Unternehmen –, ein zweites (bzw. drittes) Geschäftskonto eröffnest und dort regelmäßig kleinere Beträge zur Seite legst. Am besten in Höhe der Abschreibungskosten, da die Abschreibung die Verteilung der Anschaffungskosten für deine Sachanlagen ist. Wenn du diese Kosten immer auf das Konto für Anschaffungen überweist, baust du dort einen Bestand auf. Wenn dann eine Anschaffung ansteht, kannst du das Geld von diesem Konto verwenden.

Haupt-Privatkonto

Das vierte Konto, das ich dir empfehle, ist dein Privatkonto – dein Haupt-Privatkonto. Als Selbstständiger ist es ratsam, sich monatlich eine Art Gehalt auszuzahlen. Natürlich ist dies in der Buchhaltung kein herkömmliches Gehalt, sondern eher eine Privatentnahme. Dennoch empfehle ich dir, ein separates privates Konto zu haben, über das du alle deine privaten Ausgaben abwickelst. Am besten überweist du dir jeden Monatsersten oder am Monatsende einen festen Betrag, zum Beispiel 2.500 €, auf dieses private Konto.

Von diesem Konto aus zahlst du dann alle deine privaten Ausgaben. Du kannst dieses Konto auch weiter unterteilen, zum Beispiel in ein Konto für deine monatlichen Fixkosten, wie Krankenversicherung, Miete, Nebenkosten oder die Finanzierung deines Eigenheims, und in ein separates Konto für variable Kosten wie Lebensmittel, private Fahrtkosten oder Freizeitaktivitäten. So hast du eine bessere Übersicht über deine Ausgaben.

Als ein weiteres privates Konto könntest du Rücklagen bilden, ähnlich wie du es in deinem Unternehmen machst. Das bedeutet, dass du jeden Monat einen kleinen Betrag beiseitelegst, um zum Beispiel einmal im Jahr in den Urlaub zu fliegen oder unvorhergesehene Ausgaben wie Reparaturen oder den Kauf neuer Haushaltsgeräte zu decken.

Konto für Rücklagen und finanzielle Absicherung

Das nächste Konto ist ein Konto für deine Absicherung. Es ist nicht für Urlaubsreisen oder Anschaffungen gedacht, sondern dient wirklich deiner Existenzsicherung. Als Selbstständiger hast du meist keine Lohnfortzahlung. Wenn du krank bist und nicht arbeiten kannst, kann es sein, dass du kein Einkommen mehr hast. Das ist schnell ziemlich gefährlich. Deshalb empfehle ich dir, immer so viel Geld beiseitezulegen, dass etwa drei bis sechs Monatseinkommen abgedeckt sind. Das beinhaltet sowohl fixe Kosten als auch variable private Ausgaben. So bist du abgesichert, falls du krank sein solltest und für mehrere Wochen nicht arbeiten kannst.

Zusätzlich solltest du einen langfristigen Sparplan für den Vermögensaufbau haben. Das könnte zum Beispiel ein Depot mit ETF-Sparplan sein, mit dem du für deine Rente vorsorgst. So bist du abgesichert, wenn du irgendwann nicht mehr so viel arbeiten kannst oder möchtest.

Geld auf die Konten verteilen

Das ist mein vollständiges Kontensystem, das ich dir auch sehr empfehlen kann. Je nachdem, wie du es gestaltest, wirst du fünf bis acht Konten haben. Am besten richtest du Daueraufträge für die einzelnen Zahlungen ein. So musst du nicht jeden Monat 26 Überweisungen tätigen, sondern kannst das Ganze automatisieren.

Meine persönliche Erfahrung zeigt, dass Leute, die dieses System umgesetzt haben, wirklich davon profitieren. Sie legen regelmäßig Geld zur Seite und werden finanziell nicht von unerwarteten Ausgaben überrascht.

Steuerapps

Das Thema Steuern ist für Selbstständige äußerst komplex und kann wirklich frustrierend sein. Kein Wunder, dass viele Softwareanbieter versuchen, die perfekte Lösung zu entwickeln. Leider gelingt ihnen das nicht immer. Seit etwa zehn Jahren bin ich als Steuersoftware-Berater tätig und kenne wahrscheinlich jeden relevanten Anbieter in Deutschland. Ich kann dir nur empfehlen, jeden Anbieter sorgfältig zu überprüfen und kritisch zu hinterfragen, bevor du dich für eine Software entscheidest. Es gibt viele Tools, bei denen am Ende wichtige Funktionen fehlen.

Aber du musst nicht viele verschiedene Softwarelösungen verwenden, wenn du die richtigen auswählst. Es gibt einige, die wirklich gut sind und die ich mit gutem Gewissen empfehlen kann. Ich möchte jetzt keine umfangreiche Marktrecherche zu Steuersoftware für Selbstständige starten; das könnte ein eigenes Buch füllen. Deshalb möchte ich dir an dieser Stelle einfach nur drei Softwarelösungen empfehlen, die für 90 % der Leser alles abdecken und die ich übrigens auch selbst benutze. Ich kenne die Anbieter nicht nur durch die Zusammenarbeit, sondern bin auch schon seit Jahren Kunde und weiß, dass sie halten, was sie versprechen.

Übrigens habe ich für alle drei Softwarelösungen Rabattcodes, mit denen du je nach Plan und Saison zwischen 250 € und 500 € sparen kannst. Hier findest du die aktuellsten Angebote: https://der-perfekte-start.de/meine-empfehlungen

Geschäftskonto: Kontist

Diese Empfehlung ist ein Herzensanliegen. Als Mitgründer habe ich selbst viele Jahre bei Kontist gearbeitet. Auch wenn ich das Unternehmen 2023 verlassen habe, bin ich dem Team und der Vision noch sehr verbunden.

Wie wir gelernt haben, ist das Finanzmanagement als Selbstständiger zeitaufwendig und komplex. Genau hier setzt Kontist an. Es bietet ein Geschäftskonto an, das speziell für die Bedürfnisse von Freiberuflern und kleinen Unternehmen zugeschnitten ist.

Dieses Konto integriert innovative Funktionen wie automatische Steuerschätzungen und Echtzeit-Buchhaltung, was dir viel Arbeit abnimmt.

Zum Beispiel, wenn du eine Rechnung bezahlst oder Einnahmen erhältst, erkennt das Kontist-Konto dies und kann sofort eine Schätzung deiner Steuerlast vornehmen. Das ist super praktisch, denn so hast du immer einen Überblick über deine fälligen Steuerzahlungen. Außerdem kannst du über die App Transaktionen kategorisieren, was die Buchführung erleichtert.

Kontist arbeitet auch mit Buchhaltungs- und Steuerberatungssoftware zusammen, sodass du deine Finanzdaten einfach exportieren und mit deinem Steuerberater teilen kannst. Das spart dir nicht nur Zeit, sondern auch Kopfzerbrechen bei der Vorbereitung deiner Steuererklärung.

Kurz gesagt, Kontist bietet eine moderne, digitale Lösung für die Finanzverwaltung, die speziell auf die Bedürfnisse von Freiberuflern und Selbstständigen abgestimmt ist. Dadurch wird das Finanzmanagement einfacher, transparenter und effizienter.

Buchhaltung: Lexoffice

Lexoffice ist ein Cloud-basiertes Buchhaltungsprogramm, das speziell für Freelancer, Selbstständige und kleine Unternehmen in Deutschland entwickelt wurde. Es bietet eine Reihe von Funktionen, die darauf abzielen, die Buchhaltung und Steuerverwaltung zu vereinfachen und zu automatisieren. Stell dir vor, du hättest ein digitales Werkzeug, das dir hilft, deine Rechnungen, Buchhaltung, Umsatzsteuer-Voranmeldungen im Griff zu behalten, ohne dass du tiefe Buchhaltungskenntnisse brauchst. Genau das leistet Lexoffice.

Einige der Hauptfunktionen von Lexoffice umfassen:

Rechnungserstellung: Du kannst schnell und einfach Rechnungen erstellen und versenden, inklusive der Umsatzsteuer. Diese Funktion spart Zeit und stellt sicher, dass deine Rechnungen professionell aussehen.

Belegerfassung: Du kannst Belege scannen und direkt in das System hochladen. Lexoffice erkennt automatisch die relevanten Daten, was die Dateneingabe erleichtert.

Bankintegration: Dein Bankkonto lässt sich mit Lexoffice verknüpfen, um Zahlungseingänge und -ausgänge automatisch abzugleichen. Das erleichtert die Überwachung deiner Finanzen und reduziert Fehler bei der Buchführung.

Umsatzsteuer-Voranmeldung: Die Software kann die Daten für die Umsatzsteuer-Voranmeldung automatisch zusammenstellen und an das Finanzamt übermitteln, was dir hilft, deine steuerlichen Pflichten einfacher zu erfüllen.

Zugriff von überall: Da es eine Cloud-basierte Lösung ist, kannst du von überall auf deine Daten zugreifen, solange du eine Internetverbindung hast.

Schnittstellen und Integrationen: Lexoffice bietet Schnittstellen zu anderen Systemen, was die Integration in bestehende Geschäftsprozesse erleichtert.

Lexoffice ist benutzerfreundlich und erleichtert die Buchhaltung, was besonders für diejenigen wichtig ist, die nicht viel Erfahrung in Buchhaltung haben.

Steuererklärungen: WISO Steuer

WISO Steuer ist ein beliebtes Softwareprogramm in Deutschland, das speziell dafür entwickelt wurde, um Privatpersonen und Selbstständigen zu helfen, ihre Steuererklärungen einfach und effizient zu erstellen.

Und das ist das Besondere: Bei den meisten modernen Apps, mit denen man Steuererklärungen erstellen kann, werden Selbstständige ausgeschlossen. Die Anlagen S, G und EÜR sowie die Umsatzsteuererklärung und Gewerbesteuererklärung sind komplexer als eine Steuererklärung für Angestellte. Deswegen gibt es diese wichtigen Funktionen oft gar nicht. Bei WISO Steuer allerdings schon.

Automatisierte Steuererklärung: Die Software führt dich Schritt für Schritt durch den Prozess der Steuererklärung. Du gibst deine Daten ein, und das Programm berechnet automatisch deine Steuerrückzahlung oder -schuld. Es ist so, als würdest du ein einfaches Frage-Antwort-Spiel spielen, bei dem am Ende deine komplette Steuererklärung herauskommt.

Vorlagen für verschiedene Berufsgruppen: Ob du nun Freiberufler oder Gewerbetreibender bist, WISO Steuer bietet spezifische Vorlagen und Tipps, die auf deine berufliche Situation zugeschnitten sind. Deine Umsatzsteuererklärung und Gewerbesteuererklärung kannst du ebenfalls mit der App erledigen.

Aktuelle Steuergesetze: Die Software wird regelmäßig aktualisiert, um die neuesten Änderungen in den deutschen Steuergesetzen zu berücksichtigen. Das bedeutet für dich, dass du dich nicht selbst um die Recherche der neuesten Gesetzesänderungen kümmern musst.

Elektronische Übermittlung (ELSTER): Einmal fertiggestellt, ermöglicht WISO Steuer die direkte elektronische Übermittlung der Steuererklärung an das Finanzamt über die ELSTER-Schnittstelle.

Spartipps und Optimierungsvorschläge: Die Software bietet dir auch Vorschläge, wie du deine Steuerlast minimieren kannst, basierend auf deinen persönlichen Daten und Ausgaben.

Steuerberater

www.steuerfit.tv/steuerberater-kriterien

Als Selbstständiger kannst du natürlich deine Buchhaltung und deine Steuererklärung selbst erledigen – das ist rechtlich überhaupt kein Problem. Viele Selbstständige kommen jedoch früher oder später an den Punkt, an dem sie diese Aufgaben gerne abgeben möchten, und zwar an einen Steuerberater. In diesem Kapitel schauen wir uns genauer an, worauf du bei der Auswahl des richtigen Steuerberaters achten solltest.

Spezialisierung & Branchenverständnis

Einer der wichtigsten Aspekte ist das Branchenverständnis. Hat der Steuerberater Erfahrung mit deiner Rechtsform, deiner individuellen Situation und deinem Geschäftsmodell? Viele Steuerberater haben das Problem, dass sie eine Vielzahl von Mandanten betreuen, ohne sich auf einen bestimmten

Bereich zu spezialisieren. Das bedeutet, sie betreuen Personengesellschaften, Kapitalgesellschaften, Einzelunternehmen und arbeiten mit verschiedenen Kundengruppen zusammen, wie Handwerkern, Rentnern oder Studenten, die nebenbei ein Unternehmen gegründet haben. Dadurch sind sie oft nicht wirklich in der Lage, sich auf ein spezifisches Gebiet zu konzentrieren und Expertise aufzubauen.

Wie bei jedem anderen Selbstständigen gilt auch hier: Spezialisierte Experten sind in der Regel besser und nicht unbedingt teurer. Wenn du bereits in den ersten Gesprächen mit deinem Steuerberater dein Geschäftsmodell im Detail erklären musst und er Rückfragen stellt, bei denen du denkst, dass sie eigentlich selbstverständlich sein sollten, dann ist dies möglicherweise nicht der richtige Steuerberater für dich.

Wenn der Steuerberater, den du in Betracht ziehst, keine Kenntnisse in deiner Branche hat und keine spezifische Expertise in Bezug auf deine Rechtsform aufweist, wie soll er dir dann im Alltag helfen? Wie kann er auf dem neuesten Stand bleiben und verstehen, welche rechtlichen Änderungen für dich relevant sind?

Persönlichkeit

Ein weiterer wichtiger Punkt, den ich persönlich für äußerst bedeutend halte, betrifft den Umgang miteinander. Die persönliche Wellenlänge ist von großer Bedeutung. Wenn diese nicht übereinstimmt, dann fehlt es an einer soliden Grundlage.

Dein Steuerberater verfügt über ein immenses Wissen über dich. Es geht nicht nur darum, dass er genau weiß, wie viel du verdienst und mit wem du zusammenarbeitest. Unter Umständen kennt er sogar deine gesamte Krankengeschichte, da dies in Bezug auf die Steuer relevant ist. Er kennt deine familiäre Situation, kennt zumindest die Namen all deiner Kinder und weiß, wie deine Beziehung zu deiner Familie ist, da dies ebenfalls für die steuerlichen Angelegenheiten von Bedeutung sein kann. Das alles sind äußerst sensible Informationen.

In meiner beruflichen Laufbahn habe ich bereits häufiger die Situation erlebt, dass ich über Informationen unserer Mandanten Bescheid wusste, von denen nahe Familienangehörige oder Freunde nichts ahnten. Wenn du ein ungutes Gefühl hast, diese Informationen der Person anzuvertrauen, mit der du gerade sprichst, dann kann ich dir versichern, dass es sich um den falschen Berater handelt. Es ist wichtig, dass zwischenmenschlich eine Verbindung besteht und man auf einer Wellenlänge miteinander kommuniziert. Nur dann ist eine erfolgreiche Zusammenarbeit gewährleistet.

Preis

Bevor du einen Steuerberater beauftragst, gibt es einen weiteren Punkt, den du unbedingt besprechen solltest: den Preis. Ich weiß, dass es vielen Steuerberatern schwerfällt, verbindliche Aussagen dazu zu machen, aber es ist wichtig, dass du eine Art Kostenvoranschlag erhältst. Idealerweise gibt es einen festen monatlichen Preis, auf den du dich verlassen kannst.

In Deutschland rechnen Steuerberater nach der Steuerberatervergütungsverordnung ab, was bedeutet, dass es gesetzliche Vorgaben gibt, wie viel sie in Rechnung stellen dürfen. Allerdings finde ich es persönlich absurd, dass es ein solches Gesetz gibt und stehe dem sehr skeptisch gegenüber. Aber es existiert nun einmal.

Die Höhe deiner Rechnung richtet sich nicht nach der Erstattung, sondern nach dem Gegenstandswert, wie beispielsweise deinem Umsatz, Gewinn oder zu versteuerndem Einkommen. Das Volumen deiner Steuererklärung und Buchhaltung bestimmt also die Höhe der Rechnung deines Steuerberaters.

Es ist unbedingt ratsam, den Preis im Voraus zu besprechen. Wenn sich der Steuerberater komplett weigert, Auskunft darüber zu geben, wie viel du insgesamt zahlen musst, solltest du vorsichtig sein. Denn unter Umständen könnten dir Leistungen in Rechnung gestellt werden, mit denen du nicht gerechnet hast.

Ich persönlich empfehle dir, einen Steuerberater nicht ausschließlich nach dem günstigsten Preis auszuwählen. Viel wichtiger ist es, verlässliche Absprachen zu haben und Planungssicherheit zu gewährleisten. Die Kosten für den Steuerberater sollten nicht das Hauptkriterium sein, sondern dass du einen verlässlichen Partner erhältst, auf den du dich verlassen kannst. Dann würde ich weniger auf den letzten Cent schauen.

Service

Wenn du mit einem neuen Steuerberater in Kontakt bist, ist es wichtig, dass du beobachtest, wie serviceorientiert er und sein Team arbeiten. Wie gut ist er erreichbar, nicht nur für Neumandanten, sondern auch für bestehende? Wie schnell antwortet er auf E-Mails und wie gut ist er telefonisch zu erreichen? Wie läuft die Zusammenarbeit ab und wie wird sichergestellt, dass du Hilfe bekommst, wenn du sie brauchst?

Diese Dinge sind unglaublich wichtig. Es gibt leider immer wieder Horrorgeschichten von Mandanten, die mehrmals eine E-Mail an ihren Steuerberater schreiben und monatelang kein Feedback erhalten. Das sollte nicht passieren. Als Kunde verdienst du eine angemessene Behandlung.

Es ist wahr, dass der Berufsstand der Steuerberater in Deutschland derzeit überlastet ist (schon seit Jahren), was dazu führen kann, dass man als Mandant manchmal etwas warten muss. Aber meiner Meinung nach ist die Kommunikation entscheidend. Wenn es schon am Anfang schwierig wird, ist das vielleicht nicht das beste Zeichen. In diesem Fall würde ich dir empfehlen, lieber zu einem anderen Steuerberater zu gehen.

Fachliche Qualifikation

Es gibt noch einen weiteren Punkt, über den viele Leute nachdenken: die fachliche Qualifikation. Dazu möchte ich ein paar Dinge sagen: Die Prüfung zum Steuerberater ist eine der anspruchsvollsten Prüfungen, die in Deutschland abgelegt werden können. Die Durchfallquote liegt regelmäßig bei über 50 bis 60 %. Das bedeutet, dass nur die besten Steuerexperten diese Prüfung bestehen und sich dann Steuerberater nennen dürfen. Es handelt sich also um einen geschützten Beruf. Wenn du einen Steuerberater oder eine Steuerberatung siehst, kannst du sicher sein, dass dieser Berufsträger die erforderliche Qualifikation hat und in der Regel über ein tieferes Fachwissen verfügt als das, was du von ihm erwartest.

Für dein normales Tagesgeschäft ist ein Steuerberater völlig ausreichend. Wenn du jedoch spezielle Anliegen hast, kannst du immer einen Experten aufsuchen. Ich vergleiche das gerne mit einem Arzt. Du hast deinen Hausarzt, zu dem du gehst, wenn du alltägliche gesundheitliche Probleme hast, und dann gibt es Spezialisten, zu denen du gehst, wenn du spezifische

Beschwerden hast. So ist es auch bei einem Steuerberater. Dein Steuerberater kann sich um deine alltägliche Buchhaltung, Steuererklärung usw. kümmern. Wenn du jedoch außergewöhnliche Anliegen hast, bei denen dein Steuerberater kein Experte ist – wie zum Beispiel eine Erbschaft oder ein Unternehmenskauf –, kannst du immer einen Spezialisten aufsuchen, der sich auf solche Problemstellungen spezialisiert hat.

Schlusswort

Wir sind am Ende unserer Reise durch die Welt der Steuern angekommen. Dieser ganze Themenkomplex kann einschüchternd wirken, aber er sollte dich niemals davon abhalten, deinen eigenen Weg zu gehen.

Selbstständigkeit ist ein Weg der Freiheit, Selbstbestimmung und persönlichen Erfüllung. Ich hoffe, dieses Buch leistet seinen kleinen Beitrag, dass du dich nicht von diesem Weg abbringen lässt.

Du hast nun die wichtigen Werkzeuge in der Hand, um deine steuerlichen Angelegenheiten effizient und selbstbewusst zu managen. Vergiss dabei nicht die Unterlagen, Checklisten, Berechnungstools und Vorlagen, die zu diesem Buch gehören. Du kannst sie hier herunterladen:

https://steuerfit.tv/download

Ich wünsche dir nur das Beste für deinen Weg!

Und lass mich wissen, wie es dir mit deiner Selbstständigkeit ergeht. Du findest mich natürlich auf YouTube, aber auch auf LinkedIn oder du schreibst mir eine E-Mail an kontakt@der-perfekte-start.de.

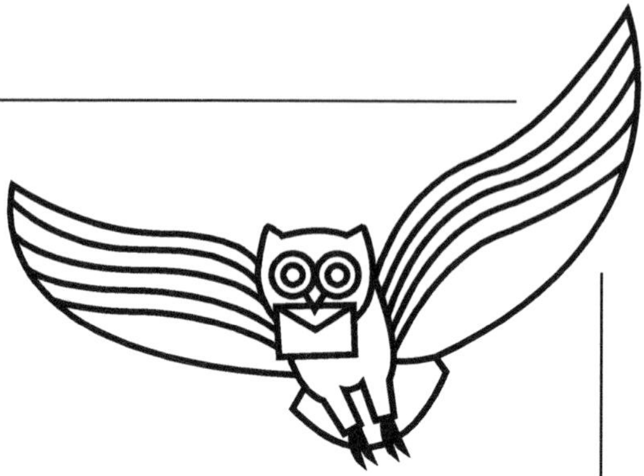

Liebe Leserin, lieber Leser,

hat Ihnen dieses Buch gefallen?
Ihr Feedback, Ihre Anregungen und Ihre Kritik bedeuten uns viel, denn sie helfen uns, unsere Bücher kontinuierlich zu verbessern.

Die Meinung und Zufriedenheit unserer geschätzten Leserinnen und Leser stehen im Mittelpunkt unseres Schaffens. Ihre Gedanken sind uns wichtig.

Zögern Sie daher nicht, uns zu kontaktieren und Ihre Gedanken mit uns zu teilen. Senden Sie uns einfach eine E-Mail an:
feedback@eulogiaverlag.de

Besuchen Sie auch gern unsere Verlagsseite und entdecken Sie weitere spannende Bücher unter:
www.eulogiaverlag.de

Wir sind gespannt auf Ihre Nachricht und freuen uns darauf, von Ihnen zu hören!

Herzlichst
Ihr **Eulogia Verlag**